珍藏版
第二版

Planning Your Life in Adolescence

WHO

你在为谁读书2

ARE YOU
STUDYING FOR

青少年人生规划

余闲 著

长江出版传媒

长江少年儿童出版社

作者简介

余闲

　　作家，学者，心理咨询师。本名柳伟平，1981年生于浙江省兰溪市，浙江大学生物学学士，文学硕士，现任教于中国计量大学。他以天马行空的想象、广博的知识体系著称，洞察青少年教育和心理现状，创作独具特色的教育励志小说《你在为谁读书》系列，将校园小说和先进教育理念融为一体，自2006年推出以来，畅销超过120万册，成为青少年励志经典，入选新闻出版总署向青少年推荐的百种优秀图书目录，荣获湖北省首届出版政府奖、浙江省哲学社会科学优秀成果奖、湖北省精神文明建设"五个一工程"优秀作品奖、上海国际童书展"上海好童书"等奖项。

　　此外，他还著有长篇小说《我们爱着爱情的什么》，学术著作《天人之境：杭州城湖共生模式的生态美学解读》《吴兴华新诗注释解析》《忧国诗圣杜甫》及教育散论《哈佛精英的人生规划》等。

内容简介

　　人生很长，但关键处只有几步。对于青少年而言，文理分科、大学专业填报、毕业选择工作，都是人生的关键处，而在此紧要时刻，青少年往往不知所措。因为我们只关注短期目标，初中是为考高中，高中是为考大学，考大学是为拿文凭。可是，拿了文凭以后呢？我们这辈子到底想做什么呢？许多人陷入迷茫。其实，只有在最感兴趣、最具潜能的位置上，我们才最有动力，才能取得最大成功，活得最有价值，也最快乐。但这个位置在哪里呢？本书是作家余闲面对这个迫切的时代命题，磨剑六年，全新推出的力作，对青少年人生规划给出了与时俱进、更加清晰的指导。

　　本书的主人公杨略意外遭遇车祸，人生随之陷入迷茫：是优游卒岁，得过且过，还是重整志向，重新出发？爱子心切的杨父用十堂课告诉他：人生意义在于实现自身价值，实现自身价值需要人生目标。通过了解自我的优势、兴趣、价值观和个性，了解社会的需求，知己知彼，合理规划人生，加以坚韧的意志、和谐的心态，才能成为最好的自己。父亲的谆谆教诲，让杨略和身边的朋友受益匪浅。通过测试与实践，他们逐渐确定了人生目标，为日后大学专业的选择做好了充分准备。

人生规划——寻找属于你的舞台

亲爱的读者：

　　您好。

　　先讲个故事吧。

　　在一个遥远的国家,有个男孩刚刚高中毕业,却在为婚事发愁。这个国家的法律很奇特,规定男女不能同学,从幼儿园开始,他一直和男孩子在一起,从来没有和女生打过交道。但是按照该国法律规定,高中毕业后半个月内必须结婚。这下子他着急了:我该跟谁结婚呢?于是二舅五叔三姑六婆全体出马,七嘴八舌,出谋划策,穿针引线,折腾了半个月,男孩就迷迷糊糊就结婚了。

　　这很荒诞,对吗?如果把婚事改成填报大学志愿,却成了目前教育的现状。平常学生埋头学习,争分夺秒,却没有仔细思考出路问题。专业、职业,似乎是远在天边的事情。等到高考结束,他们作为考生从战场上下来,怀揣着分数,却要在半个月内,匆匆忙忙填报志愿,挑选好自己并不了解的专业。其实专业往往预示了未来的职业,职业则事关一生的成就与幸福。如此重要的终身大事,却这般草草决定,而且一茬茬的学生都是如此,不也荒诞至极吗?

　　所以我们可以想象,许多学生选择的专业,完全不是他自己的喜爱和特长。如果他没有在大学生涯或职业生涯中做出调整,他今后的一生可想而知。因为学习和职业不能带来乐趣,那他很难从中得到幸福,也很难取得突出成绩。

　　之所以有这番感慨,因为我自己在专业选择方面,曾有切肤之痛。

找到适合的路，才有幸福人生

虽然我高考时语文成绩名列前茅，但听别人说21世纪是生物学的时代，于是就心动了。我一想，自己生物的成绩不错，还拿过奥赛的奖牌。加上我有一个堂哥正在美国研究生物学，已经拿到博士学位，做了教授，是我的榜样。况且，生物学多有意思啊，整天看动物世界、植物世界。于是一拍脑门，得，就它了！谁想一进浙大生物系才知道，压根不是那么回事儿。虽然我热爱动植物，但并不喜欢对着显微镜看它们的细胞。况且，还得整天学微积分、物理、化学，都让我叫苦不迭，怎么也提不起兴趣来。想读中文系，却转不了专业。那段日子非常痛苦，非常迷茫，甚至想过退学。

而与此同时，我在诗歌写作方面倒是进步很快。尽管没有老师，甚至连诗友都没有，只是抱着几本书，独自穿行在校园里。在图书馆，在华家池畔，在教学楼，眼观花开叶落，细察内心起伏，一遍遍读雪莱、北岛、海子等人的诗集，在书页边上加以注解，逐渐有了感觉，写出了一些现在读来犹觉生动的诗句，并且在校内外发表了一些，渐渐有了知名度，还在浙江大学的文学大赛中取得诗歌组第一名，内心极受鼓舞。于是我知道，自己的兴趣和天赋，可能就在文学上。因为真正的潜能兴趣，有四个特点：很渴望、学得快、很满足、有长劲。

于是在大学毕业前夕，我认真地进行了人生规划，决定报考现当代文学研究生。同学并不理解，眼睛瞪得铜铃那么大："这，这，这跨度也太大了吧！"但我心意已决，就算考不上，系统地学一遍文学史，也大有好处。过了半年多朝六晚十的紧张日子，自学完中文系四年的专业课，终于被顺利录取。到了读研阶段，有导师为我引路，有同学与我交流，看书写作，真是如鱼得水，非常快活。所以，我当时的体会就是，一定要找到适合自己的人生道路，才能有幸福的人生。

如何寻找热衷一生的事业

现在我当了大学老师，发现很多学生和我当年一样，填报大学志愿

时迷迷糊糊,读大学时则普遍陷入了迷茫。我总结一下,主要有如下几种情况:

1.对专业不满。

我通过问卷统计,发现有 42.1%的大学生对自己所学的专业不满意。如果可以重新选择的话,有 65.6%的大学生表示将另选专业。而现实中他们是怎么做的呢? 有三种途径:

第一种是"放弃"。读了一年半载,觉得对专业毫无兴趣,于是选择转专业,只是这种成功率很低。并且,我亲眼看到某学生转了专业,却觉得依然不合心意,但已没有机会再跳,只得咽下苦果,将郁闷进行到底,直到毕业才选择改行,将大学所学抛在一旁,想想当然可惜。

第二种选择是"兼职"。表面上念着机电机械,私下里却与莎士比亚屡屡幽会,结果是里外不是人,很容易两边成绩都乏善可陈,内心深受谴责。

第三种选择是"忍耐"。对于自己的专业,通过努力或许能否产生兴趣,这自然再好不过。若是一直没有兴趣,毕业后又不甘放弃所学知识,只好选择对口的工作,这时又会有两种情况:一种是能力不足,不能胜任;另一种是就算被录用,也会有鸡肋之叹。

2.就业率低。

《2017 年中国大学生就业报告》中显示,2016 届大学毕业生共有 659 万,毕业半年后就业率为 91.8%,即 54 万人处于失业状态。此外,还有 14.0%处于低就业状态,他们从事与专业不相干的工作,并且在本地区月收入最低的 1/4,这个群体被定义为"低就业人群",共有近 92 万人。这两类人合计 146 万,成为所谓的"蚁族",高不成低不就。造成这种局面,经济形势是外因,而缺乏人生规划,则是内因。

3.就业满意度不够高。

《2017 年中国大学生就业报告》中显示,在就业的 2016 届毕业生中,就业满意度为 65%,较前几年有所增加,说明目前的大学毕业生越来越按照自己的意愿去发展,并得到较好的薪资报酬,只可惜这个比例还不是很高。

我们可以做一个计算题。一个人从 25 岁开始工作，到 60 岁退休。其中工作时间为 35 年！整整 35 年！每天 8 小时，每周 5 天，总共 7 万个小时，占据了生命中最好的时光。假如工作即爱好，那这七万个小时，你将身在天堂！假如你不喜欢它，这漫长难熬的七万个小时，就像兔子在学习飞翔，置身于不见日月的地狱，活泼的生命被磨损得干枯。

如果能够进行长期的人生规划，让学生选择喜爱的专业，醉心于心爱的事业，精神就会得以滋养，潜力得以发挥，人生价值得以实现。

拿我自己为例，通过写作，就觉得自己达到了自我实现，获得了著名心理学家马斯洛所说的人类最美丽的命运——做自己喜爱的事情同时获得报酬。因为我每次读书、观察，一有心得，化作笔底文字，就仿佛沐浴在激滟春阳之中，加上得到读者肯定，我自然觉得很幸福。

人生规划激发学习热情

基于这种情况，我想对人生规划做个深入研究，却发现当时国内对中小学生人生规划的研究基本是一片空白。这也激发了我研究的斗志。

现在大学里已经开设了"职业生涯规划"类的课程，确实为大学生明确发展方向提供了很大帮助。但我觉得，到大学才谈这个问题，为时已晚。因为高中时的文理分科、填报大学志愿，都已经在进行规划了。如果稀里糊涂，一步错，步步错，会走很多弯路，甚至南辕北辙。

我在书中写道，小学为职业的预备期，涉足各个领域，发现优势智能；中学为探索期，发现兴趣，确定大致的发展方向，选择文理科，填报大学志愿；大学里在专业上用心经营，毕业时整装待发。如此环环相扣，水到渠成，获得成功幸福的人生。

但我们的青少年，还有家长、老师，在很多人生的关键时刻，都没能慎重考虑，造成了严重的后果。

我在这本书里写的，就是希望广大青少年尽快行动起来，用责任心提升理想的高度和广度，通过了解自己的特长、兴趣、个性、价值观，同时了解社会的需求,知己知彼,明确自身的发展方向,并凭借坚韧的意志、和谐的心态,一步步成为最好的自己。

这本书于 2010 年推出初版,引起了不小的反响。不少地区的教育部门、学校邀请我去讲座,并希望能将"青少年人生规划"理念在中小学里实践起来,这让我极感欣慰,觉得自己的确为迷茫中的青少年做了些实事。

同时,我发现人生规划不仅让青少年明确方向,而且能有效地激发他们的学习热情。有读者写信告诉我:"通过人生规划,我第一次发现,读书原来是为了自己的未来,不由激情澎湃。"

这是我非常愿意看到的,于是进行了更深入的研究,推出了修订版。

怎样使用这本书

稍稍翻看一下,您就会发现,这本书的形式与您平常所见的书都不一样,它包含了小说与讲座。小说里面有五类典型人物,他们性格、爱好不同,勤懒不一。反思一下,您属于当中的哪一类?

第一类,有目标,也很努力。这样的人,懂得为自己的人生负责,有个性,有激情,能正确地了解自我,有独立的意志,有强烈的兴趣,既能享受学习,并有一个执著追求的目标。因此,他们很乐观积极。他们学习不一定是第一名,但日后必将开创自己的事业。

第二类,有目标,也想努力,但家长不支持。这就涉及两代人价值观的问题了,也许家长要理解孩子,也许双方要互相妥协。比如小说中的楚当当,家境贫寒,但她一心要当画家。父母觉得学画风险太大,希望她好好学习,日后找个稳定工作(比如公务员),嫁个好老公。双方协调之后,楚当当选择了学习艺术设计。

第三类,有目标,但不肯努力。这些人心比天高,命比纸薄。年轻时,他们嗓门最大:"以后我一定要……"年老时,他们会说:"要是我当初就……现在肯定成功了。"当然,他们会找很多理由,什么生计所迫啦,命运不济啦,借以掩盖自己的不努力。但再大的嗓音,到头来化作一声叹息。他们的目标只是空想。

第四类，很努力，但没有目标。由于中国传统的缘故，这样的人很多。他们没有主见，非常听话，在家听父母的话，在学校听老师的话，工作后听领导的话。只顾低头拉车，不知抬头看路。虽然成绩不错，工作也不错，但终有一天，他们会发现，这辈子并非为自己而活。

第五类，既无目标，又不努力去寻找。他们讨厌学习，讨厌工作，对现状不满，又不希冀有个更好的将来。他们得过且过，想在网络的虚拟世界中得到安慰，但这只会使他们的生活更为空虚。他们注定将是失败者。

了解到自己属于哪类人后，您会怎么办呢？小说中有十堂课，讨论人生意义和人生规划，会给您以启迪。这是我阅读了大量书籍后总结出来的，内容涉及心理学、教育学、哲学、脑科学，加上一些测试题，为您了解自我特点提供帮助。

小说中的人物，通过聆听杨略父亲的 10 堂人生课，并通过自己的实践，都慢慢找到了人生方向。

那么，亲爱的读者，您呢？

真心希望您有个春暖花开的未来，得到人类最美丽的命运——做自己喜爱的事情同时获得报酬。

祝福您。

您真诚的朋友

余闲

第五章 / 103

对于中学生而言，寻找兴趣、培养兴趣是无比重要的。若能将兴趣延展成一生的事业，到临终时能像维特根斯坦那样，坦然地说："我度过了美好的一生。"这更将是人生幸事。

第六章 / 141

我们都需要这种自我崇高感，使手头的工作变得有意义，值得自己全力以赴。否则，工作若仅为糊口，学习仅为成绩，敷衍了事，又有什么价值感和神圣感可言？

第七章 / 175

大鹏要一飞千里，才觉得快意。而小鸟只要飞到小树上就觉得满足了。这并没有高下之分，只要按照自己的价值观，把自己的才华发挥净尽，也就够了。

第八章 / 203

专业没有好坏之分，别尽看热门专业，关键要你适合学什么，喜欢学什么。如果有潜力、有兴趣，再冷门的专业，你都能学得津津有味，日后也能大有作为。

第九章 / 225

我们都误以为自己有无限的时间，都以为将来会忽然变得美好。其实我们能把握的只有现在，只有当下。我们要一步一步靠近梦想，而不能等到有空时再去接近它。

第十章 / 245

第一种人只有欲望，就像独轮车，把握不定方向，而且极易摔倒。第二种人是自行车，有两个轮子，一个是欲望，一个是理想。有了方向，也很努力，但一停就会翻倒。还有的人是三轮车，或四轮车，除了欲望和理想，还有良好的心态。他们要行则行，要停即停，从容不迫。

"你在为谁读书"系列
精彩回放

《你在为谁读书1：一位CEO给青少年的礼物》

杨略是个初二学生，却没有感觉到升学的压力，一如既往地浑浑噩噩，成绩不尽如人意，时好时坏，与他的认真程度成正比，是个典型的脑子聪明而不愿用功的孩子。

暑假里的一天，他收到一封神秘来信，署名倪甫清。信中的一段话，让他醍醐灌顶："年轻人，你年方16，正是初升的太阳，充满着希望。你是要去高远的天空中放射光芒，给人间以无限的温暖，还是仅仅在地平线上优游，不思进取，浪费时光？"

他不禁想，我真的甘心一事无成，了此残生吗？如果真的是这样，我们在世界上生活，到底有什么意义呢？他决定改过自新，同时心里又满是疑惑，这倪甫清到底是谁呢？

而神秘的来信每个月初都准时翩然而至，谈意志、谈勤奋、谈爱心、谈兴趣等等，一共10封信，且对杨略的一举一动明察秋毫。就是这10封神奇的来信，把杨略修理得口服心服，并按照信中教给他的招式修炼起来，最后竟成了世人眼中的好孩子。

在第11封信中，杨略得知，倪甫清就是"你父亲"的谐音。原来爸爸忙于工作，平时父子很少沟通，因此想到了用神秘来信的方法，给儿子以帮助。这令杨略非常感动。

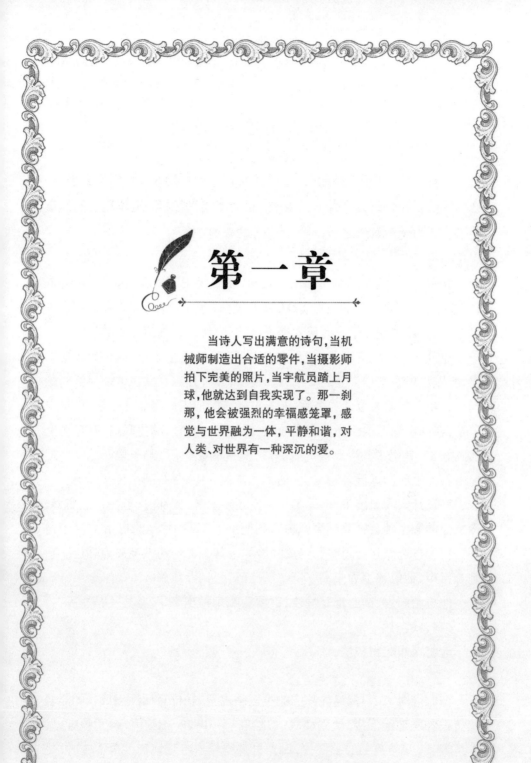

第一章

当诗人写出满意的诗句,当机械师制造出合适的零件,当摄影师拍下完美的照片,当宇航员踏上月球,他就达到自我实现了。那一刹那,他会被强烈的幸福感笼罩,感觉与世界融为一体,平静和谐,对人类、对世界有一种深沉的爱。

所有人都会衰朽，继而死去，这是常识。但可爱的少年们不会相信，这种厄运会降临到自己身上。连这种必然都受到怀疑，更不用说偶然事件了。因为偶然发生之前，是半点征兆也没有的。

这一天，杨略骑着单车冲出校园时，冬日暖阳下气温颇高，几乎有点春天的感觉。他刚打了一阵篮球，浑身发热，脱了一件毛衣，塞进单肩包里，还把夹克也敞开了。北风吹得衣摆飞扬，像一只翩然的蝴蝶。

他进入高中已有半年，成绩名列前茅，虽然课业辛劳，但因为成绩不错，所以也乐在其中。他的文章愈加进步，颇有几篇刊登在本地报纸的副刊上。今天是期末考试的最后一门——物理，他完成得非常轻松，提早交了卷，在同学惊愕的目光中跑出教室，但觉身轻力健，精力旺盛，在球场上遇到好友，就扔了几个漂亮的三分球，直到骑出校门，脑子里篮球和物理题中斜坡上的圆球混合起来，一切都在掌控之中，都是那么优美妥帖。

等过几天成绩出来，他的名次肯定还要上升。到那时，爸妈肯定高兴。班主任欧阳老师会把奖学金证书递到他手上，再拍拍他的肩膀说："干得不错！"身边盛开着同学们艳羡的脸孔。其中葛怡的微笑最为灿烂。在她心目中，他应该更为崇高了吧。

他思绪澎湃，满心都是愉快，就要从嘴角溢出来了。

"嘿，我当然不错！"

他将单车蹬得飞快。

与此同时，在一幢略显陈旧的小区楼房里，一位穿橘红色风衣的年轻女孩正匆匆地跑下楼，快到楼底，忽然啊呀一声，一拍脑门，顿了顿脚，骂了声笨蛋，又转身匆匆上楼去，高跟鞋踩得楼道噔噔地响。再下楼时，她手里多了一个公文夹。

她看了看腕上的手表,又耽误了三分钟,距离招标会的时间只有二十五分钟了。

"还好借了车。"她自语道。平息了心跳,走进地下车库,启动了一辆红色半新的马自达轿车,驶出小区大门。车子的后玻璃上贴着一枚黄色的圆卡片,写着"实习"二字。

杨略在路边书报亭旁下了车,拿了本《科幻世界》,翻了翻,没什么意思。又抽了本《最小说》,唉,又是歪歪腻腻的文字,放回原处。他挑来拣去,书报亭的阿姨渐渐有些不耐烦,扭头看了看挂钟,秒针都滴溜溜转了一圈了。

秒针又转了将近一圈,杨略选中了《南风窗》。这本杂志是欧阳老师在语文课上时常提及的。虽然里面文章多是政治经济类的,不太容易理解,但杨略决定啃一啃。他也是个有内涵的人啊!

他付了钱,把杂志往书包里一塞,重新上车。他家在兰庭小区,风景甚佳,但地处城郊,平常从校到家,约莫要骑 30 分钟。今天他决定要骑快一点,因为爸爸刚从外地回来,据说带了礼物。

"什么礼物啊?"中午时,他在电话里这样问。

"回来就知道了,肯定意外!"

自从初中时爸爸给他写了 10 封信之后,父子俩关系变得轻松融洽了。他渐渐发现,总是板着脸的爸爸,原来不仅通情达理,而且还富有童趣。上次去贵州,就带回了一套民族娃娃,在客厅里一字排开,服饰各异,姿容俏丽,其中一个还背着小孩。

"我一个男生,怎么能玩这个?"杨略嘟囔道。

倒是妈妈爱不释手。老两口一个个把玩过去,连连赞叹可爱。

不知道这次爸爸会有什么新鲜创意呢?

女孩的车子开出小区,来到一个街口,只见前面堵了一堆人。估计是汽车和电动车刮擦了一下。起先是争吵,继而其中一个动了拳头,于是一阵扭打，都没什么武艺，只好采用最原始的角斗，又是揪头发，又是扯衣服，东倒西歪，头发凌乱，个个狼狈不堪。围观的人有的劝架，有的后退，还有的满脸喜色，人群越围越密。道路本来狭窄，这样一闹，往来的车辆顿时停滞不前，喇叭声响成一片。

时间像个幸灾乐祸的小精灵，咯噔咯噔地跳跃着过去。女孩心中怦怦直跳，双手沁出汗来，喉咙越来越干。

过了一会儿，交警来了，争论却更厉害，但终于被疏通了，女孩一看手表，距离约定时间只有 12 分钟了，心里愈发焦躁起来。都怪自己太磨蹭了，光是描眉毛，抹眼影，就耗了十几分钟。不过话说回来，她连续通宵赶着设计图纸，今天这么正式的场合，关系到前途问题，她能带着两个黑眼圈去吗？

她决定走一条捷径，于是拐进了一条小巷。这里人少车稀，她暗暗庆幸，多亏自己在这里读了四年书，又待业了一年多，平常没少逛街，大街小巷都了然于心。

看时间一秒秒过去，时速越来越高，离目的越来越近。照这样的速度，准时到达应该没有问题。心里正在高兴，忽然眼前一花，似乎有人骑车从小巷中飞速蹿出。女孩下意识地去踩刹车，却鬼使神差地踩了油门。

话分两头，却说杨略在小巷中穿梭，车轮将地上的梧桐叶轧得沙沙作响，心里计划着寒假怎么过。最好的两个朋友——余振和凌霄——都有一个多月没见了，得好好聚聚。此外还得看上几本书。大仲马的小说仰慕已久，什么《三个火枪手》《基督山伯爵》，一直没时间看，趁着寒假扎扎实实看上几本。

骑到街口，他隐约看见一辆红色小车从左侧驶来。他有经验，小巷里车速都不快，他有把握在车子到来之前越过马路，于是用力蹬了几脚，车轮辗得地面嗡嗡直响。谁想小车没有减速，反而昂的一声，如猛虎般扑了上来。

他见势不妙，一个急刹车，想往后退让。太迟了！小车撞上了单车的前轱辘，整车顿时被辗倒在地，将他的身体猛然往前边一甩，左腿的脚踝来不及抽出,被压在车架下面,脑袋被甩着撞向地面时,又感到有些柔软。原来单肩包垫在了下面,里面还有一件毛衣。

一阵惊人的震撼!

然后,一片空寂。

他没有听见不远处尖锐的刹车声、撞击声以及玻璃的碎裂声。

然后,两个人的一生从此改变。

也不知过了几劫几世。

杨略昏昏沉沉,他的灵魂像没有系安全带的乘客,在空空的身体里跌跌撞撞,又像脱离了引力,在虚空中飘飘荡荡。眼前一阵迷蒙的血红色,接着,又是缥缈的灰绿色,等到他睁开眼睛,白色如闪电般刺来。

他终于适应了光线,看见自己躺在床上,左腿被悬在半空,打上了厚厚的石膏,捆扎得像个木乃伊。他逐渐想起了刚才的车祸,但对其后果还不甚了然,就微微挪动了一下身子,左腿一片麻木,右手肘也有些酸疼,其余地方倒还伸展自如。只是头上有些隐痛,不知道有没有撞坏。这样一想,脑子里愈发昏沉了。

他的身体一动,旁边的爸妈顿时发现了。

"略略,你醒了? 你……你终于醒了!"妈妈虽是个医生,但母子连心,早已没了往日的从容,满脸泪痕,肿着眼泡,握住杨略的手,一迭声地问他疼不疼,饿不饿,想吃点什么,说得杂乱无章,还没等到答案,又独自痛哭起来。

还是爸爸镇定一些,说道:"刚才医生说了,除了左腿……其他地方都没事。"

妈妈带着哭腔争辩道:"什么没事! 左腿都这样了,还说没事! 还有头……要是有个好歹,以后可怎么好啊?"

"医生说了没什么大碍。"

"可万一呢?"

爸爸也无语了,表情十分沉重。毕竟,还没对脑部进行检测。杨略心里黯然,做了最坏的打算,几乎看到自己挂着双拐,左腿的裤管空空荡荡;

或者是脑震荡,记忆力下降,脑子里存不住半点信息。

在病房外,橘红色风衣的女孩脸上血色全无,在长椅上坐着,像一截枯木头。她撞倒杨略之后,惊慌失措,方向盘一转,车子冲进了路旁的一家饭馆。落地窗的整片玻璃粉碎,又撞坏了店内的桌椅冰箱。幸好还不到吃饭的时间,里面没有顾客,否则更是不堪设想。

尖叫声、玻璃碎裂声、责骂声,还有一摊鲜血、扭曲的单车,在她脑子里交替出现,不停地搅动,让她心力交瘁。手机响了,她木然地接起来。

"……嗯,王总,我出车祸了,方案拿不过来了,明天送来行吗?"

"这样啊……太遗憾了,你受伤了吗?"

"没有,是别人受伤了。"

"哦,"那边顿了一顿,似乎在斟酌词句,"我打电话过来,是想告诉你,我们采纳了 UNO 公司的方案。"

女孩的眼里闪过一丝绝望的光芒,语速也加快了些。

"可是,我的初稿您曾看过,您还大加赞赏呢……"

"的确如此!可你没有准时出席。而 UNO 公司的方案让在场所有人眼前一亮。池小姐,也许你的方案很有创意,但毕竟只有我一个人看过。在公司里,我要尊重大家的意见。真对不起。"

训练有素的声音,沉稳、温和而不可动摇。女孩却一个字也没有听进去,手机那边的声音,又与刹车声、尖叫声搅在了一起。

真对不起。唉,无数个通宵的辛劳前功尽弃,房租还没有交,车子需要修理,饭馆需要赔偿,还有不知其数的医疗费,以及伤者父母尖厉的目光……真对不起。

人生,还有什么指望?她出身农村,家境贫寒,在大学里读财务管理,但对于这个跟风选择的专业,她提不起半点兴趣,却对景观设计情有独钟,于是常常逃课,去环境艺术班上听课。但毕竟学得不深入,毕业时两头没着落,又不敢告诉家人,只得谎称自己在一家公司做财会。其实呢,她只是窝在出租房里,靠开个网店维持生计,没日没夜地在网上挂着,但仅够混个温饱，做了媒体上所谓的"蚁族"一员。

但她心气是高的，平日讲究穿着，还考了驾照。过年回家时，借了辆车，后备箱里满是礼物，街坊邻居都有份，给小孩递红包时也绝不含糊，似乎在城里过着好日子。她爸妈也由此感到得意，落魄多年，此刻终于能在村里人面前昂首挺胸。

她还是怀揣着梦想，靠着旁听时认识的同学，她帮衬着做点景观设计，但被采纳的并不多。偶尔有些小区角落里用了她参与的设计，她无比得意。只是，她毕竟生活在城市边缘，宛如无根飘萍，前途未卜，用梦想来支撑自己的尊严，用谎言维护着家庭的荣耀，不免身心俱疲。有时走在街上，看万家灯火，自己却孤身一人，心里懊恼绝望，甚至有轻生的念头。如今一晃已经毕业一年多，好不容易逮到个招标的机会，却发生了这样的不幸。

"唉，不受这罪了……"

她默默念着，站起身来，缓缓走到楼顶，看了一眼黄昏中的城市，太阳像一枚橙子，被城市的楼顶戳破了，橙汁洒了一地，混入尘土，黏稠，冷漠，然后是灰暗，黑暗。夜风吹来，砭肌梳骨。但她已感觉不到了。

她将左腿探出去，继而是右腿。

此时，杨略正看着窗外，酡红的夕阳中，一群白鸟飞过，是鸽子，还是脑中的幻影？忽然一个橘红色的影子从窗口一闪即逝，看不清是什么。而后是沉闷的一声，像麻袋重重地扔在地上。而后是尖叫声。爸爸奔到窗前，往下一看，脸色顿时一变，对妈妈简略交代了几句，迅速出门去了。

而后是嘈杂的人声。而后是警车的呼啸声。而后是推门声。杨略看到了爸爸，身后还跟着几个警察。其中一个胖警察进门就说："跳楼者池菲菲，女，23岁，待业，于1月14日在人民医院1号楼顶跳下。我们来录个口供……"

杨略猜到了事情的大概，脑子一片混乱，看着胖警察嘴巴一启一合，却什么也听不明白。他似乎坐在时间的外面，只听见自己的呼吸和心跳。这是梦，肯定是梦，一切都太可怕了，太荒唐了，赶紧醒来吧。醒来一切就好了。他的头越来越沉，意识越来越模糊。

终于，他又晕倒了，没有听见爸爸的怒斥，妈妈的惊呼，警察的道歉……

再次醒来时，已经是第二天了。杨略依然看见自己的伤腿，手肘依然酸痛。爸爸不在房间，妈妈衣不解带，在旁边的床上睡得正酣。不是梦。悲惨的一幕幕都是真的。我的腿还好吗？那个女孩呢？现在怎么样了？

窗外阳光灿烂，麻雀在枝头喞啾，听得见街道上人声喧哗。一切都照常进行，似乎什么不幸也不曾发生。

他起先是痛恨那个女孩的，车技不好，还开飞车，可现在却有些同病相怜。

也许她也才华横溢，雄心勃勃，准备大有作为，可一场意外，却把人生彻底终结了，抹杀了。唉，人生何其无常啊！自己也许报废一条腿，她却连性命都丢了。

报废一条腿！他心里猛然一震。以后怎么办？怎么骑车？怎么打球？怎么吸引女孩子的注意？他几乎看见同学们友善然而怜悯的目光。他不要这些，不要被视为弱者。

他内心痛苦极了，嘴唇几乎咬出血来。他想起爸爸初中给他的第一封信中的第一句话：

年轻人，你年方16，正是初升的太阳，充满着希望。你是要去高远的天空中放射光芒，给人间以无限的温暖；还是仅仅在地平线上优游，不思进取，浪费时光？

当时他选择了前者，也为之努力奋斗。可如今想来，立志高远和优游卒岁，两者又有什么区别？一场意外，足以删除所有努力。那么，何必为一个虚无缥缈的未来而辛苦辗转呢？倒不如趁着年少英俊，享受美好人生。

可现在，若是失去左腿，还有什么美好人生可以指望？

爸爸推门进来的时候，他正哭得面目扭曲，眼泪不住涌流，把枕头也濡湿了。但没有发出声音，他怕惊醒一旁熟睡的妈妈。

爸爸看到他的表情,鼻子一酸,眼眶顿时湿润,过来坐在床边,强作镇静,从保温罐里倒出温牛奶,还有面包、鸡蛋。

"略略,饿了吧? 来,吃早饭。"

杨略泪眼模糊地看着爸爸,忽然问道:"爸爸,你说,我们活着到底有什么意义?"

爸爸似乎知道他要这样问,但还是很难问答。这个问题太本质了。历史上多少人曾追问过,没有答案,或者答案太多,莫衷一是。于是渐渐地,大家都不问了,只顾追逐眼前的利益,借此回避这个让人恐慌的问题。

杨略接着问:"你让我立志高远,努力读书。可这又是为了什么?"

"为了你自己。"

"不! 我现在想明白了。所有的努力,只是为了赢得你们的夸奖,然后我就觉得快乐,自我感觉良好。如果不是为了这个,那我干吗要受苦受累?"

"略略……"

"而一旦出现意外,我的努力全部白费,再没有掌声,再没有奖状,一切都没了意义。所以,归根到底,我只是为别人活着。"

爸爸摇了摇头:"不是为了别人,所有的努力,都是为了你自己,不是为了追求功名利禄,而是为了自我价值的实现,让人生不至于虚度,从中得到持久的幸福。这个问题,我也曾想了很久很久……"

杨略没有想到,人生规划的第一堂课就这样开始了。

亲爱的读者,因为是对话,所以杨略爸爸虽然是娓娓道来,但语言不免有些支离破碎。事后,杨略根据回忆,又细细整理了一番,于是有了这一课的完整讲稿,直接呈献给您。本书以后的若干章节,也都遵循了这个惯例。

第一课　人生需要自我实现

略略,人生应该怎么度过,才算是有意义的呢? 你能这样问,我很欣慰。所以我认为,人遭遇点不幸也是好事。因为这个时候,你会停下脚步,回头看一看,慢慢懂得了生命的真谛,然后再沉稳地上路。若总是一帆风顺,就缺少了反思的机会,一辈子在名利场中争斗,很可能越活越不明白。

你说得没错,人在世上再怎么奋斗,最后都得死,就像这首诗写的一样:

知识点链接:

加缪,法国作家,1913年生。从少年时代起,贫穷与死亡的阴影就与他相伴,故而更能深切体会人生的荒谬。其著作《西西弗斯的神话》中写道:"人生就是荒谬,正如日复一日滚石上山的西西弗斯。但荒谬不是绝望,因为看穿幸福的同时也就看穿了痛苦。对于西西弗斯来说,他才是自己生命的主人,人类的激情和斗志没有什么能够阻挡。"加缪于1957年被授予诺贝尔文学奖。

将一生浓缩成几个字
孤零零
悬着

努力要镌刻得深
而我们却
浮光掠影

——余闲《碑》

人死如灯灭。墓碑上谥号再多,后世的评价再好,对于墓中人而言,早已毫无影响了。如此看来,人生真是荒谬啊。难怪作家加缪在《西西弗斯的神话》中开篇就说:"真正严肃的哲学问题只有一个,就是自杀。"加缪并不是以此来宣扬自杀,而是他发现人生的荒谬后,开始反抗荒谬,重新寻找人生的价值和意义。那么,人生的意义又在哪里呢?

向草木鸟兽学习?

生命的意义问题,只有人类在探讨。普通的生物,比如猫、狗、鱼,一辈子觅食、繁衍,然后死去,比人类要单纯得多,也从容自在得多。所以它们成为宗教中人羡慕和效仿的对象。

禅宗里有这样一段问答。问:"如何是佛法大意?"答:"春来草自青。"在他们看来,要想修成正果,就要像草一样,春来抽叶,秋来凋谢,一切自自然然。

道家始祖老子说："专气致柔，能婴儿乎？"有修为的人，要像婴儿一样，无欲无求，达到平和宽柔的境界。婴儿，是和小兽一样的，还不能算是完整的人。

基督教也不例外。耶稣说："不要为生命忧虑吃什么，喝什么，为身体忧虑穿什么。你们看天上的飞鸟，也不种，也不收，也不积蓄在仓里，你们的天父尚且养活它。你们不比飞鸟贵重得多吗？你们哪一个能用思虑使寿数多加一刻呢？"

这几大宗教，似乎都在以动植物作为榜样，为人类如何活得更好出谋划策。但事与愿违，人类似乎不太领

> **知识点链接：**
>
> 禅宗，中国佛教宗派之一。传说创始人为菩提达摩。禅是禅那的简称，汉译为静虑，是静中思虑的意思。此法是将心专注在一法境上一心参究，以期证悟本自心性，这叫参禅，所以名为禅宗。
>
> 老子，名李耳，又称老聃，我国古代伟大哲学家、思想家，道家学派创始人，著有《道德经》，以"道"解释宇宙万物的演变，崇尚"无为"，理想政治境界是"邻国相望，鸡犬之声相闻，民至老死不相往来"。

情。想想看，历史上有几个人能真正做到清心寡欲呢？当然你可以说芸芸众生都愚钝得很，被猪油蒙住了心窍，但是不是应该反省一下：这样的主张，是不是脱离了规律，徒劳地建筑着空中楼阁呢？

向外：追求名利，享受声色？

目前，人类基本上解决了生存问题。也就是说，我们除了必要的劳作时间，将有更多的闲暇时光可以自由支配。

在笃信上帝的欧洲中世纪，人们的行为都遵循上帝的教义。他们心目中最幸福的事情，就是一生积善，死后来到上帝身边。所以，他们有目标，有道路，活得很踏实。佛教也是如此，让信徒们或者修行，最后跳出轮回，来到西方极乐世界；或者行善积德，以便下辈子可以过好日子。道教直接一些，希望通过修行，可以长生不老，羽化登仙，但也给了平民百姓精神寄托。

后来，随着科技进步，大家都知道神灵并不存在，莎士比亚把人赞誉为万物的灵长。既然人是最高贵的，理应自己选择如何生活。于是，我们获得了心灵的自由。但同时也发现，只有最强大的心灵，才能享用这种自由。大多数人有了自由，却无所适从，就像走在一片辽阔的平原上，处处是路，也就等于没有路。

许多人不知出路何在，又没有神佛来指引，于是感到空虚。既然有空虚，就得要用什么来填满。

有的追求权力。有位演员说："坐在龙椅上，接受群臣的朝拜，明知是假的，但心里还是万分得意。"一介戏子尚且有此感觉，更何况是真的身居要职的官员们呢？自不免洋洋得意，顾盼自雄。但心理学家发现，这些人追求高位的动机，并不是勤政为民，只是出于虚荣，出于支配别人的需要。

有的追求金钱。这些人视金钱为最高价值，竭尽所能聚敛财富。他们凭借优于别人的物质条件，炫耀自己的社会地位，从而达到影响他人，甚至控制社会的目的。

还有的追求享乐。享乐当然令人欢愉，但只是一种消遣，而不是人生的主体。山珍海味，吃多了也就厌了。电脑游戏，玩久了也就无味了。

知识点链接：

《夏山学校》，作者为英国著名教育家尼尔。他于1921年创办的夏山学校，是现代教育史上最著名的学校之一，是因材施教的典范，充满了无穷的活力，被誉为"最富人性化的快乐学校"。尼尔认为："让学校适应学生，而不是让学生适应学校。"他用60年的时间，在夏山学校实践了这个突破传统教育观念的理想！

《夏山学校》里讲过这样一个故事：

13岁的新生温妮·弗莱德讨厌读书。当校长告诉她如果不想上课就不必去时，她高兴地跳了起来。但逍遥一阵子后，她觉得生活得挺无聊。她找到校长，说："教我些东西，我无聊死了。""好，你要学点什么呢？""我不知道。""我也不知道。"校长走开了。几个月过去了，她对校长说："我想参加大学入学考试，我要你教我。"

所以，光是无意义的游戏，也不能让人满足。

也就是说，对地位、金钱、享受的种种

追逐,能让人得到一时的快乐,但不能解决人类内心的问题,甚至会让它更为浮躁不定,变得奢侈、虚荣,向社会、向自然索取更多资源。失败者自然垂丧不已,而成功者也没有获得平和的心境。

动物园里,一群袋鼠出现在围墙外面,正在悠闲地玩耍。饲养员非常吃惊,一番商议后,决定将围墙从两米加高到三米,让袋鼠跳不出来。谁想,第二天,袋鼠又出现在围墙外面。饲养员一不做二不休,继续把围墙加高到五米。

袋鼠们在一旁围观,并窃窃私语。

"你说,他们会把围墙加高到十米吗?"

"很难说,如果他们还是忘记关门的话。"

其实我们也是一样,如果不懂得内心的真正需求,只要感到空虚,就一味加大索取的力度,最后只能是欲壑难填。而这种精神危机,现在已经向外扩散,演化成社会危机和生态危机。

所以,我们必须要解决一个问题,我们到底需要什么呢?

向内:规划人生,实现自我

一群年轻人到处寻找快乐,却遇到许多烦恼、忧愁和痛苦。于是他们向苏格拉底请教:"快乐到底在哪里?"

苏格拉底说:"你们还是先帮我造一艘船吧。"

这些年轻人很困惑,但为了知道答案,就暂时把寻找快乐的事情放在一边,找来造船的工具,用了整整四十九天,克服了许多困难,造出了一条独木舟。

苏格拉底说:"我们一起出海吧。"

年轻人们合力荡桨,高声唱着歌,一个个神采飞扬。

苏格拉底问:"孩子们,你们快乐吗?"

年轻人齐声回答:"快乐极了!"

苏格拉底笑着说:"快乐就是这样,它往往在你为一个目标努力的时候悄悄到来。"

在这个故事中,我们可以读出人类内心真正的需求。在此,我借用一下心理学家马斯洛的需求层次理论。

自我实现的需求　　高级

自尊与尊重的需求

归属与爱的需求

安全需求　　　　　低级

生理需求

层次	需求	含义
第五层	自我实现的需求	充分发挥天赋潜能，成为自己期望的人物
第四层	自尊与尊重的需求	包括他人尊重和自我尊重
第三层	归属与爱的需求	与人建立感情，包括爱与被爱的需求
第二层	安全需求	对安全、稳定、远离恐惧和混乱的需求
第一层	生理需求	饮食、呼吸、性等个体生存的基本需求

表 1-1

　　如图所示，下面四层，包括生理需求、安全需求、归属与爱的需求、自尊与尊重的需求，都是"基本需求"，而"自我实现"的需求则是一种积极的、使人的生命更有价值的发展动力。

知识点链接：

　　马斯洛，智商高达194的天才，他开创了人本主义心理学，其核心是人通过"自我实现"，满足多层次的需要系统，达到"高峰体验"，重新找回被技术排斥的人的价值，实现完美人格。

　　马斯洛说："基本需求得到一定满足后，如果没有向更高层次的追求，就会陷入麻木、绝望、无聊，甚至神经错乱。"

　　毕淑敏讲过一个故事：贪污犯落网了，记者去采访他："你后悔吗？"他回答说："我后悔啊，到了监狱里，我才想明白，我贪污几千万有什么用呢？"

　　是的，他拼命敛财，其实就像一个穷人扑向一块面包，只为解决温饱问题。这样的人，层次不是太低了吗？

我们想要的人生是这样的：当诗人写出满意的诗句，当运动员完美冲线，当机械师制造出合适的零件，当摄影师拍下完美的照片，当宇航员踏上月球，当农民看见青苗茁壮，他就达到自我实现了。

那一刹那，他会被强烈的幸福感笼罩，欣喜若狂，如痴如醉，欢乐至极，感觉与世界融为一体，平静和谐，对人类、对世界有一种很深的爱，人际关系也更为融洽。

此刻，他更真正地成为他自己，更充分地发挥他的潜能，成了更完善的人。这样的人，不会为求功名不择手段，不会贪图享受，他们才是实现社会可持续发展的中坚力量。

那么，我们要如何才能达到自我实现呢？

自我实现需要人生目标

正如前文所说，自我实现是向一个目标靠近时得到的自我满足感。所以，自我实现需要一个人生目标。许多人都对人生目标推崇备至。比如萧伯纳曾说："人生的真正欢乐是致力于一个自己认为是伟大的目标。"小塞涅卡说："有些人活着没有任何目标，他们在世间行走，就像河中的一棵小草，他们不是行走，而是随波逐流。"

人生目标作用非常之大，但是极少有人追问，人生目标从何而来呢？我查遍群书，收获寥寥。于是，我进行了仔细分析，有了新的发现，给人生目标下了个定义：

人生目标=崇高理想+职业道路

所以，设计人生目标，一是要通过培养责任心来培养崇高理想，这是比较抽象的；二是通过职业道路的设计，给人生目标一个方向和道路，这是具体的。

关于崇高理想，我们留到以后再说，我们主要谈职业道路。

说到职业二字，大家都会油然而生乏味之意，觉得只是谋生手段，甚至有人发出这样的感慨：辛苦工作，而后换取更长的生命继续工作，直到老死。因此许多人是干一行怨一行。

即便是社会地位颇高的职业中人也是如此。比如医生，他会说，整天忙忙碌碌，没有休息时间，一个电话就把人揪出去，连安心吃饭的工夫都没有。为病人尽了力，也只算分内之事。一旦不小心出了事故，还要承担重大责任。

很多教师、公司职员等都在说干得没劲。甚至连养尊处优的公务员也在叹息琐事繁杂，应酬太多，让人潇洒不得。

为什么会有这么多抱怨呢？最重要的原因是，他们并没有选择自己最适合的职业，也没有认识到职业的意义。他们这山望见那山高，羡慕他人舒适的生活。看到医生挣钱了，就想当医生。看到 IT 人士收入高了，就想做软件。他们并没有真知灼见，只不过是在那儿随波逐流。即便他们真的换了行当，依然会抱怨：原来这个职业远没有预期的好。

而高尚的人绝不会抱怨自己的职业，他们会选择自己喜爱的职业，并尽力地快乐地工作着。

这个时候，职业就不再只是谋生手段，而升华为终生的事业。什么是事业？李开复有个热情洋溢的定义：

事业不是一朝一夕的工作，而是持之以恒的追求；事业不是可有可无的应酬，而是矢志不移的奋斗。当心甘情愿为一件事献出自己的毕生精力时，当能够从这件事中获得最大的满足和愉悦时，你已经在从事一项真正的事业了。

所以，我们现在不再提倡"干一行，爱一行"，而是提倡"爱一行，干一行"。因为职业确实有好坏之分。所谓好的职业，就是适合自己的职业。所谓坏的职业，就是不适合自己的。大千世界，人与人千差万别，每个人都有独特的才能与个性。而大

知识点链接：

李开复，1961 年生，信息产业的执行官和计算机科学的研究者。1998 年，李开复加盟微软，随后创立了微软中国研究院（现微软亚洲研究院）。2005 年加入谷歌公司，并担任全球副总裁兼中国区总裁。2009 年 9 月 4 日，宣布离职并创办创新工场，任董事长兼首席执行官。热心教育事业，开办"开复学习网"（现名"我学网"），著有《做最好的自己》，深受大学生爱戴。

千世界,同样也有成千上万的职业。能够找到两相契合的职业,真是人生幸事。

如何去寻找这样的事业,就是我们要认真思考的问题。具体的方法,我们留到以后再讲。

爸爸的这一番论述,比以前的谈话又深刻了几分。他是一家公司的老总,工作虽繁忙,但博览群书。杨略读初中时,爸爸也时常说理想、谈目标,但不免还有些功利性。而这次,却是直面人生。可能是爸爸通过思考,也有了很大提升吧。杨略默默听着,偶尔插嘴,心里起了共鸣,感到越来越温暖。阳光透过窗户,房间里有了乳酪的颜色。

"爸爸,你是在说,人这一辈子,有生,必然有死,又没有天堂和地狱,所以本来没什么意义,但是人类要想获得幸福,就必须自己寻找意义,是不是这样?"

爸爸笑了,抚摸着他的脑袋:"就是这样。如果有理想和追求,那么一辈子很充实,也很幸福。如果无所事事,那就很难打发,而且整天觉得没意思。"

"那你觉得快乐吗?"

"等我感悟到这一点,已经人到中年了。现在,我因为工作而快乐,也因为家庭而快乐。"

杨略微笑了。这时,阳光落在他的腿上,脸上,都有种灿烂的光辉。他说:"那你没我幸运。"

"是啊,如果一次车祸,能带来人生境界的提升,懂得人生的意义,也是件好事。"

妈妈醒来了,没有听见爸爸刚才的滔滔不绝,单听到了这一句,不免生气:"车祸算什么好事啊!你真是没心没肺。"

爸爸笑道:"确实有好事要宣布。"

杨略和妈妈目光落在他的脸上。

"检验结果出来了,略略的大脑没有损伤,连医生都认为是万幸。"

杨略想起了包里的那件毛衣。唉,一切都是那么偶然。要是不打篮球,就不会脱毛衣,头撞向地面时,就可能受重伤。当然,如果不打篮球,就能提早经过那个路口,就能躲开车祸了。命运啊,谁说得清楚呢?

爸爸接着说:"还有,左腿只是骨折,手术接得很好,住院一个星期,然后可以回家。"

杨略却泄了气,他还以为立即能拆石膏下地呢。他问道:"那多久才能复原呢?"

这方面妈妈有经验,伸出一个手指:"伤筋动骨得一百天。"

"天哪。三个月!"

妈妈说:"我替你请家教,问题不大。你呢,也可以休息休息。"

杨略心里到底还是松了口气,腿算是保住了。可一个人在家,课业虽然不会落下,但见不到同学们,那可怎么好?得经常让他们来聚会才好。他想起了一个主意。

"爸爸,以后你还能给我讲刚才的东西吗,我让同学也来听听。现在学校里最缺失的,就是这样的教育。"

爸爸欣然答应了:"我得列个教学大纲,像上课一样。"

"你啊,就是不务正业。"妈妈说。

"怎么不务正业呢,我的职业是父亲。"

三人都笑了,这是一本畅销书的题目。杨略隐隐有些不安,那个橘红色女孩,现在魂归何处了呢?会不会逡巡在四周?也许听到了爸爸的谈话,此刻她该领会生命的意义了吧。可是,又为时太晚了。

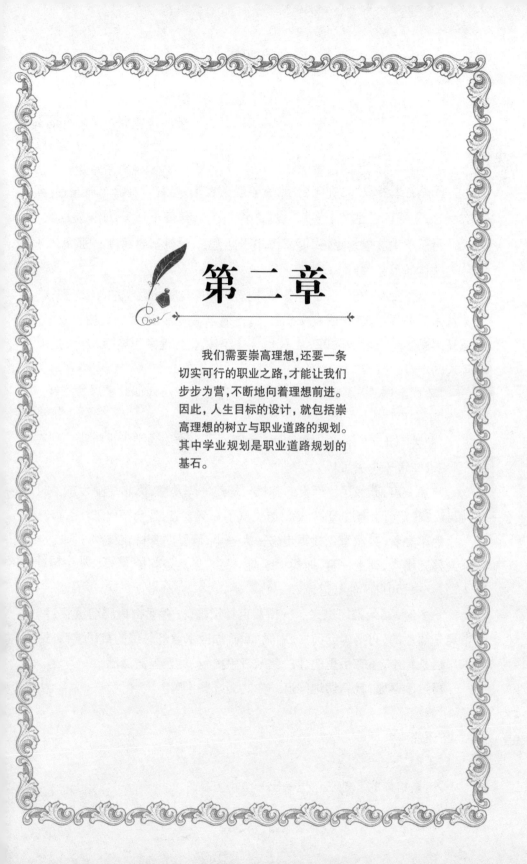

第二章

我们需要崇高理想，还要一条切实可行的职业之路，才能让我们步步为营，不断地向着理想前进。因此，人生目标的设计，就包括崇高理想的树立与职业道路的规划。其中学业规划是职业道路规划的基石。

　　杨略拄着拐杖,站在阳台上,看着漫天雪花,等着朋友们光临,心中若有所思。车祸已经是半个多月以前的事情了,大年三十那天,他出院回家,现在可以下地拄着拐走路,但腿伤却不见大好,估计真得将养一百天。

　　这让他很是郁闷。

　　春节里没有外出,只是看点书,抱着iPad看电影,但到底觉得无聊,趁着家人出去拜年,想约朋友来家里玩。一通电话过后,凌霄和葛怡答应了。陈高照回了乡下,余振却联系不上,手机停机。打他家里电话,那头是中年人的声音:"找谁?"

　　"我找余振。"

　　"不在!"

　　"他去哪儿了?什么时候回来呢?"

　　"谁知道干吗去了!"

　　咔嚓一声,断线了。好大的脾气!杨略一阵发愣,莫非是刚才忘了叫"叔叔",在礼节上有些疏忽,惹对方生气了?又或者,是余振出了什么事?

　　他琢磨着,突然看见楼下走来一人一伞,修长的身材,蹚着雪进来。待那人移开雨伞,朝上一看,他顿觉眼前一亮。果然是葛怡。

　　"上来,501!"他喊道。

　　不多时,葛怡推门进来。一顶蓝色针织帽,一件雪白束腰羽绒服,围巾又是蓝色的,衬得唇红齿白,眉眼如画,加上水蓝灯芯绒的裤子,裤脚钻入白色长靴中,还有手里的乳白色米奇手提包,更显爽洁潇洒。

　　葛怡刚落座,就急切地问道:"你的腿好些了吗?"

　　"好些了。"

　　"还痛吗?"

　　"不痛。"

　　"这是给你的。"她从包里掏出一个小方盒。

"是什么？"

"看看就知道了。"

杨略接过，打开，是个不倒翁，机器猫的造型，放在桌子上一碰就摇，发出哈哈大笑。

"以后谁也撞不倒你，而且笑口常开。"葛怡甜甜地微笑。

多么可爱的寓意。杨略正觉甜蜜，凌霄推门进来。他是常客，轻车熟路的。

凌霄长高了些，但还是显得矮瘦，依旧是灵猴模样，皮肤偏黑，尖尖的下巴，偏生了两只招风耳。还好眼睛很大，用葛怡的话说就是"非常卡通"，给长相争回了几分。不过今天眼睛不太明亮，甚至有几分……怎么说呢……萎蔫？苍老？杨略说不上来，总感觉不太对劲。

凌霄和余振一起，都在市七中就读。这也算重点中学，但已是重点的末尾，与普高无异。他本来只考上普高，家人奔走了一阵，托了关系，勉强进了七中，但只能算二等公民。这学校杨略也曾去过，校园还算整洁，只是出入其中的学生，颇有一些穿奇装异服的，个头小，头发却蓬松得像个蘑菇，甚至当众叼着烟。

杨略很为两位好朋友担心。环境对人的影响如此之大，余振和凌霄能洁身自好吗？

凌霄一进来，就砸了杨略一拳头，以暴力表示亲热："怎么样？能打篮球了吧？"

葛怡看杨略的身子被打得晃了一晃，就说："猴哥，看你，老虐待伤员。"

"猴哥"是对凌霄的尊称。初中时，同学都叫他"灵猴"，或者叫"猴儿"，进而叫"猴哥"。他先是有些反对，但反对无效，时间一久，也就认了，但一定要自称"老孙"。

"哟，"凌霄看看葛怡，又看看杨略，堆起一脸的坏笑，"这就心疼上了……"

杨略知道他狗嘴吐不出象牙，就转移了话题："猴哥，你最近和大头联系了吗？电话也联系不到他。而且，他爸脾气好大，咔嚓就把电话挂了。"

凌霄顿时收敛了嬉皮笑脸，有些神秘地凑上来，轻声说："大头的事，你还不知道啊？"

杨略讨厌他故弄玄虚，就皱了皱眉头，说："你和他一个学校，你不说，我怎么会知道？"

"大头出事了。"凌霄叹了口气，让杨略想到街头巷尾的老太太，神神秘秘地传播小道消息。

杨略没好气："到底出什么事了啊？"

葛怡也顿着脚，埋怨道："猴哥，你就别卖关子了。"

"他呀，退学了。"

"退学？"杨略和葛怡这一惊可非同小可，"什么时候？念得好好的，怎么就突然退学了？"

"我也不太清楚，就是寒假前的最后一个星期吧。他忽然说要退学。我还当他开玩笑呢。你知道的，我们两个成绩不好，时不时要闹点情绪，嚷嚷退学啊什么的，可情绪过去了也就好了。谁想这一次，大头还玩真的了。一连几天不见人影，连篮球训练也不来参加了。我们球队教练还急了呢，没了这个台柱子，寒假里的高中联赛铁定要输了。"

葛怡顿了顿脚，说："都什么时候了，还惦记着比赛呢！"

"就是！当务之急，得先让他回来啊。打了手机，他说做生意呢，不回来了，球队是赢是输，都不关他事。后来我们催得急，他干脆关机了。"

杨略追问道："那你有没有去找过他？"

"我去了——"

我们回到杨略出事的那天下午。正当杨略买好杂志，在小巷中灵活穿梭时，凌霄也考完了物理，骑上单车，从七中的校门冲了出来。

"大头啊，你就是不让我省心。"他一路上嘴里骂骂咧咧，骑了一阵，忽然想起一事，就在街边停住，给杨略打电话，想约他一同去。但总是联系不上。他哪里知道，此时城市的另一头，杨略正躺在急救车里。

"关键时刻掉链子！算了，求人不如求己。"凌霄嘟哝了一句，重新上车，一路飞驰，来到了余振家的楼下。

这是一个颇有些年头的小区。楼房起码有 30 年历史了，没什么物业管理。举目望去，但见楼房颜色灰暗衰颓，楼梯狭窄，光线不佳，扶手上全是灰尘，留着一个个掌印。

凌霄知道，余振爸妈都是工人，快 40 岁了，才生下余振。先前他们揣着个铁饭碗，还风光了几年，如今企业效益不佳，日子过得艰难。看左邻右舍都搬到宽敞明亮的新楼去了，他们还蜗居于此，靠自己估计翻身无望，只好望子成龙。所以余振当年考上重点高中，全家人都乐疯了，虽然存款微薄，却在出奇豪华的天外天酒楼摆了十几桌宴席，把亲戚朋友都叫来，热热闹闹地庆祝了一番。

"现在大头要退学，他们真该发疯了。"凌霄这样想着，敲了门。不多时门就开了，是余振的爸爸，愁容满面，夹着根香烟，见了凌霄，脸色铁青，并不打招呼，只是让了进去。凌霄跟进了客厅，眼前一片凌乱，地上横七竖八地躺着书报、沙发垫，还有果盘。几个苹果摔得不轻，鼻青脸肿，不知所措地斜躺在角落里。余振低头坐在沙发上，头发乱如败棕，几乎遮住了脸。

看得出来，一场风暴刚刚过去。

余爸爸也坐下，一语不发，默默地抽烟。面前的烟灰缸早戳满了烟头。室内烟雾弥漫，十分呛人。

凌霄有些尴尬，觉得这个时间来，恰好是别人最不方便的时候，实在不凑巧。余振显然刚被他爸训得灰头土脸，他又好面子，怎么能在好友面前丢这么大的人呢？

既来之则安之。凌霄打破了僵局，说："余振，马上就要比赛了，你准备得怎么样了？"

"他还比个屁！"余爸爸发话了，伴着一阵阵的咳嗽，冲着余振嚷嚷，"你还好意思去比赛……咳咳……成绩一塌糊涂，还想比赛？篮球能当饭吃？打球也就算了，你居然……你居然……咳咳……"

余振一言不发，余爸爸因为有外人在，似乎也不愿把话说下去，就顿住了，只是狠狠地抽烟，嘴角颤抖，太阳穴上青筋凸出。

这时，卧室的门忽然洞开，从里面冲出来一人，披头散发，眼泡红肿，面目狰狞，却是余振的妈妈。只见她一把夺过余爸爸嘴上的香烟，掼到地上，用脚使劲地踩，一边骂骂咧咧："叫你抽，叫你抽，抽死算了。你们两个，一个只会抽烟打儿子出气，一个只会偷家里的钱。要你们干吗？还不如都死了干净。"

说毕，坐在沙发上大哭起来，呼天抢地，什么辛酸往事都抖搂出来。

凌霄忙上前扶起她："阿姨，你别这样，有话好好说。到底出了什么事？"

余妈妈散着头发，猛然一指余振："你问他！"

余振终于抬起头来，左脸上有一个鲜红的掌印，正用手捂着，带着哭腔，大声说："你们都怪我，都怪我。我有什么错？……我成绩不好，老师不喜欢，拿我开心。我能怎么办？干脆退学，早点去工作，让你们也轻松点，不是挺好的吗？可我能做什么呢？到处找不到工作，只好合伙做生意。可做生意得有本钱哪，我上哪儿拿去？所以就向你们借了点……"

"那叫借吗？那叫偷！日防夜防，家贼难防啊。"余爸爸痛心疾首。

"对，我就是偷！你们要是肯拿钱给我，我还偷干吗？"

余妈妈说："可那是我们存起来给你上大学用的呀。我和你爸爸存了多少年哪！"

"我知道。可我现在不读大学了，拿这些钱做生意，不也一样吗，反正都是花在我身上。谁知道那伙人是骗子，卷了钱就跑了。回来和你们一说，你们不想想办法，上来就打我……"

凌霄听到这里，有点明白了前因后果，问道："你报警了没有？"

余振说："没有，中国那么大，谁知道跑哪儿去了。报警还有什么用？"

"这话就不对了，要是都不信任警察，那治安还怎么好转？"

"那还能怎么办？"

"赶快报警，退一万步说，死马当活马医，总是没错的吧？"

余振答应了，拨了电话，结结巴巴说明情况。10 分钟后，街道派出所的民警已敲门进来，详细记录了前因后果、嫌疑人的相关信息。

"等我们的信儿。"民警挺热情，临走时又说了一句。

似乎看到了点希望，全家人心情也好了一些。余妈妈擦干眼泪，要张罗晚饭了。凌霄站起来，对余振说："你在家待得太久了，我们出去走走吧。叔叔，晚饭我们就在外面吃了。"

小区旁边有条小河，这是一洼死水，停滞不动，水质污浊，临近岸边处，积着层层白沫，漂着各种杂物。两人手插裤兜，垂着头走着，像两只鸬鹚，不时将小石头踢进河中。已是黄昏，夕阳渐渐坠落，光线暗淡下去。

也许就是这个时候，杨略躺在病床上，看着这轮夕阳。而那个橘红色风衣的女孩，从医院的楼上一跃而下。

凌霄说："大头，到底怎么了？退学？耍酷啊？"

"谁没事退学玩儿啊，唉……"余振叹口气，看了看天空，将事情经过都说了一遍。

原来这半个学期来，余振一直忙于准备篮球比赛，时间没有好好规划，成绩自然又退步了。偏偏有个数学老师，水平不错，但有个臭毛病，上课时，每次证明完一个定理，就会突然跑到一个差生面前，蹲下来，仰视学生的脸，大声嚷道："你这个傻瓜懂不懂啊？"全班是一阵哄笑，被仰视的同学窘迫至极。

余振成绩不好，自然也不能幸免。那个周一的数学课，他听了个模模糊糊，正打瞌睡，忽见一个人影飘到眼前，声音在耳边炸响："余振！你听懂没有啊？还打瞌睡！"

余振一睁眼，看见一张瘦削鄙夷的脸，开合的嘴唇间，露出一口黑牙，还在说着话："只会打篮球，四肢发达头脑简单。篮球能当饭吃？"

余振脑子昏昏沉沉，听得怒从心起，一时按捺不住，一扬右手，不偏不倚，啪地给了那老师一嘴巴。要说这余振到底是打篮球的，手上可有点力气。那老师惊叫一声，呆在那里，脸上渐渐显出红色的掌印。

余振清醒过来，见打了老师，也吓傻了。想想罪恶滔天，指定是要被开除了。与其等人家来开除，还不如自己主动退学，反正学校里念的也没什么用，倒不如到社会大学里去锤炼呢。这些念头当然是一直就有的，而今日有此契机，恰好可以付诸实践。想到这里，一时热血冲顶，就站起身来，拿了书包，急匆匆走出教室，走出学校，把同学甩在身后……

其实事情的经过，凌霄早已知悉。毕竟，在紧张而无聊的高中校园里，唯有这样的事情传得最为迅急。

"老师没有找你？"

"班主任倒是来找了，还把我爸叫到学校去，说问题不大，主要责任在那老师身上，已经处理了。我呢，只要写份检查就行，不会有额外的处分。不过我不想读了，就一直没回去。"

"然后呢？"

"然后，我就去找工作啊。你知道，我一向是希望能去经商的。可好公司都进不去，学历太低，让我当个保安还是发了慈悲的。我起先心高气傲，把社会看得很简单，到了那时候，整个人都蔫了。好在我认识一帮朋友，托来托去，认识了一个卖电子产品的，说是有一批水货，原装的东芝数码相机，价格便宜得离谱，要是拿过来，转手一卖，马上可以翻上几番。一时动了心，就从家里拿钱入股了。我也知道现在骗子多，可当时就是脑子进水了。那人为了让我放心，还带我去看了他的店铺，就在时代电脑城。我到了一看，很气派，装修时尚，品种齐全。后来才知道，这是他设下的局，借了人家的店铺，装饰门面用的。等到了发货那天，我兴冲冲地去了，结果人去财空。和我一起上当的还有十来个，被骗的钱加起来不下 50 万。我还真是笨呢！"

凌霄拍了拍他的肩膀，说："事到如今，自责也没用了。就等公安局的消息吧。"

"也只好这样了。"

余振看着河中漂着的一只塑料袋，感觉自己的身体像一个架子，肌肉器官皮肤挂在上面，显得松松垮垮，都是累赘，使不上半点劲来。

凌霄说到这里，大家的心里都很沉重。外面的雪，不知什么时候停了。但到底薄薄地积了一层，雪光十分清亮，夜空呈现出淡淡的铁蓝色。

杨略问："那大头现在怎么样了？"

"还能怎么样？里外不是人了呗。这不，前些天又和家里闹翻了，现在人家是离家的少年啦。"

"呀,"葛怡惊呼了一声,"离家出走? 去哪儿了? "

"还能去哪儿,兜里又没钱,就在哥儿几个这里住呗。这几天还住我那儿呢。杨驴,你要是没受伤,他肯定天天泡你这儿。""杨驴"是杨略初中时的绰号。

杨略说:"那赶紧让他来啊,这样下去也不是办法,得替他想个辙儿。"

凌霄打了电话,在等余振过来的那段时间里,他们都没怎么说话,但各自的脑海中,都在澎湃着意识流。天色渐渐变暗,雪光越发清晰,客厅里变得黑白,像一幅抽象的漫画。如果真是漫画,三人的思绪应该飘浮在头顶,像一朵朵白云,里面写满了文字。

……说实在的,老孙还真有点佩服大头。且不说他生意是成是败,至少有勇气追求理想,敢出去闯上一闯。我是有这个心,没这个胆啊。高中真是太折磨人了,整天学习学习再学习,什么时候是个头啊? 班里那帮家伙,连休息时间都坐那儿看书,就不怕生痔疮吗? 老师还总表扬他们,害得我们只好效仿了。

老孙在电脑上的天赋,那可是公认的。甭管什么游戏,CS 也好,魔兽也罢,哪个老孙不在行? 还有那些软件,什么 Photoshop,影片剪辑,一上手就会。现在老孙都学着自己编程了。嘿,一行一行,感觉就像诗人作诗,那叫一个带劲!

可作业像潮水涌来,应付还应付不过来呢,晚上又都住校,哪里还有时间去摸索这些。不过,哈哈,老孙可不是吃素的,趁着月黑风高,跳出围墙,隔三岔五到网吧玩了个通宵。不,那可不是玩,是钻研,是磨炼,乐在其中啊。

可现在老孙还真没敢出去,憋得要死,看什么都像键盘,摸什么都像鼠标。都怪那猩猩老师太严厉了。尖嘴猴腮一老头,估计人一丑吧,心理就有点变态,要发泄到我们身上来。每晚都来寝室清点人数,再足足巡逻上三遍。三遍哪! 一见室内有亮光,就喊一声:"睡觉! "谁要不听话,他就哗啦啦掏出钥匙,不由分说闯将进来,记下名字,第二天公布于众。唉,我们哪是什么祖国花朵啊,活脱脱就是一群囚犯。

那天早上，宿舍大门上贴了张海报。上面几个大字："君山集中营"。旁边还有个大猩猩，手里拿着烙铁和皮鞭。大家都乐坏了。那猩猩老师暴跳如雷，扬言要上报校长，严惩这个大逆不道的学生，但后来到底还是没找着，只好不了了之。嘿嘿，他可不知道，那就是老孙的作品，哈哈……

……从落地窗可以看见步行街，灯光照得路人脸色蜡黄，他们都那么忙碌啊，不管是穷人还是富人。穷人为了温饱，不免疲于奔命。而富人虽温饱无忧，却有了更高要求，依旧辛苦辗转。真是进亦忧，退亦忧，然则何时而乐耶？

爸爸说，人要自己寻找意义，要达到自我实现。所谓自我实现，我想，应该就是用自己喜欢的方式，做自己擅长的事吧。现在大头不正在亲身实践吗？我是不是该佩服他呢？

最近看了韩寒、安意如、七堇年等年轻作家的书，给我震动很大。他们这么年轻，就做出这么多的成绩。韩寒说，他的成功源于"懒"，因为懒，就不用做不情愿的事情，只做喜欢的事情。这很对啊，尽管我现在成绩不错，但对于什么物理化学，我并没有什么兴趣，只不过为考试而学习罢了。我何必花那么多青春时光，学这些注定要被遗忘的东西呢？

真想走韩寒的那条路，写写小说，开开赛车，自由自在。像安意如那样也好，白天看书，偶尔散步看景，一有感触，就奋笔疾书，何其快乐！可是，我真有那样的写作天赋吗？若是没有，弃学之后，自己还剩下什么？这个问题真让人头疼啊。

也许，大头还是太冒失了。就算经商，这年头也不能光靠胆子，得有点营销学知识。这个我爸最在行了。对了，爸爸！过会儿大头来，让爸爸给他启发启发，那该有多好。大头一直很佩服我爸的。

干脆，一不做二不休，把大头的爸爸也叫来，趁机让他们父子和好，也算大功一件……

……"我不想，我不想，不想长大……"电视里放着《不想长大》，S.H.E

几年前的歌,三个女孩蹦蹦跳跳。唉,谁想长大呀! 这不没办法的事情嘛。最近我觉得自己老多了,当然别人是看不出来的。在他们眼里,我成绩好,家境好,长得又漂亮,得天独厚,应该整天无忧无虑才对。可他们哪里知道我的烦恼呢?

看我这帮朋友,杨略喜欢写作,猴哥喜欢电脑,大头喜欢经商,不管现在跌跌撞撞,至少有个方向。可我呢,什么都谈不上喜欢,也谈不上不喜欢,总是别人让干什么,我就干什么。我是个乖女儿,也是个好学生。难道这就够了吗? 我听说过"第十名效应",那些人之所以能成才,就是因为有个性,有特长。我的特长是什么呢? 好像只有头发特长吧,呵呵。

初中时和杨略他们说过这个问题。他们劝慰我说,等上了高中,你就会找到目标了。我也信以为真,可到了现在,我更加茫然了。我表姐说,女孩子嘛,也用不着什么大事业,好好读书,考个好大学,毕业了找份安稳工作,找个能干的老公,然后相夫教子,夫贵妻荣。可这种一眼能看到头,把幸福寄托在别人身上的生活,真的是我想要的吗?

唉,每天努力学习,到底为了什么? 有时想想,也许只是填满时间,求个心安罢了。如果像大头那样弃学,有着大把大把的自由时间,我真不知道该怎么打发了……

时针快指向 6 点的时候,余振到了,依旧高胖,穿一件黄色羽绒服,一格一格鼓起,像一个巨大的玉米,晃着标志性的大头,头发挑染了几缕,金黄色的,都很鲜亮,但表情委顿,还有些尴尬,打了招呼以后,在沙发上靠近凌霄坐了,只是不说话。他觉得所有人都洞悉他的遭遇,都在窃窃私议,即使自己的朋友,在他来之前,指不定说得多热闹呢。

"爱怎么想就怎么想吧。"他心里念叨了一句,什么都放开了,就摊开身子,脑袋一抖一抖,似乎应和着电视里的音乐。

杨略记得,初中时候余振被揪到办公室时,也是这般作态。现在故态重萌? 但杨略觉得自己能理解他,就先和他搭腔:"大头,路上冷吧?"

"还好。"

"我这左腿受伤后,就是不禁冻。刚在外面站了会儿,估计是受了寒气,现在隐隐有些痛。"

正如杨略所料,余振顿时露出关切的神情:"你的腿怎么样?应该恢复得差不多了吧?"

凌霄插嘴,故作轻松地说:"是啊,刚才我还问他,我们三个什么时候一起打篮球呢。"

杨略一笑,说:"说起来,我们也有好久没在一起打球了。大头,你现在进了校队,每天训练,技术肯定又进步了。唉,就我荒废了,想当年,嗨……"

三个人脑海中顿时浮现出一起打球的场景。余振个高,当了中锋,杨略是大前锋,凌霄做控球后卫,组成一个铁三角,从来没遇到过对手。三人聊了些当年趣事,又评点了 NBA 的赛事,气氛渐渐活泛起来。葛怡插不上嘴,在一旁娴静微笑。

夜色全然暗下去了,杨略打开落地灯,金黄色的光芒,像向日葵的花瓣。

杨略说:"一起吃晚饭吧。我妈在买菜,一会儿就回来。"

话音刚落,门铃响了,余振起身去开门,顺手开了玄关处的电灯。

"叔叔好,阿姨好,呃……"

杨略等人听出异样,都扭头去看,发现来人中,除了杨略的爸妈,后面还有一个中年男子,穿黑色羽绒衣,神色沉郁,眉头紧锁,却是余振的爸爸。

余振将脸别向一处,回到沙发上埋头坐下,默不做声,等着一场暴风雨铺天盖地而来。余爸爸却不做声,径直走过来,也不看他,喉咙里滚出两个字:"回去!"

"不回去!"

余爸爸眼睛一瞪,就要发作,几乎抬起手来,却又放了下去,缓和了态度:"余振,我们回去再说,你妈还等你吃晚饭呢。"

"我不回去!"

"你!……"余爸爸打也不好,不打也不好,一时僵在那里。

杨略爸爸见状,把杨略拉到一旁,问道:"怎么回事?"

杨略简要地一说,爸爸顿时明白,笑了一声,走上前去,给余爸爸递了根烟,招呼着:"您先坐,别动气,有话慢慢说。余振我了解,是个懂事的孩子。"

凌霄和葛怡立即起身,拉着余爸爸坐下了。余爸爸得了个台阶,神色稍缓,但怒气到底没有消尽,指着余振对杨略爸爸说:"杨老师,您是个学问人,您给评评理,我就这么个儿子,平时好吃好喝供他上学,就盼他有点出息。谁知道他这么不争气,成绩不好我也认了,现在居然把老师打了,还逃学去做什么生意。简直无法无天了! 我说了他几句,他非但不知悔改,还发了脾气,不肯回家了。您说,这样的孩子该不该教训? "

"哼……"余振从鼻子里喷出一口气。杨略爸爸则点了点头,余爸爸得到了支持,恢复了在单位里说话的语气。他在工厂里,是个流水线的段长,芝麻大的官,然而说话也条条款款,头头是道。

"我们小时候,家里穷,没好好受过教育。我就想,这下一代总该比我们更有出息吧。谁知道还不如我们呢。就我这孩子,急功近利,放着好好的重点高中不上,硬要去做小贩,真不知道他是怎么想的! "

"又是这一套! "余振咕哝道。杨略等人也觉得烦了。这套言论他们听得多了,厚古薄今,看现在的孩子不顺眼,就给扣个大帽子——"80 后"或"90 后",然后一棍子打死,什么这是垮掉的一代,从小娇生惯养,没有责任心,脾气浮躁,以后可怎么好……

"你说什么? "余爸爸听见了。

"我说,又是这一套! 耳朵都磨出老茧了。我们怎么就急功近利了,我喜欢经商,早点去实践积累经验,这有什么错? "

杨略听了暗暗叫好,大头,你道出了我们的心声啊。

"那你也得先念书啊? "余爸爸的语气,分明没有刚才那么威猛了。

"我就看不出物理化学和经商有什么关系! 浪费那时间干吗? "

"你……"余爸爸驳不过了,歇了一会才说,"你这是赌博,孤注一掷,万一经商不成功,你连学历也没有,以后谁要你? 上工地背水泥包去? "

这恰好是杨略所担心的问题,正在思考,余振却豪气冲天地说:"做人得敢作敢为,要总是畏首畏尾,前怕狼后怕虎,能有什么出息? 你说你,安稳了一辈子,又创出了什么成绩? 你的人生是失败的,你的经验对我有什么用? "

后两句话太过了，太伤人了，就是对外人也不能这样攻击，更何况是对自己的爸爸。杨略不禁为余振捏一把汗，也担心着余爸爸会不会心脏病发作。

果然，余爸爸脸部抽搐了一下，抚着胸口，喷出一长串的咳嗽，眼睛里迸出泪花，不知是咳的，还是痛的。局面越来越紧张。

杨妈妈端了一杯水，杨爸爸接过来，递给余爸爸，安慰道："先别着急。在我看来，孩子有自己的想法，这是好事，关键在于，他的想法是不是切合实际。当然，这也不能全怪他们，我们家长老师都有责任。我觉得吧，现在的孩子并不浮躁，而只是焦虑。父母期望如此之高，社会压力如此之大。中考很难，高考更难，大学毕业了，就业又不容易。所以他们容易感到前途渺茫，很焦虑，不知道以后做什么，也不知道现在学什么才有用。成绩好的倒也罢了，不管以后怎么样，至少现在春风得意。但还有些学生成绩不好，所以更迷茫，更痛苦，甚至就堕落了，自暴自弃了。究其原因，就是人生目标不明确，也缺少对人生合理的规划。"

余振说："杨叔叔，你这话我不同意，我觉得自己的目标很明确，可就是得不到家里人的支持。"

凌霄举手说："我……我也有这种感觉。"

杨略心里也赞同。只有葛怡不表态，呆呆地出神。

外面又开始下雪，无数洁白的精灵，趁着夜色静静飘落，要覆盖整个大地。杨妈妈在厨房里烧菜，嗞啦嗞啦，飘来诱人的香味。

而在客厅里，杨爸爸却在反问："你所谓的目标，是自己想当然的，还是经过了实践检验？"

于是，关于人生规划的第二堂课开始了。

第二课　人生目标需要设计

晋朝有个大人物名叫桓温，长期执掌东晋朝政，三次北伐，威名赫赫。早年发迹时，曾栽下几株柳树。经过了28年的征战，他回到故土，发现柳树已经亭亭如盖。他不由感慨万千,说:"木犹如此,人何以堪?"手持枝条,泫然流涕。连树都已长成这样,我们又如何抵挡岁月的变迁呢?

人生确实短促得很,李白说:"君不见高堂明镜悲白发,朝如青丝暮成雪。"时光何其匆匆!为此,亚里士多德还痛责过造物主,说它把长久的岁月给了大象、麋鹿以及其他动物,而负有重大责任的人类,除去童年和老年,只有短短数十载生命,哪里够我们施展才华呢?

但我要说的是,生命并不短促,假如我们知道怎样利用人生,把生命好好安排,它是足以完成伟大的事业的。否则,那些名耀古今的伟人们,又是如何出现的呢?

怎么安排?我们要尽量少走弯路,多走直线,为此,我们必然需要一个人生目标,实现人生的价值。上节课我给出了一个公式:

人生目标=崇高理想+职业道路

我们需要崇高理想,还要一条切实可行的职业之路,才能让我们步步为营,不断地向着理想前进。因此,人生目标的设计,就包括崇高理想的树立与职业道路的规划。其中学业规划是职业道路规划的基石。

所谓学业规划,是指为提高求学者的成才效率,结合其特点和意愿,对其各成长阶段的学业、身心发展等方面进行规划。在童年(小学)、青少年(中学)、成人早期(大学)三个成长阶段中,逐渐了解自我特点(包括优势智能、个性、价值观、兴趣),了解职业(专业)的相关信息,结合个人背景,初步确定其人生目标,并明确阶段性目标,设定学业路线(包括专业和学校),以确保学习的事半功倍,获得实现目标所必需的素质和能力。

而这种规划,对于中国学生而言,却是非常陌生的。

学校教育的缺失

孩子们,你们在学校里也待了十几年了,肯定都有这样的体会:学校教给你们很多知识,比如语文、数学、物理,却很少和你们说,这些知识有什么用。

大家似乎心照不宣:高中是为考大学,大学是拿文凭。可是,拿了文竞之后呢？你会说，我工作呗，挣钱，舒舒服服过日子。或者说得更伟大一点：为社会做贡献。这都没错。但是，我们要知道，只有在最能发挥潜能的位置上，我们才能挣到钱，才能做出最大的贡献，才能活得有价值，也生活得更快乐。

这就是在社会中定位的问题。

怎样定位？我们的老师似乎都忘记说了。

当然，你可以说，中学生太忙了，光一个高考，已忙得焦头烂额，哪有时间管其他问题？到大学就好了，可以开始琢磨人生目标的事了。事实真的如此吗？

我身兼两职，既在大学教书，又自己开公司，与年轻人接触很多。我很遗憾的是，即便是名校学生，也有许多人没有人生目标，学习敷衍了事，整天喊着郁闷，到我的公司实习，也是拖拖拉拉。

在中国，对于一个普通家庭来说，教育是笔巨大的投资。全家人勒紧裤带，花了十几年工夫，好不容易培养出了个大学生，可是因为没有设计人生目标，大学读了不喜欢的专业，毕业时却找不到工作，或者找到了也不喜欢，整天郁闷度日。如果是这样，这笔投资真是太不划算了。

但现实情况就是这么糟糕。

我们随处可见这样的例子。站在人生的十字路口，比如填高考志愿、大学毕业找工作，大部分学生不知道该走向何方。问他以后想成为什么样的人，他摇摇头，不知道。问他喜欢什么，也说不知道。

这很好理解，人生目标并不是短短几天就能树立的。每个人都各有所长，要想找到适合自己的人生目标，必然需要长期的探索与磨合。

所以，高中生以忙碌为由，不管日后出路，这是不对的。我的观点是，恰恰因为中学生学习很苦，压力很大，更要有个人生目标，让他们低头走路的同时，偶尔也抬头看路，明确学习并非只为高考，而是要实现自己的人生价值，于是再辛苦也会甘之如饴。

所以，我们更要进行人生目标设计。让学校老师去传授知识吧，而家长和学生自己，则要开始设计未来。

那么，到底该怎样设计呢？

知己知彼,设计人生

　　教育的黄金年华很短,一刻都不能浪费。很多人觉得,小学初中不懂事,等到大学再挖掘兴趣,构思人生目标。但这无疑已经太晚了!因为进入大学之后,专业基本确定。同时,超过半数的学生对自己的专业不满意,想要转专业。所以,国内目前的大学生职业生涯规划课程,只是一种"临时抱佛脚"的短期行为,很难收到真正的效果。

　　所以,人生是一定要提早设计的。旅美学者高燕定在《人生设计在童年》中,曾经写过这样的话:

　　在一个日趋完善和规范化的社会里,人生是可以设计的,而且应该从童年开始。有了科学、理性的人生规划,人们完全可以不凭机遇、不靠伯乐,按部就班地、可预见性地获得自我认识意义上的、必然的成功。

　　可现在许多家长提倡孩子自由发展。很多中年人会说,你看我,小时候没人帮我设计,现在不也挺成功的吗?这话是没错,但成功率太低了。以我自己为例,能走到今天,有这么点小小的成就,走了多少歪路,浪费了多少时间啊,现在想想都很心疼。

　　所以在这个时代,提出"人生设计在童年"的理念非常及时。不过高燕定的具体做法我并不赞同。他给女儿从小就设定了方向——以后当律师,然后创造种种条件,大学毕业考入法学院,现在拿到了法学博士学位。但这个事例还是没有普遍性。因为普通的家长没有高燕定的学识,也没有高燕定的条件,如果过早设定了目标,等孩子努力了许多年,突然感觉

知识点链接:

　　高燕定,旅美学者,在美国得克萨斯 A&M 大学任研究仪器专家至今,为独立升学顾问。所著《人生设计在童年》讲述了一个普通女孩在父亲的引导下,从小树立人生理想和职业目标,在预期的人生轨迹上奋力追梦,一步步达到理想目标的故事,向读者传递一个理念:人生是可以设计的,而且应该从童年开始。

天赋不在这里，兴趣不在这里，那时候怎么办？家长孩子都痛苦。

正确的设计与规划，应该按部就班地进行，家长与孩子共同参与。小学和初中时，需要综合学习，做到见多识广。家长要细心观察，从中发现孩子的兴趣和天赋所在。当然，此时孩子变数很大，只需明白个大概即可。到了高中，孩子的自我意识完善起来，知道自己的特长何在，同时也了解大学专业的状况，就能为填报高考志愿做好准备。到了大学，通过专业学习和社会实践，逐渐为日后就业确定方向。总而言之，目标是渐渐细化，逐步明确的。

说得通俗一点，这人生规划，就如同寻找人生伴侣。两个小孩青梅竹马长大，彼此知根知底，情投意合，自然是天赐良缘。但大多数人没有这种机遇，所以应该多结识异性好友，多问问自己，心仪的异性应该是怎样的。等到这样的异性出现，彼此吸引，用心经营，才能成就美好婚姻。否则一直对异性不闻不问，到了结婚年龄，这才仓促地找一个，那能幸福吗？

所以人生目标的设计，要分三个阶段进行，著名的职业选择理论家吉乌茨伯格将职业选择划分为三个时期：

第一，空想阶段。11岁以前的孩子对将来从事什么职业的考虑很理想化，不受个人能力及能否实现所限制，没有真正的职业兴趣。

所以，这是人生规划的预备期，要尽可能培养多方面的兴趣，从中发现孩子的特长所在。

这不是件容易事。大家都希望有一顶《哈利·波特》里的分班帽，往五六岁的孩子头上一扣，就检测出他的特质与潜能，然后大嘴一张，说："贝多芬，你头脑里音乐细胞很多，以后就当音乐家。你呢，毕加索，一脑子图画，当画家去吧。"这样多省事。

但这只是童话而已，现实生活中，孩子的大脑就像未开垦的处女地，要想知道里面哪些肥料含量多，种什么庄稼好，不可能拿到实验室化验，而只能种上各种庄稼，看哪些长势良好，以后就多种植这些作物，以备获得好收成。美国教育学家加德纳曾说：

在童年的这一时期（8岁到14岁），儿童想掌握自身文化和特定职业或业余爱好的规律;想准确地运用语言而不是仅仅通过比喻;想画出像摄影照片一样清晰的美术作品,而不满足于幻想和抽象的绘画。

所以他提议,在儿童中期(8岁到14岁)教育应该有一定的专门化。在他们学习掌握必要的读写能力外,还应根据特长兴趣所在领域,获取一定程度的技能,比如一种艺术形式,一种运动项目,一两个课程科目。我们都相信,如果一个人找到了适合自己的职业或副业,就可能获得满意的人生:为社会做出贡献,并实现自己的价值。

第二,尝试阶段。11岁到17岁的孩子们在读中学,职业的选择主要受个人兴趣和价值观的影响。同时,他们的心理产生了微妙的变化。在发展心理学上,对青少年时期有这样的描述:

我是谁?我是怎么样的人?我要怎样过我的一生?我和别人有什么不同?我自己怎样才能实现一切?这些问题在儿童时期基本不会被考虑到,在青春期则逐渐显露出来,成为普遍关注的话题。

心理学家埃里克森针对这个时期,提出"自我同一性"理论。所谓"自我同一性",就是指知道自己是谁,以后要成为怎样的人。同一性是自尊的根基。具有高自尊的人自信自爱,反之则自轻自贱。青少年如果没有实现同一性,没有探究自己是谁,并坚持走自己的路,则缺乏对自身的认识,成年之后很难找到生活的意义,也不会承担责任,焦虑、抑郁、空虚,是这类人的通病。

孔子也曾经说:"十五而有志于学。"这句话与埃里克森的观点惊人一致。15岁之前,孔子当然也学习,但都是被动的。15岁时,人有了自我意识,开始想人生的问题,懂得为自己学习,为将来学习,于是焕发了强大的动力。

所以,青春期是人生非常关键的时刻。此时一定要正确认识自我,思考日后的发展之路。

一般认为在初中(14岁左右),人具有了职业兴趣,并逐渐趋于稳定。

第三，现实阶段。17岁至成年的年轻人能将主客观因素一起考虑，根据自己的天赋、兴趣、个性、价值观，选择适合自己的大学专业，毕业后找到合适的职业。

这样树立的理想远大而务实，会激励学生奋发进取。出类拔萃的学生和表现平庸的学生之所以不同，就是因为前者热爱追求宏伟理想过程中的激动和兴奋的感觉，因而活力四射，斗志昂扬，会为达到目标不断地探求更好的途径。而表现平庸的学生却目光短浅，只停留在分数上，忙忙碌碌，却也抱怨不停，而一旦略有小成，就小人得志，裹足不前，人生的格局始终这么狭窄。

所谓理想，其实源于自我，是最适合自己的人生目标。比尔·盖茨的理想，就是用电脑来改善全人类的生活。他后来确实做到了，加速了世界文明的进程。现在还有许多生态学家，正在苦苦地为地球寻觅道路，为解决能源危机殚精竭虑。他们的胸怀和责任心，让人生目标变得崇高而辉煌。他们被自己的理想感动着，激励着，因而他们是幸福的。

而每个阶段又要分三步走，即"知己"——发现特长、"知彼"——与发展前景的结合，而后逐渐确定目标。由此滚滚向前，根据年龄与心理的变化，不断发掘，反省，调整，让目标越来越具体精细，最终学生在结束学校教育时，已经明确坚定了人生目标。

若能做到这点，毕业生踏出校门时，肯定是胸有成竹，斗志昂扬。这样的青年，才会是社会的栋梁。

这样的教育方式，我称之为"人生炼金术"。

当然，你们都已是高二的学生，也许错过了童年时兴趣的培养、天赋的挖掘。不过不要紧，当务之急，乃是从现在开始，发现自我，了解社会，设计属于自己的人生目标。将目标细化，就是先解决文理分科的问题、大学专业的选择问题。

在接下来的课程中，我会从五个方面来设计人生目标。它们是：责任、天赋、个性、兴趣、价值观。我们来看下面的结构图(图2-1)：

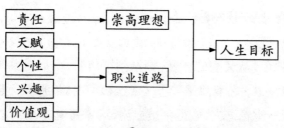

图 2-1

从中可见,责任决定理想的高度和广度,是人生之舟的风帆;天赋、个性、兴趣、价值观四个圆的交点(如下图所示),就是人生之舟的航向。

图 2-2

具体到余振,他说喜欢经商,可他真的适合经商吗?这还是未知的,需要在实践当中去检验。况且,现在经商得靠知识。说到底,经商处理的其实就是人与人之间的关系。而这种能力,虽然可以在社会中磨炼出来,可是毕竟很慢。倒不如趁着读书时多看些文史哲的书,那里面谈论的,可都是人与人的关系啊。更不用说大学里还有经济学、管理学,都是经商必备的资本。只有厚积,才能薄发。他现在弃学去做生意,最多只能混个买卖人,小本经营,要想做企业老总,那还有很长的距离。

今天先说到这里吧,接下来的课程中,我将对天赋、个性、兴趣、价值观、责任一一进行解读,并设计一些测试题,让你们通过测试和实践,了解自我,才好设计属于自己的人生目标。

在杨爸爸讲解的时候,葛怡听得入迷,目不转睛地盯着看,不时插嘴,提出一些疑问,得到满意的答复后,就侧过脸,低声对杨略说:"你爸爸懂得真多。教育，原来还有这么多道理……"

杨略自然得意。

余振的神色，从最初的怀疑，渐渐到了信服，然后是共鸣。他说："杨叔叔，你说得没错。之前我是昏了头了。看了本《80后亿万富翁》，就以为发现了明路，一头扎进去，碰得头破血流，这才知道，人家李想和茅侃侃等人，虽然没上大学就做了老总，可人家有专长啊，不是电脑专家，就是策划能手，看了一堆的书。可我呢？一天到晚喊着经商啊经商，却毫无行动，脑子一热，还打着赤膊呢，就到商场冲锋陷阵了。"

余爸爸神色缓和了，说："你看，遇到了这事儿，问题都发现了。"

余振终于露出微笑，许多忧愁释怀了。

凌霄突然说："说起来吧，我的问题也是一样，号称对电脑很有兴趣，但付诸实践的也不多。前段时间还荒唐得很，整天玩游戏。现在我也得反省反省了。虽然目前学校教育制度有缺陷，可咱能靠自己去弥补其中不足啊，是不是？"

杨略说："猴哥说得没错。考试也许很累，但因为是必由之路，所以只能迎难而上了。"

葛怡说："不过也有人喜欢考试的。陈高照就是一个，他是最刻苦的。据一个住校的同学说，考试前，他时常一大早起来，就着路灯看书。"

大家的脑海中都浮现出那张瘦削苍白的脸，头发蓬乱，永远穿着大一号的灰色夹克，站在路灯下不停地跺脚，拿着书的手背在身后，嘴里念念叨叨，而眼睛却瞄向灰蓝的夜空，偶尔忘记了，才拿书看上一眼，手已冻得发青。

余振伸了伸舌头，说："不会吧。用得着这么拼命吗？那他的成绩应该很冒尖吧？"

杨略说："那还能不冒尖？这回期末考试，他是全班第二名。被英语老师夸得那叫天花乱坠。每次上课提问，要是没人回答得上来，这才叫他。瞧见没有，都成秘密武器了。"

余振说："他第二名？那第一呢，不会是你们两个其中一位吧？"

杨略说："她第一，我第三。女士优先。"

第三章

随着中国经济的发展，各种智能都有用武之地。总之，我们现在的教育口号就是："人人有才，人无全才，扬长避短，个个成才。"

春天的一个午后,樱花正开得灿烂。葛怡在夕阳里站着,晚风吹着头发,她的声音与洁白的花瓣一起,悠悠地向杨略飘来,一时让他觉得心里有清泉荡涤,脸上漾出微笑的影子。

"我看过一个动画片,女孩和男孩心心相印。男孩喜欢小提琴,要去意大利进修,几年后再回来。女孩愿意等他,却觉得自己没有理想,配不上他,就用了一个月时间,写了一篇故事。故事写完了,她却哭了,知道自己欠缺很多,于是重新回到学校。"

葛怡的眼睛里,闪烁着高天的云彩。她在想动画片里的场景。男孩问:"我们永远在一起,好吗?"女孩抬头,认真地说:"嗯,我觉得这样很好。"目光明亮,背景是矢车菊一样的蓝天。但葛怡没有说出来。

杨略拾了一枚花瓣,洁白中渗出点粉红,娇嫩如葛怡的肤色。但不小心,就有了一道折痕,过不多时,折痕变成棕色,像是残忍的刀疤,让他触目惊心。

美,也这么脆弱吗?他现在越来越恐惧于时间了。

当然,时间也有个好处。车祸一晃已是几个月前的事情了,他的腿伤渐渐痊愈,恢复得很好,回到了学校,打篮球踢足球也全无妨碍。但那个关于人生的问题,却并没有随之消失,随着父亲的启发,反倒越发具体了。

饭后在校园里散步时,听着葛怡讲的故事,他内心在想:人生目标需要在实践中寻找,那么,我该实践什么?葛怡是在暗示这个吧?他问道:"你是不是觉得,我也该试一试?"

"是的。"

葛怡回头看着他,心里却想着:对他的所长,我倒能看得清;可对自己呢,依然是一片茫然。

在她自叹的时候,杨略心里也在翻腾:总说喜欢写作,但我到底写过什么呢?细细检查,除了几篇朝生暮死的豆腐干,似乎也并没有突出的成绩。我会不会也和大头一样，只是夜郎自大呢？但他决意要尝试一下，写部好作品了。可是，写什么呢？没有答案。

天色渐渐黑下去，他们回到了教室，依然是晚自修，依然是熄灯，依然是晨练，日复一日，夜复一夜，时光悠悠地过去。但杨略心里一直存着疑问。写什么呢？自然是身边的故事，他受安妮宝贝和郭敬明的影响，也想写点青春情感小说，但起了个头，就觉得言语黏腻，情节做作，要不就是吸尘器一般，把身边什么七零八碎的事情都堆进去，写了几天就坏了胃口，再也持续不下去。

怕是功力不够吧，那么，看看人家成功的作品，恐怕会有些启示。于是不断翻阅各类小说，名著也读，畅销书也看，希望能有一丝灵感。这一天，他在教室里翻阅《苏菲的世界》，脑中忽然灵光一闪。

"我不是也和苏菲一样，收到过神秘来信吗？"

那是初二暑假时，他每日无所事事。一天收到一封神秘来信，谈及理想追求，让他内心深为震动，决定奋发向上。其后神秘来信每月必至，一共 10 封，全面谈了如何做人。他言听计从，潜心修炼，渐渐成了品学兼优的好学生。最后才知道，信是他父亲写的。当时，他是那么感动。

"要是把读信的过程也写下来，加上信件的内容，既真实有趣，又有内涵深度，不是很好的创意吗？"

他脑中一片豁亮，欢喜得跳起来，立刻拿出纸笔，顿感文思如潮，几乎文不带点，一会儿的工夫，已经把小说的提纲列好，心中无比兴奋，嘴角洋溢着笑容。马斯洛说的"高峰体验"，是不是这样的呢？

趁着课间时光，他拍了拍葛怡的肩膀，将笔记本递过去。

"你看看这个。"

"什么……呀，小说提纲，你真的要动笔了？"

杨略陶醉于她的惊喜，整张脸都放出光芒来。

"不错，我找到切入点了。这次准能成。嘿嘿，我要把你，还有大头猴哥他们全写进去……"

他觉得天朗气清，思路开阔，似乎看到了小说写成之后的喜悦与满足。

于是趁热打铁，教室里不能用电脑，就买了稿纸，立即着手去写，每天抽空写上一段。写作说来简单，付诸实践却是五味俱全。有春风得意、下笔如飞的畅快，也不免有苦思冥想、搜刮枯肠的困顿。但他乐在其中，不仅占用了所有的休息时间，甚至连上课时，他也沉醉在故事情节里。

长话短说，到了夏天再次到来时，杨略历经艰难，删删改改，渐渐完成了近 10 万字，又将信件加以润色，加上一些趣味测试，共有 15 万余字，俨然一部结构奇异的小说了。

这一天，正是星期六，距离期末考试不到半个月，杨略写完了小说的最后一个字。这是一个神圣的时刻啊，他心里突突地跳。将钢笔仔细地套上笔帽，看着眼前摆着的一大叠稿纸，一时思绪万千，眼睛有些湿润。但他原先想到的豪情万丈，大声高呼，却没有发生。

午后，阳光灿烂，但还不太热，白色的窗帘在微风中轻轻飘摆。小区很安静，只有蝉声悠扬。杨略将书稿叠得整齐，开始从第一页往下看，完全融入了故事中去，沉到往事里去，浑然不觉时间流淌。一个下午过去了，他通读了一遍，又抽出一张白纸，覆在首页，郑重地写上了书名：《你在为谁读书》。这是车祸后心里的疑惑，也是书里力求回答的问题。

然后疲惫与满足一起席卷而来，他站起身，抱着双臂，靠在窗框上，看着窗外的枫杨树，回忆写作的日日夜夜，忽然有种怅惘的感觉，就像葛怡故事中少女一样，自己也远未成熟吧。情节如何安排，对话怎样才生动，都让他捉襟见肘，更不用说思想的单薄，知识的贫乏。这些都要向文学大师们好好学习的。

正想着，手机响了，是葛怡。

"正要找你呢。"他心里想着，旋起一阵欢愉，接起了电话，不由分说，先公布了这件大事。

"……有 15 万字呢。"

"哇，太了不起了，得让我先睹为快呀。"

"没问题，看看我把你美化成什么样子了。"

"还真有我啊？"

脆脆的嗓音，让杨略觉得甜蜜，声音愈发柔和了。

"当然有你啦。等书出版了，你也跟着红了。"

那边传来可爱的笑声。

"你终于实践了自己的理想……"

葛怡没有说下去，声音却渗出几丝忧郁。杨略能明白她的心思，就岔开了话题："对了，你找我有事？"

"欧阳老师让我通知，说下星期得填个志愿表，明确日后文理分班的事情。"

来得这么快。

"你准备读什么？"

"我正发愁呢。以前就和你说过，我就是什么科目都挺好，但全不冒尖，迟早会出问题，以后我总不能什么专业都念吧。这不，现在应验了。我都希望自己偏科了，越偏越好，一条道走到黑，倒省心了。唉，说什么也晚了，看来又只能听父母摆布了。"

杨略皱了眉头，用手指去捏仙人球上的刺。

"他们怎么说呢？"

"能怎么说啊，当然还是那一套。什么理科生考大学专业选择面大，就业也容易一些。不过读文科的话，大学可以读英语，以后搞外贸，很挣钱。另外呢，考公务员也有优势。唉，反正他们早就给我安排后事了，也没考虑我的感受。"

后事？杨略不由笑出声米。

杨略知道，葛怡的爸爸在市政府里做事，是个处长，官运亨通，据说要升局长了。妈妈是银行经理，大小也算个领导，又管贷款，是个财神奶奶。葛怡说过，她还很小的时候，父母就仗着自己的价值观，开始考虑她以后上什么学校，做什么工作，一切安排得妥妥当当，就差给她选墓地了，偏偏忽略了她的意愿。

"你还笑？"葛怡嗔道。

"我没笑你,我是觉得,要是人生不能自己掌控,一切都听凭别人安排,那多没劲啊。"

"唉,可我想掌控,也得自己有个主见啊。我现在就是不知道该怎么走。"

"这也是……你别着急,我爸不是正在研究这个吗? 说不定他会有好的建议。今天他不在家,过几天就回来。到时候我再问问吧。"

"行。那说说你自己吧,文科还是理科?"

"我当然是文科啦。"

"是啊,你一直都挺确定。"葛怡似乎又叹了一声,"我现在都不知怎么办好了。"

杨略也想不出什么话来安慰。如果不能给出切实有效的建议,任何安慰都是苍白无力的。

周一杨略起了个大早,到了学校,早读课还没开始,班上同学都在海阔天空地聊天,周末去哪旅游了,看了什么电视,玩了什么游戏,不一而足,似乎全不把选文理科当回事。

杨略碰了碰同桌曾泉的手臂。这家伙生了一张大嘴,正笑得面目狰狞,牙床都露出来了,脸上的肉往上推,把眼睛都挤没了,只剩下一条细缝。

"大嘴,怎么样? 选好了?"

曾泉似乎对他的打扰很是不满,皱着眉头说:"还选什么呀,肯定理科! 你没听说吗,人家都是理科学不好的才去学文科! 多没出息! 当然啦,嘿嘿,某些比较怜香惜玉的秀才,恐怕也会选文科的吧?"眉头往上一耸,冲着杨略诡异地笑。

旁边几个同学会意,都对着杨略嘻嘻奸笑。

杨略一阵脸红,口中说道:"假正经。就你小子,看到美女就失魂落魄,现在倒清心寡欲了? 口是心非! 嘴巴这么说,心里不知道多想进文科班呢。"接着摇头晃脑地念道,"到那时节,真是'春风得意马蹄疾,一日看尽长安花'。"

曾泉故作老成地摇头,大声叹气:"唉,到底是小鬼头啊,真不懂事。还'看尽长安花'呢。你要是个穷酸秀才,没钱没势,估计人家是倾国倾城貌,你是多愁多病身,到头来竹篮打水一场空,还落得个'曾经沧海难为水,除却巫山不是云'。你呀,得相思病去吧。"

这二人都竞赛式地背过许多诗文,也背经典电影台词,什么周星驰冯小刚,哪段精彩背哪段。平常交流时,老掉出些典故,走火入魔一般,并以此自娱,虽然常被别人说成神经病,但到底消减了学习的枯燥劳累。如今一年过去,彼此都练得纯熟,一旦开战,就和说相声一般,张口就来,滔滔不绝。

二人关系极好。不过今天杨略是不客气了。

"大嘴,我怎么一直没发现,你这个人原来这么俗啊?!"

"哈哈,俗?行,我承认,我俗。可女人更俗!"

"你可别一竿子打倒一船人。"葛怡清纯脱俗的身姿在脑中一晃,杨略顿感底气十足。

"你还别不信。听爷爷给你讲讲这个道理。看《动物世界》了吧,一只雌鸟,肯定会选有巢的雄鸟,因为要产卵啊。这女人呢,也一样,特别物质。想想也正常,她得生孩子吧,生孩子得有个窝吧,得有钱买吃的吧。所以啊,现在男人登报纸征婚,肯定写清楚有房有车。一个道理嘛!"

"哼,你说的这种女人,只能说是雌人,母人!"

"好好好,你高雅,你风花雪月,你不食人间烟火,行了吧?可你老婆孩子呢?也跟着你喝西北风,饿着肚子看月亮?你啊,OUT啦!"

"这哪儿跟哪儿啊?和文理分科有什么关系?越说越乱。"杨略说着,心里已有些乱了阵脚。

"一点都不乱。现在什么时代?是理工科的时代。人活一世,不就图个享受嘛。怎么才能享受呢?升官发财呗。要升官,得读理科,你想啊,中央领导里,大部分理工科毕业。要发财呢,眼下什么行业最挣钱?IT业!还是理科。所以说,等咱读了理科,以后升官发财,直升机买两架,一架挂着另一架。美女们……"舌头往里一缩,响起哧溜哧溜的吞口水声,"还不乖乖投怀送抱?"

忽然翘了个兰花指,左边嘴角一挑,细声细气地说:"我这叫放长线,钓大鱼,用发展眼光看问题。现在这些漂亮美眉,就让你们这些酸秀才们先过过眼瘾,啊,好生伺候着,"一拍胸膛,"以后等哥们来迎娶。"又大笑起来,声音尖锐,像金属片刮过玻璃。

曾泉特别喜欢历史,自从得知了当红作家当年明月的事迹,也着实下了工夫,把《二十六史》借来,下课时翻着字典,一页页地啃下去。中外历史了解得不少,说话满嘴的刘邦曹操亚历山大,像程咬金的三板斧,刷刷刷,且不说真实水平如何,先就吓人一大跳。杨略以为他是铁定要读文科的,不料却有这么一套理论。

杨略冷笑道:"大嘴,我看你不该叫曾泉,得叫'争权'。满脑子功利,没救了!"说罢转身就走,虽然以前二人也常拌嘴,可说话再尖酸刻薄,也总是开玩笑的,翻翻小浪花,从不动真格。今天不知为什么,他却有点当真了,心里着实有几分不快。

他走了一段路,看到葛怡正和几个女生说着话过来,便上前叫住。那几个女生互使了个眼色,知趣地走开,只剩下他两人。葛怡穿了雪白短袖多褶长裙,只有边缘和腰带上有几处藏青花边,说不尽的清爽可人,让杨略心里亮堂堂的。

"你才来啊。"杨略语气居然有几分埋怨。

"怎么了?"葛怡有些奇怪。

"我都快被曾泉这小子气死了。"

葛怡莞尔一笑,说:"你们两个可是一个逗哏,一个捧哏,天生的相声搭档,哪天不是唇枪舌剑,兵来将挡的。他还能气倒你?"

杨略将适才争论的内容简略说了。葛怡噗嗤一笑,说:"你啊,真是聪明一世,糊涂一时。这种谬论也值得生气?"

"我也知道是谬论,不过还真反驳不过来。"

葛怡双手背在身后,故作正经地说:"很简单啊。他的理论前提是,女人总是依附男人,所以希望男人有钱有势,封妻荫子。可这个前提不正确呀,现在男女平等,女人也上大学,也工作,挣得不比男的少。经济地位一独立,当然可以想爱谁就爱谁,管他有没有钱,有没有地位。"

杨略豁然开朗，说："对啊，这么简单的问题，我怎么就没想明白呢。"

其实想不明白也很正常，当局者迷啊。曾泉说得无意，他却听得有心，而且硬往自己身上套，觉得日后若是从事写作，肯定不会富裕，葛怡会不会弃他不顾，仗着花容月貌，另投豪门贵族而去呢？这么一想，心里发了慌，哪里还能明辨是非？

葛怡微笑道："而且话说回来，文理科哪有什么高下之分？对了，你昨天说，你爸要指导我们文理分科，现在有消息了吗？"

"今天他回来，我去问问他。"

晚饭时间，他回了一趟家，爸爸果然在家，杨略问道："爸，我们马上要文理分班了，你有什么建议吗？"

"啊呀，"爸爸一拍脑门，"瞧我，这些天又是出差，又是旅游，倒把这事给忘了。关于文理分班的事，我整理了点东西，准备讲给你听的。你等我。"

他回房间拿了一叠纸出来，在沙发上坐下。

"我想了挺久。其实文理分科根本没有必要。现在一些大学低年级都不分专业，自由选课，文理兼修，更何况是高中呢？就该全面学习，提高素质。过早地分科，只能培养出专才。"

这是老掉牙的论调了。

"爸。你说得当然没错，谁都希望成为全才，可现在我们就得分科啊，总得因地制宜吧？"

"说得也是，那么多科目要是都高考，还不累死你们。所以啊，咱还是务实一点。分科就分科吧，当作职业选择的第一步。今天，我准备给你讲智能，这也是文理分科的标准。"

杨略安静地坐好，开始聆听第三堂课的内容。

第三课　发掘你的天赋——优势智能篇

理查德·莱德说："我们生活在一个世界里，其中的每一个人都是按照上帝的形象创造出来的,都具有独一无二的才能,都具备一个目的,那就是运用才能去增加世界的价值。"

这话说得多好,人人都是上帝的孩子,人人都有与众不同的才能,应该百花齐放,都应让世界变得更好。通过人生规划,了解自我的天赋,并有意识地加以强化提高,选择适合的职业领域,将是人类的一大幸事。

可是,在我们的学校里,还只重视语文、数学、物理、历史等高考科目,许多学生不太擅长,于是被定义为智商一般,学业一团糟糕,自己很自卑,觉得低人一等,老师同学也会鄙夷他们。

但我相信,每个人都有特长。语数外不擅长的同学,或许擅长音乐,擅长绘画,擅长交际,但因长期不受重视,于是渐渐被湮没了,成为平庸的人。这是非常可悲的。

美国学者加德纳非常痛恨这个现实。他经过长期研究,终于发现,原来人的智力并不只有一种,而是多元的。据他目前的研究成果,大致有八种(见图3-1)。他的这一成果轰动了全世界,成为教育革命的理论基础。

图 3-1

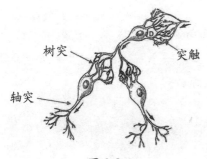

图 3-2

尾巴，在末端又分叉。我们可以这样理解：树突是天线，负责接收信息，然后交给司令部（胞体）进行加工整理，再经过发报员（轴突）传递给下一个神经元。

两个神经元之间怎么传递呢？当然得有交接点，我们从图上可以看到，原来轴突的末梢和另一个神经元的树突相接触，形成特有的接点，名叫突触。

神经元们就是通过突触相互连接的，形成一个神经回路。而众多的神经回路，就形成一块功能区域，负责视觉，或是负责听觉，等等。几乎可以这样说，一个人的智能，取决于大脑神经元之间突触的多少。

这我们也好理解。一个地方富不富，就看交通是否便利，所以有"要致富，先修路"的口号。智能区域也是一样，突触多，意味着道路通畅、信息通畅，也就意味着脑子快，反应灵敏，综合起来两个字，聪明！

所以，对于智能而言，突触才是最重要的。那么，突触的形成，和哪些因素有关呢？

1.遗传。刚出生时，婴儿大脑皮层上突触是很少的。但短短几个月后，在遗传基因和环境，刺激的指挥下，大部分突触都精确地连接起来。到了两周岁，突触已达20亿个，远远超过了需要，此后就进入了"突触修剪"阶段。

2.后天培养。在"突触修剪"阶段，接受更多刺激的突触保留，其余慢慢断裂。同时，刺激多的地方，新突触还会大量形成，大脑也因此有了可塑性。脑科学家苏珊·格林菲尔德在《人脑之谜》中形象地写道：

知识点链接：

《人脑之谜》，苏珊·格林菲尔德撰写，从脑的结构、脑的发育、神经细胞活动的基本过程以及脑的正常、异常活动等几个侧面对脑作比较全面的介绍。作者以丰富、翔实的材料为依据，从引述浅显的事实或引证在脑科学发展史上有重要意义的典型病例起步，以生动的笔触带领读者作一场引人入胜的科学之旅——探索脑的奥秘。

在16岁之前，脑内神经元之间的那场血淋淋的战斗一直进行，这是一场为建立神经元连接而进行的战斗。如果一个新的神经元未能与其他神经元建立联系，或者缺乏足够的刺激，那么它就死去。

这也印证了"用进废退"的自然法则。经过了长期的纷争，许多神经元死去了，许多突触崩溃了，而经常使用的部分则日渐发达。而这最强大的智能，恰是一个人天赋所在。于是，你成了你，一个与众不同，有着独特智能、独特潜能的人。

略略，你已经超过16岁，大脑中智能的结构已大体成型。我们应该找到自己的优势智能，在它的指引下，设定人生目标，选择适合的职业，将潜能发挥得淋漓尽致，从而充实而快乐地过完一生。而教育的目的也正在于此。

让天赋自由

森林里有一棵参天的大树，树上有许多居民。树顶上住着老鹰，每天在天空中飞来飞去，非常威风。粗大的树干上，有一个小洞，里面住着松鼠。它最擅长爬树，还经常从一根树枝，跳到另一根树枝，姿势非常轻盈优美，就像跳舞一样。树下是一片草地，草丛中经常探出一个长耳朵的脑袋，原来是兔子住在这里。旁边还有一口池塘，水獭在里面游来游去。

这些邻居关系都很好，每天傍晚，都会一边欣赏夕阳，一边聊天。老鹰见多识广，经常和大家说人类的事情，说他们很能干，上天入地无所不能。大家听了都很羡慕。

松鼠很聪明，它提议说："你看，老鹰大哥您会飞。我呢，会爬树。兔子跑得快，还有水獭会游泳。要是我们的后代，把这些本领都学会，不就和人一样了吗？"

大家听了都赞同。兔子说："不错不错！干脆啊，我们给孩子们成立一个学校。大家都当老师，把看家本领都传授出来！"

松鼠喜出望外："那我们的后代就更强了！"

学校很快就开学了,小鹰、小兔、小松鼠、小水獭都成了学生。老鹰担任校长,站在树梢上对孩子们训话:"成立这个学校,就是要让大家全面发展,所以设置了这些课程:跑步,游泳,爬树,飞行。希望大家努力学习,早日成才,不辜负我们的希望。"

第一天是跑步课,由兔子担任老师。它先示范了一遍,又讲了后腿怎样发力,然后让小动物们站好,一声令下,小动物们都开始拼命跑。小鹰虽然会飞,但腿又细又短,浑身的羽毛也成了负担,跑在最后一名。小水獭也差不多,长得圆滚滚的,腿很短,所以跑在倒数第二。小松鼠还算敏捷,在地上噌噌噌往前蹿,但大尾巴拖累了它。只有小兔子,跑得那叫一个带劲,只听见风嗖嗖嗖在耳边响着,一眨眼工夫,就跑到终点,意犹未尽,又跑了回来,觉得浑身有使不完的力量。

小兔子得意极了,心里想:"在班里我最棒了!"其他小朋友则有点沮丧。

兔子老师说:"今天大家表现都还不错,虽然有些同学暂时落后,但功夫不负有心人,你们一定会赶上来的。"

第二天是游泳课,由水獭担任老师。小兔子、小松鼠、小鹰都发怵了,用脚探了探水,都不敢下去。只有小水獭哧溜扎了个猛子,游了好远,才将头探出水面,快活地游来游去,就大声地招呼它的同学:"快下来啊,水里可好玩了!"

水獭老师也说:"不下水,怎么学得会游泳呢?"

小兔子还笼罩在昨天成功的光环中,觉得虽然没有游过泳,但肯定也难不倒它。小水獭都能游呢,更何况自己。于是扑通跳入水中,但身体立即沉了下去,它惊慌失措,四肢拼命扑腾,呛了很多水。水獭老师看到它真的快淹死了,只好过去把它拉到岸边。小兔子和小松鼠看到以后,更加害怕了,死活都不肯下水。小水獭觉得这些同学真没用,只有自己才是真好汉!它得意极了。

水獭老师还很生气,觉得这些学生太不像话了,又胆小又不听话,因为在它看来,游泳是件最容易不过的事情了。所以到了傍晚,大家又聚在一起,它就把情况说了一遍。小鹰、小兔子、小松鼠的爸爸听完,都批评了自己的孩子:"以后一定要好好学,听老师的话。"

小兔子反抗说:"可我学不会游泳!"

它爸爸说:"因为不会,才要让你们学嘛!世上无难事,只要肯登攀。"它相信这句格言。

小松鼠说:"我不喜欢游泳!"

它爸爸说:"不喜欢也得学!"它的态度总是强硬的。

小鹰说:"我们为什么要游泳呢?"

它爸爸说:"以后要是遇到池塘,你就可以游过去了。"

小鹰说:"那我可以飞过去啊。"

它爸爸一时回答不上来,只是说:"你本来就会飞,这是你的强项,所以不用花太多时间练习。游泳是你的弱项,所以要花更多的时间去学,这样你才能全面发展。"

它总是把"全面发展"挂在嘴边。

第三天是爬树课,小鹰飞上去了,小松鼠蹿上去了,小水獭和小兔子好不容易爬了上去,结果把腿都划伤了。第四天是飞行课,它们爬到树上往下跳,小鹰飞得很高很高,小松鼠幸亏有很大的尾巴,像降落伞一样,下落速度减缓了。而小兔子和小水獭摔伤了。

这些小朋友都开始讨厌上学。而且,慢慢的,连它们本来擅长的本领,也渐渐退步了。

小兔子经常想:"要是我每天都能跑,那该多好啊!"

小松鼠经常想:"爬树的时候,我才觉得快乐!"

小水獭经常想:"我只想游泳!"

小鹰经常想:"我真羡慕我爸爸,只顾飞就行了!"

小鹰说得不错,它们所向往的,其实就是它们的爸爸一直在过的生活。

这是教育家R.H.里夫斯博士讲的故事,对于中国教育具有很大的借鉴意义。因为故事中的动物们笃信的原则恰好在校园里广为流传。

第一，短板效应。水桶能盛多少水，取决于最短的那块板。所以要花更多的时间去补短板。

第二，努力法则。世上无难事，只要肯登攀，每个人只要努力了，什么事情都能做好。

但这些原则，有时是正确的，有时则是误区。小兔子若想活得更好，肯定得依靠它的优势——擅长跑步，而非它的弱项——游泳。因为它再努力，天赋决定了它肯定游不过水獭，于是始终感到失落。

人与人的差别虽然没有兔子和水獭那么大，但也都各具特色。经济学家哈耶克说："人性有着无限的多样性，个人的能力及潜力的差异性，使每个人都会成为独特的个体。"

一个人最大的成功，莫过于了解自我的优势，找到适合自己的发展之路，尽可能地发挥潜能，因为每个人最大的成长空间在于其最强的优势领域。他们在自己擅长的领域内气定神闲，快乐自信，路越走越宽。而在弱势领域耕耘者，每天都在查漏补缺，费尽心力，却依然事倍功半，生活对于他们而言是沉重的负担。

把事业建筑在你的优势智能上

有一个少年，相貌丑陋，身材瘦小，却很喜欢打架，因为挨过处分，所以三次转学。母亲觉得头痛，认为他肯定不会有出息。父亲却不放弃，说："那我就当把铁锹，一天一小铲，尽量挖出他的闪光点，再用闪光点去填埋他的劣根吧！"

有一天，父亲在教训少年时，少年都用学到的英语回敬，他并不生气，反而有些惊喜："你小子是不是在用英语骂我呢？那好，你好好学英语，学到能随心所欲地讲，那样骂人才会痛快！"于是，父亲经常带他去公园找老外聊天。少年用所学的只言片语与老外们越聊越开心，越聊越过瘾，学习英语越来越带劲了。

从初中到高中，少年其他各科成绩都很平庸，唯有英语几乎包揽了大小英语考试的年级第一名。偏科太严重了，以至于高考时，他以英语成绩全年级第一，数学倒数第一的神奇成绩落榜。读不成大学，他每天蹬三轮车,替一些杂志社送书。沉重的体力劳动让他渐渐麻痹,甚至认同了这种生活。但父亲却像是一把铁锹,开始刻意铲凿他高考落榜的痛处。

"你每天踩20多公里路来来回回都不累,为什么就不能再走一遍高考的路呢?"

少年在父亲的激励下,开始了第二次高考、第三次高考,终于考取了杭州师范学院的英语专业。

进入大学,他专业成绩十分优秀,自信心一下子膨胀起来,开始参加各种社团活动,随后不仅成为学校学生会主席,还登上了杭州市学联主席的位置。毕业后,因为英语的优势,他被聘为杭州电子工业学院的英语教师,并凭着独到的教学方法而当选1995年杭州市十大杰出青年教师。随后,他作为英语翻译首次访问美国,从而得以接触到因特网。回国后,他很快组建了中国第一批网站之一的"中国黄页"。1999年,他创办阿里巴巴网站,开拓了电子商务应用,尤其是B2B业务。

这个人,就是马云。对于自己的经历,他曾感慨万千:"短短十几年,我的生活仿佛是《一千零一夜》里芝麻开门的神话故事,发生了翻天覆地的变化。但我没有觉得不可思议,因为父亲用几十年的父爱一铲一铲为我开凿出了最宝贵的成功真相——发掘出你的兴趣,去做你感兴趣的事,再把它变成你的特长,最后让你的特长发挥最大的潜能!"

只可惜,许多人缺乏这样的自我认识,只愿意随大流。比如每年高考结束,学生开始填报大学志愿,总会感到迷茫,他们的问题千篇一律:什么专业最好呢?而不是问:我喜欢什么专业呢?于是听从了父母的安排,或是响应舆论的宣传,进入"热门专业"。所谓热门,不外乎这样的特点:就业容易,钱途光明。于是金融、外贸、法学等专业红极一时,但非常讽刺的是,10年之后,这几个专业盛极而衰,就业率极低。这也符合市场规律,猪肉价格上涨时,全国人民一起养猪,供过于求,猪肉价格立即下跌。

与其如此,还不如特立独行,选择自己所长、自己所好,只需快乐地努力,无论所学专业是冷门还是热门,都能脱颖而出,因为这才是属于自己的舞台,扬长避短,做自己擅长的事情,并得到价值的实现。若是同时具备自由独立的思想、天马行空的创意、逆流而上的意志、推动社会进步的精神，有着蓬勃的生命力，这就是"人尽其才，才尽其用"。若能如此，社会自然百花齐放，繁盛至极。

这是我们教育的真正目的。

检测你的天赋

当然，很多学生没有培养多元智能的机会，每天在学校啃书本，在题海中挣扎，有些同学语文数学等主课成绩好，所以成为老师心中的宠儿。还有许多同学由于种种原因，每次考试都不尽如人意，平常也不免有些自卑，致使生活很不快乐。

但根据多元智能理论，我们相信：人各有"智"。任何人都有其擅长的智能，可以在某方面比所有人出色。只是我们平常不太有机会让同学发现自己的长处。

因此，我们且来做一个小检验，看看自己的强项何在。

（一）自测

在下面的八个表格中，对每项智能的表现都进行了一些描述，若是与你的情况相符，便选"是"；若不符，便选"否"。到最后看哪项智能中"是"最多，便是你的强项所在。

表 3-2

	语言智能(适合文科)	是	否
1	喜欢甚至实际创作或编造故事		
2	喜欢运用演讲、对话、辩论等各种形式与人交流		
3	我在读、说或写出文字之前，能在脑海中听到它们		
4	常以打油诗、双关语自娱或娱人		
5	学习语文、社会学科和历史比理科容易		
6	在谈话中，我经常提到读过或听说过的内容		
	小结		

逻辑智能(适合理科)	是	否
1	在说话或做事时习惯澄清事情的因果关系		
2	擅长逻辑思考、归纳、演绎		
3	在学校读书,最喜数学或自然科学		
4	会指出人们在日常言行中的不合理、矛盾之处		
5	对科学的新发展很感兴趣,并注意和搜集相关资料		
6	用某种方法对事物进行计量、归类、分析,我感觉更加舒服		
小结		

空间智能(适合艺术文科)	是	否
1	我对色彩敏感,经常用照相机捕捉事物		
2	喜欢学习素描、雕塑、绘画或其他视觉艺术		
3	方向感强,在陌生地方不会迷路,理解地图有天赋		
4	我觉得几何比代数容易学		
5	喜欢看有图画的读物		
6	闭上眼睛,我能看见清晰的视觉形象,比如,一棵树,一只鸟		
小结		

运动智能(人人必备,但与文理分科无关)	是	否
1	我经常参加至少一种运动或体育活动		
2	喜欢动手做的创意作业,比如雕刻、木工或制作模型		
3	擅长运动,身体协调性好		
4	在散步、慢跑时头脑最灵活,最能想出好点子		
5	与人交谈时,常使用肢体语言		
6	我需实际操作一种新技能,而不是光凭阅读材料		
小结		

	音乐智能(适合艺术文科)	是	否
1	喜欢并擅长辨识音调和声音		
2	如果没有音乐,我的生活将大大失色		
3	即使在无关音乐的情境下,对音乐或声音依旧敏锐		
4	一首乐曲只要听过一两次,大致就能准确地哼唱		
5	读书时,接触到新事物,常会哼哼唱唱,或用脚打节拍		
6	我能演奏一种乐器		
	小结		

	人际智能(适合文科)	是	否
1	合作技巧很好,喜欢置身人群之中		
2	我对篮球或足球等集体运动的兴趣胜过游泳等单人运动		
3	在复杂的社会中能够扮演好自己的角色		
4	对他人的心情与感受能感同身受		
5	同学朋友遇到问题,会第一个找你求助		
6	我喜欢把自己的知识传授给其他人		
	小结		

	自省智能(适合文科)	是	否
1	经常独自沉思默想,或思考重大的人生问题		
2	积极质问"我是谁",以形成个人的生活哲学观		
3	周末,我更愿意一个人看书,也不愿与众人喧闹玩耍		
4	认识自己个人的品位、尊重自我的独特性		
5	有自知之明,清楚地了解自己的长处与短处		
6	我有一些重大的人生目标,并经常思考自己的目标		
	小结		

	自然智能(适合理科)	是	否
1	身体力行地亲自体验接触以了解动物、植物或矿物，甚至古物		
2	有丰富的动物、植物或矿物特征之知识		
3	经常对自然界发生的事件发表评论		
4	熟知并着迷于大自然中的秩序和形态		
5	经常注意自然界中的新发现，如考古、植物新品种等		
6	对新鲜事物充满好奇和探索的欲望		
	小结		

做完了考核表，你对自己的智能有所了解。当然，正所谓当局者迷，旁观者清，现在的年轻人，大多是独生子女，从小受尽宠爱，所以往往过于自负。所以，单单做自评表还不够，还须听听别人的意见。

(二)360°评估

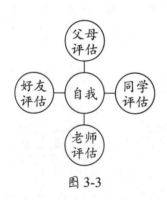

图3-3

在这里，我借用了公司里绩效管理的一个工具，全称"360°绩效评估测试"，具体概念和做法如下：

将自测表发给四个维度的人，以便他们为你作评估，这就是360°名称的由来：

第一，你的父母。知子莫若父，我和你妈妈看着你长大，应该是最了解你的人。

第二，你的老师。你在学校的表现，老师比我更清楚，评价也更客观。

第三，你的好友。比如余振、陈高照等人，他们与你一起长大，有些方面，了解得比父母还深。

第四，你的同学。同学中，包括了欣赏你的，也有对你不满的，所以评价相对客观。

你应该请这些人帮忙，参照自测表格，对你做一个全方位的评价，这样，你才能对自己的特长有较为深入、客观的了解。

即便这样,测试结果依然只是个参考。要正确把握自己的特长,需要长期的有意识的探索与发掘,而后扬长避短,充分发挥自己的优势智能。

随着中国经济的发展,各种智能都有用武之地。总之,我们现在的教育口号就是:

人人有才,人无全才,扬长避短,个个成才。

具体到每个学生,即使你暂时成绩不如别人,不要伤心,也不要去刻意与他们相比,坚信自己另有天赋,并且与众不同。天生我才,必有用武之地。

当然,我还要补充一句。每当我们做一件事情,会同时运用多种智能。比如你写一篇关于天目山的游记,当然会用到语言智能,但你在观察景物的时候,就用到了自然观察智能,在书桌前构思,脑海中浮现出天目山的美景,这时就用到了空间智能,如果由此而对生命发表了感慨,那就用到了自我反省智能。种种智能,密不可分。

所以,我们在智能培养方面,也要一专多能,这样才能真正提高我们的能力。

谈完这些,我们来说选择文理科,这件重大的事情,光靠主观臆断肯定不行,得有理性的分析,科学的标准。

许多人仅仅根据几门课程的分数来决定,确实太草率了。背完历史课本,即便成绩不错,就算学好历史了? 未必吧。还有不少学生,仅凭一时喜好,说以后要搞化学,要做考古,就选了文理科,甚至以后的专业,这就更可怕了。说小了,这是糊涂。说大了,就是对自己不负责任,走了歪路,甚至延误终生。所以我列了这个标准表,虽然不够详尽,但也可作参考了。

大学专业初体验

填报文理科之后,我们做完了人生规划的第一次分流,而第二次分流,则是高考后填报志愿,选择适合自己的专业,而大学专业,则预示着日后的职业。

与高中科目对应的大学本科专业

中学科目	专业大类	对应智能及要求	专业细分
语文	中国语言文学类	语言智能★★★★★	汉语言文学、汉语言、对外汉语、少数民族语言、古典文献、中国语言文化、应用语言学
	新闻传播学类	语言智能★★★★ 人际智能★★★★	新闻学、广播电视新闻学、广告学、编辑出版学、传播学、媒体创意、新媒体与信息网络
	教育学类	语言智能★★★★ 人际智能★★★★★	教育学、特殊教育、小学教育、教育技术学、艺术教育、人文教育、科学教育
英语	外国语言类	语言智能★★★★★	各国语言
政治	哲学类	语言智能★★★★ 逻辑智能★★★★ 内省智能★★★★★	哲学、逻辑学、宗教学、伦理学
	法学类	语言智能★★★★ 逻辑智能★★★★★ 人际智能★★★★	法学、监狱学
	马克思主义理论类	语言智能★★★★ 逻辑智能★★★★	科学社会主义、中国革命史
	社会学类	语言智能★★★★ 人际智能★★★★★	社会学、社会工作、家政学、人类学
	政治学类	语言智能★★★★ 逻辑智能★★★ 人际智能★★★★	政治学与行政学、国际政治、外交学、思想政治教育、国际政治经济学
	管理类	语言智能★★★ 人际智能★★★★★	管理科学、信息管理与信息系统、工业工程、工程管理、工程造价
	农业经济管理类	语言智能★★★ 人际智能★★★★	农业经济管理、农村区域发展
	工商管理类	语言智能★★★ 人际智能★★★★ 逻辑智能★★★★	工商管理、市场营销、会计学、财务管理、人力资源管理、旅游管理、商品学、审计学、电子商务、物流管理、国际商务
	公共管理类	语言智能★★★ 人际智能★★★★ 逻辑智能★★★★	行政管理、公共事业管理、劳动与社会保障、土地资源管理、公共关系学、城市管理、公共管理

历史	历史学类	语言智能★★★★ 逻辑智能★★★★	历史学、世界历史、考古学、博物馆学、民族学、文物保护技术
	图书档案学类	语言智能★★★ 逻辑智能★★★	图书馆学、档案学、信息资源管理
	马克思主义理论类	语言智能★★★★ 逻辑智能★★★★	科学社会主义、中国革命史
	政治学类	语言智能★★★★ 逻辑智能★★★★	政治学与行政学、国际政治、外交学、思想政治教育、国际政治经济学
地理	天文学类	空间智能★★★★★ 自然智能★★★★	天文学
	地质学类	空间智能★★★★ 自然智能★★★★★	地质学、地球化学
	地理科学类	空间智能★★★★★ 自然智能★★★★★	地理科学、资源环境与城乡规划管理、地理信息系统、地球信息科学与技术
	大气科学类	空间智能★★★★★ 自然智能★★★★	大气科学、应用气象学
	海洋科学类	空间智能★★★★★ 自然智能★★★★	海洋科学、海洋技术、海洋管理、军事海洋学
	测绘类	空间智能★★★★★ 逻辑智能★★★★	测绘工程、遥感科学与技术、空间信息与数字技术化学
化学	化学类	自然智能★★★★ 逻辑智能★★★★	化学、应用化学、化学生物学、分子科学与工程
	化工与制药类	自然智能★★★★ 逻辑智能★★★★	化学工程与工艺、制药工程、化工与制药、能源化学工程、生物制药
	环境与安全类	自然智能★★★ 逻辑智能★★★★	环境工程、安全工程、水质科学技术、灾害防治工程
	轻工纺织食品类	自然智能★★★ 逻辑智能★★★	食品科学与工程、轻化工程、包装工程、印刷工程、纺织工程等
	材料类	自然智能★★★★ 逻辑智能★★★★	冶金工程、金属材料工程、无机非金属材料工程、高分子材料与工程、材料科学与工程、宝石及材料工艺学、纳米材料与技术、新能源材料、资源循环科学与工程等
	数学类	逻辑智能★★★★★	数学与应用数学、信息与计算科学

数学	经济学类	语言智能★★★ 逻辑智能★★★★★	经济学、国际经济与贸易学、财政学、金融学、国民经济管理、贸易经济、保险、海洋经济学、金融工程、税务、信用管理、网络经济学、体育经济、投资学、环境资源与发展经济学、能源经济
	心理学类	自省智能★★★★★ 逻辑智能★★★★ 人际智能★★★★	心理学、应用心理学
	统计学类	逻辑智能★★★★★	统计学
物理	物理学类	逻辑智能★★★★★	物理学、应用物理学、声学
	地矿类	自然智能★★★★★ 空间智能★★★	采矿工程、石油工程、矿物加工工程、勘察技术与工程、资源勘查工程、地质工程、矿物资源工程、海洋油气工程
	机械类	逻辑智能★★★★★	机械设计制造及其自动化、材料成型与控制工程、过程装备与控制工程、机械工程及自动化、车辆工程、机械电子工程
	仪器仪表类	逻辑智能★★★★★	测控技术与仪器
	电子信息科学类	逻辑智能★★★★★	电子信息科学类、微电子学、光信息科学与技术、信息科学技术、光电子技术科
	学电气信息类	逻辑智能★★★★★	电气工程及其自动化、电子信息工程、通信工程、自动化、计算机科学与技术、生物医学工程、信息工程、软件工程、光电信息工程、数字媒体技术、物联网工程、传感网工程等。
	土建类	空间智能★★★★★ 逻辑智能★★★★★	建筑学、城市规划、土木工程、建筑环境与设备工程、给水排水工程、历史建筑保护工程、水务工程、道路桥梁与渡河工程
	水利类	空间智能★★★★★ 逻辑智能★★★★★	水利水电工程、水文与水资源工程、港口航道与海岸工程、港口海岸及治河工程、水资源与海洋工程
	能源动力类	逻辑智能★★★★★ 自然智能★★★★	热能与动力工程、核工程与核技术、工程物理、能源与环境系统工程

	交通运输类	空间智能★★★★★ 逻辑智能★★★★	交通运输、交通工程、飞行技术、航海技术、轮机工程、物流工程、海事管理、交通设备信息工程
	海洋工程类	空间智能★★★★★ 逻辑智能★★★★	船舶与海洋工程、海洋工程与技术、海洋资源开发技术
	航空航天类	空间智能★★★★★ 逻辑智能★★★★★	飞行器设计与工程、飞行器动力工程、飞行器环境与生命保障工程
	武器类	空间智能★★★★★ 逻辑智能★★★★★	武器系统与发射工程、探测制导与控制技术、弹药工程与爆炸技术、特种能源工程与烟花技术、地面武器机动工程、信息对抗技术
	工程力学类	空间智能★★★★ 逻辑智能★★★★★	工程力学、工程结构分析
	公安技术类	逻辑智能★★★★★	刑事科学技术、消防工程、安全防范工程、交通管理工程、核生化工程
	农业工程类	逻辑智能★★★★ 自然智能★★★★	农业机械化及其自动化、农业电气化与自动化、农业建筑环境与能源工程、农业水利工程、农业工程、生物系统工程
	林业工程类	逻辑智能★★★★ 自然智能★★★★	森林工程、木材科学与工程、林产化工生物
生物	科学类	自然智能★★★★★ 逻辑智能★★★★	生物科学、生物技术、生物信息学、生物信息技术、动植物检疫、生物化学与分子生物学、医学信息学、植物生物技术、动物生物技术
	生物工程类	自然智能★★★★ 逻辑智能★★★★	生物工程
	医学类	自然智能★★★★★ 运动智能★★★★★ 逻辑智能★★★★	基础医学、预防医学、临床医学、口腔医学、中医医学、法医学、护理学、药学
	环境科学类	自然智能★★★★★ 逻辑智能★★★★	环境科学、生态学、环境资源科学
	植物生产类	自然智能★★★★★ 逻辑智能★★★★	农学、园艺、植物保护、茶学、烟草、植物科学与技术、种子科学与工程、应用生物科学

	草业科学类	自然智能★★★★★ 逻辑智能★★★	草业科学
	森林资源类	自然智能★★★★★ 逻辑智能★★★	林学、森林资源保护与游憩、野生动物与自然保护区管理
	环境生态类	自然智能★★★★★ 逻辑智能★★★	园林、水土保持与荒漠化防治、农业资源与环境
	动物生产类	自然智能★★★★★ 逻辑智能★★★	动物科学、蚕学、蜂学
	动物医学类	自然智能★★★★★ 逻辑智能★★★	动物医学
	水产类	自然智能★★★★★ 逻辑智能★★★	水产养殖学、海洋渔业科学与技术
艺术	美术类	空间智能★★★★★ 内省智能★★★★★	绘画、雕塑、美术学、艺术设计、摄影、动画、艺术学
	音乐类	音乐智能★★★★★ 内省智能★★★★★	音乐学、作曲与作曲技术理论、音乐表演、录音艺术
	表演类	运动智能★★★★★ 内省智能★★★★★ 语言智能★★★★★	舞蹈学、舞蹈编导、戏剧学、表演、导演、戏剧影视文学、播音与主持艺术、广播电视编导、影视学
体育	体育学类	运动智能★★★★★	体育教育、运动训练、社会体育、运动人体科学、民族传统体育

这份表格比较详尽地介绍了中学科目对应的大学专业，其中数学是物理学类、化学类、工学类、经济学类的基础。这些专业对数学要求都很高。而要想学好中文类、传播类、管理类、哲学类、经济学类，语文基础都不可缺少。

按照你在中学里各科成绩的排序，以及你的优势智能，选择你适合的专业大类，可以选择3~6类，写在下面的表格里。

	专业 1	专业 2	专业 3	专业 4	专业 5	专业 6
专业初体验						

这是你对大学专业的初步遴选，还比较宽泛，但通过接下来的课程，你的范围会逐渐缩小。

今天的课就先上到这里。

葛怡也回家了，杨略将测试题发了邮件过去，她马上打电话过来，说："这张表格真好！一目了然，总算了却了我一桩心事。替我好好谢谢你爸。对了，别忘了多复印几份，给班里那帮人也作个参考，省得他们没头苍蝇似的。"

"行！你选了什么？"

"呵，嗯———一会儿再告诉你。"

吃了晚饭，他复印了几十份表格来到学校，自习课还没开始呢，同学们正闹腾，他就上了讲台，看教室里沸反盈天，就拍了桌子。

"静一静！静一静！"

大伙儿闻声都转脸过来，见是杨略，不是班长单昀，就又一片哄然。顽皮如曾泉就笑道："杨驴，你小子干吗？要篡位啊？"这外号本只属于初中，但有几回余振等人来看他，站在教室外面扯开嗓子一喊，顿时惹得哄堂大笑，广为传颂，杨略想翻身而不可得，只好灰头土脸地认命了，并自嘲道：有外号，说明咱人缘好。

杨略不理会他，放大音量喊道："大家听我说。现在不是文理分科吗？我爸爸专门做了一份表格，通过自测和 360°评测，可以看出你到底适合文科还是理科。"

他搬出爸爸的名号，又是敏感话题，顿时全教室一片肃静，眼巴巴地听下文。杨启清可是名人，有分量，很多同学都专程去听过他的讲座。

杨略心里也得意,趁机将表格发下去,又简明地说了使用方法。正在这时,班主任走进来。

班主任复姓欧阳,名子方,据说出自欧阳修的《秋声赋》首句:"欧阳子方夜读书。""欧阳子"与"方夜读书"本须分开来读,但却被敷衍成"欧阳子方"的名字,原理颇有些像"孔乙己",都是半通不通的,不过还颇有几分古意。

他十分有趣,人不过二十五六,长得清帅,加上银框眼镜,仿佛从韩剧中出来。名校硕士,学文学,教语文。对教育充满热情,满脑子的先进教育理念,决心毕业后有所作为。上第一节课,他就慷慨发言,抖了一堆名言警句,其中有一句是:"教育和战争,一直在拉锯战。"

杨略很喜欢欧阳老师,因为他课前备课认真,上课旁征博引,常能从不经意处讲出有趣的故事来,颇有长篇评书的本事。当然,最让杨略难忘的一次却与此无关。那是一堂语文课上,欧阳老师正讲得起劲,忽然间戛然而止。同学们正在惊讶,纷纷抬头,却见他做倾听状,轻声说:"听。"同学们也竖起耳朵,静默之中,一串鸟鸣从窗口流淌进来,触到耳膜上,仿佛荷叶上凝了露水,珠圆玉润,晶晶地滚动。学校后面树木葱茏,又是春天,群鸟正闹腾得欢,平常大伙却没有留意过。

欧阳老师一脸陶醉,待鸟声渐止,才品咂再三,感叹说:"清凉得让人想呷一口。"

真是出口成诗啊。寥寥几字,就将听觉与味觉、触觉打通,杨略听了暗自佩服,看他的眼光自然不同。

此刻,他腋下夹一叠申请表,看了教室里的状况,又见杨略站在讲台上,有些奇怪,就上前问明了前因后果,又看了表格,脸上浮起一片喜气。让杨略回到座位后,他说:"同学们,我也正要和你们说分科的事呢。谁想杨略爸爸已经着手去做了,做了这么个直观实用的表格。好啊。所以具体的分法我就不多说了,参照这个表格就是了。我只谈一点。现在很多学生对文科存在误解。我甚至听到有人说,成绩不好的,才去学文科。要这么说,文科班不成了垃圾堆了?"

欧阳老师顿了顿,左右扫了一圈,给同学留下点思考的时间,杨略看到曾泉低下头去,正暗自嘀咕。

"你自己读文科,当然说文科好。"

欧阳老师似乎听到了,点了点头,接着说:"现在理科很红火,文科有点冷落,但这是暂时现象。正常的情况,应该是文理平分秋色。我们国家穷,要大力发展工业,理工科毕业生顺应天时地利,掌控着国家命脉。可你们得用发展眼光来看问题。现在国家慢慢富强了,靠谁来治理天下?看看现在的美国,总统大都文科出身。为什么?理科处理人与物,文科处理人与人。从政也好,经商也罢,说到根子上,还不是要和人打交道?还不得研究人性?怎么研究?得靠文科。你知道原惠普总裁卡莉·费奥瑞纳在哈佛时学什么的?历史!而且是中世纪历史。意外吧?研究老古董,人也掉到故纸堆里了,还能经商?可人家就说了,她研究文艺复兴时期的社会变革,刚好和美国90年代很相近,她掌握了规律,做起生意来轻车熟路,游刃有余。这就叫以史为鉴!更不用说文学作品揭示了世间百态。所以啊,文科好像务虚,其实很务实。多的话我也不说了,希望你们摒除偏见,明智地选择适合自己的发展之路。"

而后开始发申请表。教室里却响起了一阵掌声,同学们都大声喊好,曾泉也在真诚地鼓掌。

几天以后,大家做完了自测,又请爸妈、老师、朋友、同学为自己做了360°评测,准备充分后,开始填写志愿表格。

杨略余光一扫,似乎看见曾泉也选了文科,还俯下头去,有些遮遮掩掩。杨略不出偷偷暗笑,却不说破,忽然想到一件事,就朝葛怡望去,正巧她也转过脸来。二人相距甚远,杨略便掏出手机,用手指了指。葛怡会意地点头。

杨略发了一条短信:"文科还是理科?"

过不多时,手机振动。

"还用说,当然是文科。嗯……和你一样。"

这最后四个字余韵无穷,杨略心里就暖暖的,抬眼去看她,四眸交融,彼此都浅浅微笑,心里有一面锣哐地被敲了一声,还热热地抖着,立即收回目光,低头看着桌面。恰有几丝阳光,透过后山的枝叶,又透过窗户,落在桌子上,成了几球鹅黄的光斑,幻幻地动,让杨略也觉得有些融化了。

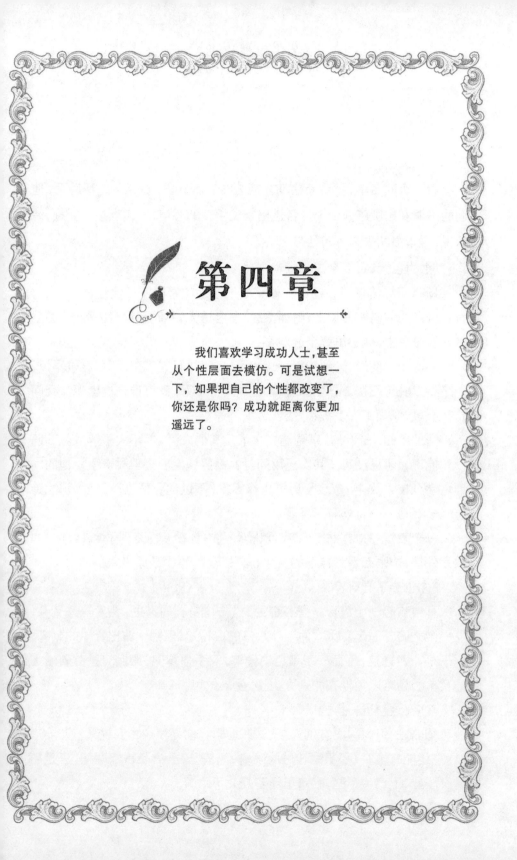

第四章

我们喜欢学习成功人士,甚至从个性层面去模仿。可是试想一下,如果把自己的个性都改变了,你还是你吗?成功就距离你更加遥远了。

新班级的名单，要到新学期才能公布。暑假里，在爸爸的帮助下，他们的书顺利出版了。由于书名道出家长学生的心声，形式也颇为新颖，编辑说，这本书的未来不可估量。

"潜力巨大，可能会成为畅销书。"

杨略却将信将疑。畅销？似乎是很遥远的事情。但他经常去书店，看到自己的书码在书架上，封面漂亮，书名诱人，不时有读者去翻阅，甚至带到收银台去，他心里就十分欢喜。

暑假倏然而逝，又到了报到这一天，杨略早早起了床，草草吃过早饭，一路将车骑得飞快。心里琢磨着，这次要分班了，到底谁进谁出呢？疑问悬在心里，像长了许多绒毛，委实让人心痒难搔。

据他所知，葛怡、曾泉是选文科了。其他人呢，都不太了解。陈高照没和他说，他也没问。其实还用问吗？高照铁定要去理科班了。他的物理化学全校无敌，当然政治历史也都不差，不过他要是也选文科，那才跨着凳子赛马——奇(骑)了怪了。

每个教室门口都贴了名单，零散有人站着看。杨略到了二(六)班的教室外墙，一眼就看到自己的名字，再往下看，不少是原来六班的。

"你也选了文科？"

耳边响起一个声音。循声看去，是一个修长的男生，头发盖过耳朵，发梢微微向外翘起。穿一件竖领敞口的白衬衫，短袖下露出青黑的刺青，似乎是一匹野狼，下面一条黑色牛仔裤，双手插裤兜，眼睛只是盯着墙上的名单。杨略以为他在和别人说话，就不做声。

"你在这个班，是吗？"

杨略左右一看，没有别人，就试探地问："你是……和我说话？"

"还能有谁？"那男生转过脸来，白润清秀，五官长得都端正，只是颧骨突了些，下巴尖了些，眼睛里浮着几分不耐烦。

"哦,我是这个班的。"杨略说。

"我也是。你知道班主任是谁吗?"

"欧阳子方老师。"

那男生忽然抽出手来,用力拍了一下粉墙,把杨略吓了一跳。

"唉,我还是被分到了他的班! 真他妈倒霉。欧阳子方? 什么东西!小小年纪,还自以为是,要搞什么教学改革,稀里糊涂的。我爸爸早烦他了。"

"欧阳老师是硕士毕业。"

男生轻蔑地一笑:"硕士有什么了不起? 现在往街上扔块石头,就得砸到俩硕士! 我爸爸说了,不管学位多高,找不到好工作,挣不到钱,一切都是白搭。他要真有本事,还能来教书? 笑话! "

"他是热爱教育才来的!"杨略提高了音量。他越来越不喜欢这个男生了。

"伟大,伟大啊! "男生撇了撇嘴,满嘴讥诮的腔调,"不过,虽然混不好,要找理由嘛,总还是有的。看来,你还挺欣赏他的,是吗? "

杨略正要回答,有人喊了个奇怪的名字,这男生应了一声,也不说再见,就自顾自走了。杨略倒不怪他不懂礼数,可以摆脱这个人,他觉得十分庆幸。看着他的背影,心里却有些好奇,他是何许人也? 怎么这副嘴脸? 就在名单上一一查询。

忽然眼睛瞪得老大,嘴巴半天合不起来,这时有人拍了他的肩膀。"咋的了哥们? 让人给煮啦? "奇形怪状的东北腔,不用说,自然是曾泉来了。

"大嘴,你看! "杨略用手一指,名单上赫然有陈高照的名字。

"我还以为什么呢! "

"他怎么会选文科? "

"怎么就不能选? 人生就像一盒巧克力,你永远不知道下一块是什么味道。"曾泉又兴致勃勃地念起台词,并因恰到好处而洋洋得意。

但杨略不理会他,挤出人群,到教室里去,远远地看见陈高照,没穿中山装式的校服,穿一件翻领灰蓝相间的短袖 T 恤,颜色洗得泛白,有些灰沉沉的,正独自坐着看书。旁边站着不少同学,男男女女穿得鲜亮。有认识的,也有不熟的,都扎堆起劲地说话。

杨略直奔过去,单刀直入地问:"高照,你选了文科?"

陈高照抬起头来,一张消瘦的脸,略显苍白,还有些冷漠。依然是凌乱的头发,以前总是藏着点点头屑,现在好些了,但头发还翘着几簇。T 恤起了许多小球。

"是的。"

"你不是理科更强吗? 还以为你肯定选理科的呢。"

"我文科也不弱。"

"这事可得严肃! 开不得玩笑。"

"嗯,我很严肃。"

杨略看他一脸认真,心知他不是个感情用事的人,做这样的决定,肯定自有想法,一时倒没了措辞。

"你——还是再想想吧。"

"我想好了。"

语速极快,惜字如金,似乎已为这次对话准备多时。说罢又低下头去看书。杨略一看,是欧文·斯通的《梵高传》。

这本书他也看过,写的是梵高的一生。整本书纠缠于一个问题:是追求艺术,不惜穷困潦倒;还是迎合顾客审美趣味,博个名利双收? 但梵高是天真的,轻盈盈就跨过去了,在阿尔的烈日下,画出嘹亮的向日葵,又在贫病交加中死去。这让杨略唏嘘不已,也着实思考了一阵。

正想着,陈高照抬起头来,轻轻地说:"我要写作。"眼神澄明坚定,嘴角浮着淡淡的笑意。

"写作? ……"

杨略又是一阵惊讶。

他知道,陈高照虽然每次考试总分很高,但语文成绩却居于中流,平常也没表现出擅长写作的迹象。写作,是个技术活儿,是想写就能写吗? 他想起了写作的日日夜夜。但话不能说得这么透,只得支吾了半天,寻找合适的词汇。

"可你……你以前一直没提过写作的事。"

"那是因为以前没想过。"

杨略一阵语塞。这话也对，哪个作家天生就知道自己要写作的？就像当年的梵高，从未经过训练，一旦受到文艺女神的召唤，身心一起燃烧，就不顾一切去作画，最后画出传世之作来。也许恰是因为未经训练，他的画才不落俗套。尤其那幅《星空》，旋转的星光，火焰般的丝杉，令人心荡神驰，用的是前所未有的笔法。现在陈高照会不会也是这样？

杨略问道："那现在……你是怎么想到的？"

陈高照泰然自若。

"就是因为梵高。他让我想到家乡的景色，山水、农民，还有风土人情，让我有表达的欲望。梵高用画笔，我就用文字。"

这个理由足够充分。而且语气中透露一片热诚，杨略有些感动了，似乎看到有种神秘的力量，在陈高照体内上下奔突，要找个口子冲将出来。这应该就是艺术创作的冲动吧？

但他还有点不放心，又觉得陈高照有些神秘莫测，所以不知从何问起。他找到了最后一个疑惑。

"你理科成绩那么好，放弃了不可惜吗？"

"可惜吗？那都是没办法才学的。"

"你不是学得很开心吗？"

"因为成绩好我才开心，但并不表示我喜欢。"

英雄所见略同。杨略看着陈高照的眼睛，觉得眼神虽然澄澈，但还有点波光粼粼。他到底在想什么？他拍了下陈高照的肩膀。

"很高兴还能和你同班。"

正说话间，几个人从后面喧喧嚷嚷过来，在他们面前站住。杨略认出其中一位就是门外见到的男生。他饶有兴趣地注视着杨略。

"你就是杨略吧。我听很多人都在讨论，说一个大才子分到这个班了。

这么说,就是你了,对吧? ”

"是的。"杨略似乎把"大才子"的称号也默认了。

注意到那人的身后还站着个男生,人高马大,脸形上尖下宽,像个肥大的葫芦,密布着小火山口,两片酱红色的厚嘴唇,十分蠢笨难看,又腰站着,一声不吭,倒像个忠实的保镖。

男生发现杨略注意那大高个,就随随便便地说:"哦,他是高恒。他爸是我爸的……嗯……同事。我叫陶坷坷,陶是陶渊明的陶,坷是坎坷的坷。我爸说,做人既要有陶渊明的洒脱,也要不怕坎坷,所以就有了这个名字。"介绍得十分纯熟,估计是经常念叨的,但语气比初次见面时热情得多了。他居然向杨略伸过手来。

杨略有些不习惯他的热情,但还是握住了,感觉他手心颇有些硬茧,心里暗笑:这名字真别扭,坷坷,可可,太女性化了吧。

陶坷坷没有在意他的表情,径直问道:"听说你出了本书,卖得不错? ”

"练练笔而已。"

"谦虚,哈哈,真谦虚。"陶坷坷活跃起来,大大咧咧地在对面坐下了,高恒却还是站在他身后。"你现在又有什么大作没有? 要是有, 交给我,在几个大网站一连载,找个哥们炒作,写些文章一吹,点击率就上去了。然后再找出版社,印他个 50 万本。到那时候,你就别读书了,整天拿根笔,到处签名售书去,还不吃香喝辣的。"

杨略听他越说越没谱,首印 50 万,目前似乎只有《百家讲坛》捧红的几个学术超人有那能耐,再就是新概念捧红的几个偶像派写手。自己的书纯粹是小打小闹。

"怎么样? 哦,你要走实力派路线,对吧? 那咱换个法子。现在新浪网有个文学原创大赛,每年都有,你听说过吧? ”

杨略摇摇头,他确实只关注几本文学杂志,另外,名家经典作品还读之不尽,哪有时间理会网上的鱼龙混杂呢。

"哎呀! 你落伍了呀,兄弟。现在的作家,谁不是在网上成名的? 要说这新浪的文学大赛可不得了,面向全球华人,评委个个名扬天下,什么金庸啊,余秋雨啊,等等等等。要是让他们相中了,再给你说几句好话,那你的名气还不是正月里的炮仗———一飞冲天了?"

"是啊,只怕飞到半空就爆了。"杨略倦怠了,想办法摆脱这个人。

"爆了才好呢。那就有争议了,有人拼命夸你,有人死命损你,两派咬得越凶越好,一来二去,全国人民都知道你了,都有了兴趣,想找你的书看一看。你的书,不就特畅销了吗?"

"你懂得够多的呀?!"

"那是。"陶坷坷得意洋洋,"我从六岁就跟着爸爸走南闯北,什么没见过啊?你要有什么大作,我做经纪人,帮你炒作,收入五五分成。实话跟你说,我不缺这点钱,就图个好玩……"眼角笑出了鱼尾纹,一张一收。身后的高恒也跟着笑,咧着两片厚嘴唇,抖动一脸肥肉,更加愚蠢难看。虽然不能以貌取人,可这副尊容的人,智商肯定不会高,他居然也能进重点高中,真是见鬼了。

杨略心里越来越反感,自己心目中神圣的文学,居然被陶坷坷说成是生意。

"我现在是安心读书,没时间创作。"

葛怡的声音从身后传来,"杨略,什么创作啊,又有新题材了?"她的声音原本就温柔清越,今天在杨略耳中,更是说不出的好听。

杨略笑盈盈地转过头去。葛怡今天穿得又与往常不同,一件白底粉红碎花衬衫,裁得合体,将腰裹得纤细柔和,更显修长玉立。

"等着你给我题材啊。"

杨略看得入迷,而且故意要更入迷一些,要用最美的景儿,将刚才的污浊冲远了去。

"我哪有题材啊。这位是……"葛怡忽然红了脸,往一旁指了指,问杨略。

杨略一看,陶坷坷竟如泥塑了一般,直勾勾盯着葛怡看,张大了嘴,似乎即将有口水挂下。杨略心中有几分得意,葛怡是自己人,把这小子镇住了吧。但他那眼神,毕竟有几分恶心。

"这位是陶坷坷,著名的图书策划人,刚才正要给我出点子,如何迅速出名呢。"

"是吗……真不错。"葛怡也觉陶坷坷的眼神有异,虽然她平生仰慕者无数,但一见面就这样失态,还真是初次遇到,不免有些不知所措。陶坷坷却是肆无忌惮,眼珠子一动不动,嘴巴喃喃地说:"天哪,神仙姐姐啊……"

这模样,还学段誉! 杨略厌恶感又加了几分,重重地说:"这位是葛怡,是我从初中到现在的同学!"每个字都吐得十分清晰有力。

陶坷坷却说:"那以后也是我的同学。"伸双手过去,葛怡勉强握了。

"你好你好。我叫陶坷坷。陶是陶……"

杨略接过去说:"陶是陶渊明的陶,坷是坎坷的坷。你看,名字里又有隐士的超然,又直面人生的艰辛,真是好名字。"

"对对对,不好意思。"陶坷坷似乎没有听出讽刺意味,只是对着葛怡说:"我以前是建兰中学的,刚转过来。你是土著居民吧? 哈哈,我们管原来学校的人都这么叫。我初来乍到,以后还请你多多关照。"

"你还挺幽默的。"葛怡笑道,居然并不反感。可能女孩子都虚荣,轻松征服了一个男生,总会打心眼里往外冒喜气的,葛怡也不能免俗。

杨略胸中阴沉了一阵子。

中饭时,杨略和葛怡、曾泉坐在一起。家里人怕食堂饭菜不好,就给杨略捎来了一盒好菜,三人正分着吃呢。有荤有素,压得扎扎实实的一盒,不时冒出香肠、鸭舌头。三人有种掘宝的乐趣。

"这陶坷坷是什么人啊?"杨略问道。

曾泉说:"他啊,我初中同学。纨绔子弟一个。杨驴,你家条件那也算不错了,可和他家一比,小巫见大巫。他爸爸你知道是干什么的吗? 媒体大王。现在我们市里的电视台、电台合并成广电集团,集团老总就是他爸。哪年不挣个盆满钵满,宝马奔驰随便开开。他要乐意,买个十辆八辆,全连起来,在大街上当火车开。喔喔——轰怡轰怡……"

"难怪他这么骄横。"杨略这话是说给葛怡听的。

"那当然啦。富家子弟嘛！他以前在建兰中学,现在又进了一中,几个重点中学,他是想来就来,想走就走。有钱就是好办事啊！他爸每年给我们一中一大笔钱呢,学校乐得养这么个财神,平常也不去管他。他也不读书,天天旷课,跑到外面去,玩游戏,泡酒吧,花钱如流水。看见那个高个子了吗,与他形影不离的?"

杨略和葛怡点点头。

"那是他爸爸给他找的保镖,一个下属的儿子,笨得要命,不过一身好力气。这些都什么人啊,一股脑儿全被塞进一中了,倒像藏污纳垢的地方了。"

杨略这才明白,陶坷坷介绍高恒时,说是爸爸同事的儿子,倒算是客气了。

"不过话说回来,这陶坷坷还挺仗义,篮球也打得不错。初中时我们一起打球。他要运球上篮,居然能跑过全场,玩单刀直入。好家伙,全没把我们放在眼里。把我们气坏了,三个人去截他,愣是截不住,眼睁睁看他三步上篮,动作真叫灵活。杨驴,他和你有得一拼。"

杨略打球在校园内罕逢敌手,现在来了个陶坷坷,又被曾泉吹得天花乱坠,而且还是他假想的情敌,不由手心发痒。

因为是周五,晚上不用住校,杨略回了家。在餐桌上,杨略心中还有些不宁,只是闷头吃饭。爸爸看出来了,晚饭后,他来到了杨略的房间。

"怎么,略略,你好像不太开心?"

"高照居然选了文科,太意外了。"

以前陈高照曾在杨家住过一个月,憨厚朴实,礼貌周全,踏实肯干,全家人都喜欢他。

"你觉得他该选理科?"爸爸问。

"当然,他理科多强啊。不过也难说,他说要写作……唉,我突然发现他的性格……怎么说呢,有点阴沉,而且让人捉摸不定,我也不知道他在想什么。"

"不至于这样吧,他有点内向,这我也知道……"

"可现在不仅是内向,几乎是自闭了,什么话都闷在心里,一个朋友也没有。"

"这倒是问题……"

"还有一个人,又太外向了,刚来我们班呢,就闹得鸡犬不宁了。唉,我们班这么多走极端的人,以后有热闹看了。"

又将陶坷坷的言行说了一遍,不免有些添油加醋,最后作了总结。

"这样性格的人,出身再好……哼,富不过三代嘛。"

他的脑海中,已经浮现出许多败家子的形象,吊儿郎当,吃喝嫖赌,结果卖尽家产,流落街头。他隐隐有些快意,目光中流露出残忍的兴奋。

爸爸自然瞧出了端倪。

"略略,你觉得性格有优劣之分吗? 在我看来,除了一些心理疾病,比如抑郁症啦、焦虑症啦,其他任何性格都很正常,内向也好,外向也罢,只要正确认识,好好利用,都能有一番作为的。"

"不是说,性格决定命运吗?"

"没错,但这个命运,并不是成败,而只是道路。有多少个人,就有多少条人生之路,只要努力,每条道路都能通往辉煌。"

杨略点点头,忽然微笑了。"爸爸,这也是你人生课程的内容吗?"

这回轮到爸爸微笑点头了。

于是,人生的第四堂课开始了。

第四课 每种个性都能成功——个性篇

在一些同学聚会中,你肯定会看到有些人满面春风,从容周旋,与谁都能打成一片,绝对是众人的核心。也有一些人总是默默坐在一边,看着其他人的热闹,或是静静微笑,或是郁郁寡欢。

在我们的观念中,前者属于外向者,肯定"吃得开",日后能"混得好"。

而后者属于内向者，就算成绩不错，性子安静，但容易成为书呆子，日后发展堪忧。

不仅别人这样看，连他们自己怕也有同样的感触。在这个崇尚外向、沟通至上的时代，内向就成了一种毛病，许多内向者要刻意改变自己，并希望以此改变命运，但效果却并不理想。

问题到底在哪里呢？

关键是个性的不同。

所谓个性，心理学上又称人格，是我们在适应社会的过程中特有的思想、情感和行为。想想看，你是开朗的，还是羞涩的，是体谅别人的，还是斤斤计较的。这些不同，都是个性的差异。

个性又包括性格与气质。气质源于遗传，具有稳定性，所谓"江山易改，禀性难移"，说的就是气质。性格是后天养成，具有可塑性，不过正所谓"三岁看大，六岁看老"，过了童年时期，人的性格也大致定型，除非有巨大变故，或是长期磨难，否则也很难改变。

我们接下来分别从性格和气质，来分析人格的不同。

何谓内向，何谓外向

瑞士精神分析学家荣格把性格划分为内向型、外向型两种。

外向型的人对外界事物非常感兴趣，善于表达自己的情感和行为，乐于与人交往。这样人整天闲不住，如果能从事与外界交往的工作，比如做销售，当教师，会如鱼得水。但如果让他整天在实验室里，则会闷出病来。

内向型的人比较关注内心，乐意一个人静静待着，耐心地做事，内心丰富而行为宁静。这样的人，适合写作、绘画，做各类研究。而让他身处热闹的人群中，他往往会觉得无所适从。

那么，人为什么有外向内向之分？是天性如此，还是环境使然？且听我慢慢道来。

我们大脑里有种神奇的分泌物，名叫多巴胺，它能让人感觉愉悦。当人陷入爱河，沉浸在友情中，或是事业取得成就，多巴胺就会分泌，幸福感油然而生。

美国著名心理学家汉默在《与我们的基因共存》一书中写道:"在追求感觉良好这一点上,外向者和内向者没有什么不同——每个人都喜欢感觉良好——但是,他们在是什么使他们感觉良好上大为不同。外向者需要获得兴奋以使大脑感觉良好。同样水平的唤醒会使内向者感到焦虑。稳定的、较为确定的情境使外向者感到厌倦,却使内向者感到很舒适。"

汉默的意思是说,性格外向的人对多巴胺较不敏感,所以要通过更多刺激,使多巴胺增多。他们愿意寻求一些新鲜事情的体验,喜爱那些新颖的音乐、奇特的旅行。他们不能忍受重复的经验、常规的工作。他们容易冲动、易敏感生气。他们非常健谈并擅长于说服他人。他们也愿意冒险去获得奖赏。他们倾向于使生活丰富多彩和将极限推到新的高度。

与此相反,性格内向的人对多巴胺却是高度的敏感。太多的多巴胺使他们感到刺激太多。他们喜欢常规带来的舒适和对事物的熟悉,因此,他们不会有太多的冒险。低新奇探求者在开始从事某事之前,喜欢在脑海中思考较长远的景象,因此他们在长期的事业中会做得很好。他们性情平和,善于倾听,对人忠诚。

由此可见,内向和外向有其生理基础,呈现出不同的特点,也具备独特的优势。

外向者优势

外向性格让人活力四射,左右逢源,宛如烈酒一壶,芳香四溢,酣畅淋漓,可以说是上天赐予他们享用终身的最厚重的礼物,每个外向者都需要珍惜它,享受外向带来的快乐。

第一,外向者是生活的乐天派。

外向的人身上会散发一股自然的活力,那是生命的隐性元素,更是我们无法预料的生命潜能。而外向者开启它的唯一方法,就是用积极的态度面对生活。

性格外向的人心情总是愉快的,他们善于调节情绪,有了烦恼,喜欢找人倾诉,苦闷的心境在心中停留的时间总是不长,他们的心态总是积极的,对生活、对明天、对朋友都是积极的。即使有伤心的事,一会儿就过去了,他们总是开开心心的。

第二,外向者具备勇气和魄力。

民间流传这样的成功之道:一胆二力三功夫。即第一是胆量,第二是力量,第三才是功夫。胆商高的人能够把握机会,该出手时就出手。这就是为什么内向人在多年辛劳之后,发现那些外向的同龄人总是早先自己一步成功的一个重要原因。胆商是指一个人胆量、胆识、胆略的度量。在这高竞争的社会,外向者的胆商正是他们混得开的一大武器。

第三,外向者有很强的适应性。

外向者先天具备一种强烈的征服欲。他们的咄咄逼人、他们的冲动、他们的不达目的不罢休……都与这种强力征服欲有关。这种征服欲使得外向者能够面对各种环境不畏惧、不拘束。无论工作还是生活,我们经常看到,外向的人在内向者大发抱怨的时候,已经游刃有余地适应新环境了。

第四,外向者擅长推销自己。

内向性格的人在大庭广众面前容易发窘,外向性格的人往往是天生的演说家。外向的人越是在人多的地方似乎越兴致勃勃,他们擅长肯定自己,推销自己,让别人很快感受到自己的长处。

内向者优势

内向者则是宁静超然,内敛优雅,像一杯淡淡的清茶,茶叶在杯中含蓄地舒展,清香则袅袅升起,它不像烈酒一样豪放,却值得静静品尝。于是,内向者就有了与外向者很多不同的特点。

第一,内向的人善于独立思考。

性格内向的人需要对他们独处的时间以及在外界活动的时间加以平衡,否则他们会失去很多的机会和人际关系。精力平稳的性格内向的人具有独立思考、高度集中注意力、创造性工作的毅力和能力。

第二,内向的人更有深度。

总的来说,性格外向的人喜欢宽度——许多的朋友和经验,对任何事情都知晓一点,是一个通晓多方面知识的人。当他们对体验进行加工时,他们从外部世界了解的事物并不一定就能扩展其内在世界。

性格内向的人喜欢深度,他们限制从外部进入的经验,但对每一经验都体验较深。他们通常都只有较少的几个朋友,但与这些朋友的关系都较为密切。他们喜欢深入地钻研问题,对某一问题深入性的探讨甚于宽泛性的追寻。他们从外部世界吸取信息,思考它并发展它。而且他们会在获取这些信息很久以后还再次地思考它。

想象一下,除了性格内向的人,谁会耐心研究甲骨文的神秘含义呢?

扬长避短,选择人生

李想和茅侃侃都是80后新贵,同属商场精英。但很明显,他们的性格却全然不同,李想自比为"冷冷的空气",而茅侃侃则自比是"苦苦的咖啡"。一个理性执著,一个热情奔放,但都获得了成功。成功了以后,一个个都是千万富翁,有自己的公司,有迷人的光环,于是许多年轻人想去效仿他们。

然而针对这种现象,李想却笑了,他写了一篇文章《坚持你的性格和立场》,里面有这样的话:

中国人是普遍没有信仰的,所以我们喜欢学习成功人士,甚至从性格层面去模仿,或者我们希望自己的性格可以完美,什么缺陷也没有。可是试想一下,如果把自己的性格都改变了,你还是你吗?成功就距离你更加遥远了。

事实就是这样,性格很难改变,只有接受了自己的性格,发挥性格的优势,寻找到合适的专业,合适的职业,合适的做事方式,从而把性格的优势发挥到了极致,最后获得成功。

事实证明,不同的专业、不同的职业,都要求不同的性格特点,比如物理学或者化学,以及中文系学生长期的伏案写作,需要内向冷静的性格。比如市场营销、公共管理,则需要外向开朗的性格。当你选择自己合适的专业,合适的职业,你就能避免挫折,而且可以保证自己对学习工作充满信心,并从中获得享受。

当然，你还会有疑问，现在外向的性格远比内向性格要适合社会需求。这确实是对的。但我通过多年的观察，发现一个现象，如果一个人找到了自己擅长的工作，并热情洋溢地投入其中，他们完全会甩掉原有的内向性格。

杰里·波拉斯在《成功长青》一书中，写了这样一个事例：

祖籍台湾的黄仁勋是显卡制造商 Nvidia 公司的创始人，他一直雄心勃勃，但自认为很内向。而当他走向电脑屏幕前，向你展示其团队的努力成果时，就会全然变成另外一个人。他的表现仿佛是在神坛前跪拜。对于其团队打造出的那种优美，他在内心里充满了敬畏之情。实际上，他感到敬畏的是理想的圣殿，而追求这种使命所激起的热情，让他看起来充满了魅力。

> 知识点链接：
>
> 黄仁勋，美籍华人，2001 年在《财富》"40 岁以下最富 40 人"排名第 12 位。对于中国的年轻人，黄仁勋建议道："如果我当时知道的，就像现在这么多，很可能会觉得开一个公司是非常艰难的，这样很不好。年轻人最大的动力，或者最大的优势就在于，你一旦想做什么你就马上去做。说这是天真也好，甚至说无知也好，但这无疑是最可贵的。"

原来，当一个人从事最擅长的事业，倾心投入，并且很有心得，当他向别人分享成果时，就会变得神采奕奕，魅力也油然而生，人们也会追随其周围，领袖从此诞生。

所以，不必担忧自己的性格如何，更不要奢求去改变它。去寻找自己梦想的事业吧，这才是最关键的。

按气质类型去选择专业

人的个性除了性格之外，还有气质，也会决定一个人的行为方式和职业选择。先看这幅丹麦漫画家皮特斯特鲁普的作品《一个帽子》。

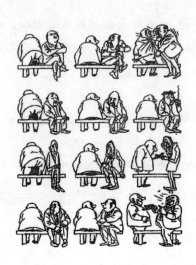

帽子被别人坐扁了，第一位人物大发雷霆，第二位若无其事，第三位哀痛不已，第四位却捧腹大笑。不同的反应，源于不同的气质。

气质类型	特征
胆汁质	直率，热情，精力旺盛，脾气急躁，情绪兴奋性高，易冲动，反应迅速，心境变化剧烈。择业时，主动性强，具有竞争意识，通常倾向选择且适合于竞争激烈、冒险性和风险性强的职业或社会服务型的职业。
多血质	活泼，好动，敏感，反应快，善于交际，兴趣与情绪易转换。择业时，积极主动，热情大方，善于推销自己，适应性强，很受用人单位欢迎。
黏液质	黏液质的主要特征是安静，稳定，反应迟缓，沉默寡言，情绪不易外露，善于忍耐。择业时，沉着冷静，目标确定后，具有执着追求，坚持不懈的韧性，从而弥补了其他素质的不足。能从事学术、教育、研究、技术、医生等内向职业，也可以活跃在政治家、外交官、商人、律师等外向型职业领域。
抑郁质	沉静含蓄、感情专一、喜欢独处、交往拘束，情绪体验深刻，孤僻，行动迟缓，感受性强，敏感，细致。择业时，思虑周密，有步骤，有计划，一般较适合从事理论研究工作。

那么，你的气质类型是什么呢? 你又适合于什么样的工作? 回答下面 60 道题以后，你就有了明确的答案。

1. 测试前说明: 对于下面的一些问题，2 表示很符合自己情况；1 表示比较符合;0表示介于符合与不符合之间;-1表示比较不符合;-2表示完全不符合。

2.测试题目:

(1)做事力求稳妥,不做无把握的事。(　　　)

(2)遇到可气的事就怒不可遏,想把心里话全说出来才痛快。(　　　)

(3)宁可一人干事,不愿很多人在一起。(　　　)

(4)到一个新环境很快就能适应。(　　　)

(5)厌恶那些强烈的刺激,如尖叫、器材音、危险镜头等。(　　　)

(6)和人争吵时,总先发制人,喜欢挑衅。(　　　)

(7)喜欢安静的环境。(　　　)

(8)善于和人交往。(　　　)

(9)羡慕那种善于克制自己感情的人。(　　　)

(10)生活有规律,很少违反作息制度。(　　　)

(11)在多数情况下情绪是乐观的。(　　　)

(12)碰到陌生人觉得很拘束。(　　　)

(13)遇到令人气愤的事,能很好地自我克制。(　　　)

(14)做事总是有旺盛的精力。(　　　)

(15)遇到问题常常举棋不定,优柔寡断。(　　　)

(16)在人群中从不觉得过分拘束。(　　　)

(17)情绪高昂时,觉得干什么都有趣,情绪低落时,又觉得什么都没意思。(　　　)

(18)当注意力集中于一事物时,别的事物很难使我分心。(　　　)

(19)理解问题总比别人快。(　　　)

(20)碰到危险情景,常有一种极度恐怖感。(　　　)

(21)对学习、工作、事业怀有很高热情。(　　　)

(22)能够长时间做枯燥、单调的工作。(　　　)

(23)符合兴趣的事情,干起来劲头十足,否则就不想干。(　　　)

(24)一点小事能引起情绪波动。(　　　)

(25)讨厌做那种需要耐心、细致的工作。(　　　)

(26)与人交往不卑不亢。（　　　）

(27)喜欢参加热烈的活动。（　　　）

(28)爱看感情细腻,描写人物内心活动的文学作品。（　　　）

(29)工作学习时间长,常感到厌倦。（　　　）

(30)不喜欢长时间谈论一个问题,愿意实际动手干。（　　　）

(31)宁愿侃侃而谈,不愿窃窃私语。（　　　）

(32)别人说我总是闷闷不乐。（　　　）

(33)理解问题常比别人慢些。（　　　）

(34)疲倦时只要短暂的休息就能精神抖擞,重新投入工作。（　　　）

(35)心里有话,宁愿自己想,不愿说出来。（　　　）

(36)认准一个目标就希望尽快实现,不达目的誓不罢休。（　　　）

(37)同样和别人学习、工作一段时间后,常比别人更疲倦。（　　　）

(38)做事有些莽撞,常常不考虑后果。（　　　）

(39)老师或师傅讲授新知识、新技术时,总希望他讲慢些,多重复几遍。（　　　）

(40)能够很快地把注意力从一件事转移到另一件事上去。（　　　）

(41)做作业或完成一件工作总比别人花的时间多。（　　　）

(42)喜欢运动量大的剧烈体育活动,或参加各种文艺活动。（　　　）

(43)不能很快地把注意力从一件事转移到另一件事上去。（　　　）

(44)接受一个任务后,就希望迅速解决。（　　　）

(45)认为墨守成规比冒风险强些。（　　　）

(46)能够同时注意几件事。（　　　）

(47)当我烦闷的时候,别人很难使我高兴。（　　　）

(48)爱看情节起伏跌宕激动人心的小说。（　　　）

(49)对工作认真严谨,始终一贯的态度。（　　　）

(50)和周围人们的关系总是相处不好。（　　　）

(51)喜欢复习学过的知识,重复做已经掌握的工作。（　　　）

(52)希望做变化大、花样多的工作。（　　　）

(53)小时候会背的诗歌,我似乎比别人记得清楚。（　　　）

(54)别人说我"出语伤人",可我并不觉得这样。（　　　）

(55)在体育活动中,常因反应慢而落后。（　　　）

(56)反应敏捷,头脑机智。（　　　）

(57)喜欢有条理而不甚麻烦的工作。（　　　）

(58)兴奋的事常常使我失眠。（　　　）

(59)老师讲新概念,常常听不懂,但是弄懂以后就很难忘记。（　　　）

(60)假定工作枯燥无味,马上情绪低落。（　　　）

3.将每题得分按下面方式分类汇总

胆汁质	题号	2	6	9	14	17	21	27	31	36	38	42	48	50	54	58	总分
	得分																
多血质	题号	4	8	11	16	19	23	25	32	34	40	44	46	52	56	60	总分
	得分																
黏液质	题号	1	7	10	13	18	22	26	30	33	39	43	45	49	55	57	总分
	得分																
抑郁质	题号	3	5	12	15	20	24	28	32	35	37	41	47	51	53	59	总分
	得分																

4.气质类型的确定

(1)如果上面四类得分中,有一类得分明显高出其他三种,且均高出4分以上,则可定为该类气质型。如果该类得分超过20分,则为典型;如果该类得分在10~20分,则为一般型。

(2)两种类型得分接近,其差异低于3分,而且又明显高于其他两种,高出4分以上,则可定为这两种类型的混合型。

(3)三种气质得分均高于第四种,而且接近,则为三种气质的混合型。

如多血—胆汁—黏液质混合型或黏液—多血—抑郁质混合型。

（4）上面测试题目的分类中，一类为典型的胆汁质，二类为典型的多血质，三类为典型的黏液质，四类为典型的抑郁质。

5.气质与专业选择

气质类型	典型职业	典型专业大类
胆汁质	记者、政府官员、出版人、律师、保险推销员、职业指导师、营销师、运动员、健身教练、导游、演说家、教师、营业员、警察、军人	最符合：新闻传播学类、体育学类。 比较符合：地矿类、能源动力类、环境生态类、公安技术类、森林资源类、生物科学类、海洋工程类、航空航天类、武器类、天文学类、地质学类、地理科学类、大气科学类、海洋科学类。
多血质	画家、导演、电影演员、歌手、主持人、服装设计师、小说家、诗人、大学教师、中学教师、小学教师、建筑师、园林师、厨师、花店店主、化妆师、空中乘员、大学校长、公司董事长、营运经理、公关经理、人事经理、物流经理	最符合：教育学类、管理类、农业经济管理类、工商管理类、公共管理类、美术类、音乐类、表演类。 较符合：中国语言文学类、外国语言文学类、社会学类、政治学类、环境与安全类。
黏液质	政府官员、理财规划师、内科医生、中医、护士、物理学家、数学家、化学家、气象学家、环境科学家、计算机科学家、航空工程师、水利工程师、出租司机、列车长、有机农民、交通检查员、邮递员、大学校长、公司董事长、营运经理、公关经理、人事经理、物流经理	最符合：历史学类、图书档案学类、马克思主义理论类、政治学类。 比较符合：天文学类、地质学类、地理科学类、大气科学类、海洋科学类、测绘类、化学类、化工与制药类、轻工纺织食品类、材料类、经济学类、物理学类、机械类、仪器仪表类、电子信息科学类、电气信息类、土建类、水利类、交通运输类、工程力学类、生物工程类、医学类、环境科学类。
抑郁质	文化学者、经济学家、心理咨询师、作家、画家、木匠、精算师、会计师、农业科学家、微生物学家、营养学家、冶炼工、维修电工	中国语言文学类、哲学类、法学类、马克思主义理论类。 比较符合：植物生产类、草业科学类、动物生产类、动物医学类、水产类、农业工程类、林业工程类、数学类、心理学类、统计学类。

当然，这样的分类还不够严谨。因为学习任何专业，毕业若干年后，都会进一步分流。有些人从事管理，有些人从事技术，有些人负责事务。

不过有一点可以确定，胆汁质者应当在探险竞争的行业中获得满足，比如采访、考古、探矿等等。多血质者应在与人交际中获得价值的体现，比如从事管理、营销、美术、音乐、表演等。黏液质者能从事工科、社会科学的研究。抑郁质者最好能有安静的环境完成理论数学、理论物理学、文史哲等的研究工作。

从十六型人格选择职业

下面是国际高智商协会开发的职业个性测试表，请你根据每个陈述，对照自身情况进行评估，在 1 到 10 之间给自己选一个分数。10 分则意味着这个陈述完全适合你；5 分或 6 分意味着这个陈述有时对你来说是正确的，有时是不正确的；如果你给自己 1 分，这就意味着那个陈述对你来说完全不符合。答案没有正确与错误之分，你必须对每个陈述迅速作出回答。

喜欢独处（So）

(1)我喜欢独自完成工作。

(2)我不盼望与人相处。

(3)我自己可以轻易地做出决定。

(4)朋友对我来说并不十分重要。

(5)我不喜欢别人入侵我的空间。

题目	(1)	(2)	(3)	(4)	(5)
得分					

合群（G）

(1)我不喜欢做和我的朋友迥然不同的事情。

(2)和别人一起工作的时候，我总是处于最佳状态。

(3)我最喜欢的活动之一就是让朋友高兴。

(4)我并不认为把自信传递给朋友是一件很不好的事情。

(5)喜欢别人在任何时候给我打电话。

题目	(1)	(2)	(3)	(4)	(5)
得分					

果断(A)

(1)我想让每个人知道我。

(2)如果我有话要讲,没有人能阻止我。

(3)我总是直言不讳。

(4)当人们聚在一起的时候,我常常能让他们都投入到当前的活动。

(5)在辩论中我常常取胜。

题目	(1)	(2)	(3)	(4)	(5)
得分					

消极被动(P)

(1)我喜欢让别人领导我。

(2)我不大喜欢经常出去。

(3)我会控制自己的烦躁感。

(4)我不喜欢说服别人改变他们的想法。

(5)如果其他人对某事感觉强烈的话,我往往会同意他们。

题目	(1)	(2)	(3)	(4)	(5)
得分					

富有想象力(I)

(1)我对自己面临的困难无法忘却。

(2)我容易受别人的情绪影响。

(3)我能很快地感觉到别人的困难。

(4)当我想到过去的事情时,我可能失眠。

(5)人们认为我很有洞察力。

题目	(1)	(2)	(3)	(4)	(5)
得分					

尊重事实(F)

(1)我总是相信自己的答案是正确的。

(2)如果可能的话,我会尽量回避感情。

(3)我不注意别人的感受方式。

(4)我没有其他人敏感。

(5)打消我的自信需要很长时间。

题目	(1)	(2)	(3)	(4)	(5)
得分					

跟着感觉走(Sp)

(1)我常常没有经过充分的思考就讲话或行动。

(2)在空闲时间找点乐趣和娱乐对我来说非常重要。

(3)我很容易就感到厌倦。

(4)我喜欢经常做一些新鲜和不同的事情。

(5)我可能会在片刻之间因为注意到某件事情而改变想法。

题目	(1)	(2)	(3)	(4)	(5)
得分					

深思熟虑(D)

(1)我会花适当的时间来准备可能会有困难的事情。

(2)我确信自己所做的尽善尽美。

(3)我不会匆匆做出反应。

(4)我是一个容易满足的人。

(5)我并不觉得坚持一件事情很困难。

题目	(1)	(2)	(3)	(4)	(5)
得分					

做完了以上题目,我们要通过以下办法,确定你的个性类型:

1.在每个基本类型中,你先对5个陈述上的得分进行累加,然后把每个类型上的总分填到下面的分数表中。每个字母的最高分是50。

2.在每一行中,将两个得分之间的差别写在得分表1的最右边"分值差异"中。而"主要字母"栏中，则填写每对值中最大值的字母。

表 4-1　职业个性自我测评成绩登记表

总得分		主要字母(左栏里每对值中最大值字母)	分值差异
So=	G=		
A=	P=		
I=	F=		
Sp=	D=		

可仿照下面例表 2 填写上表 1。

表 4-2　职业个性自我测评成绩登记表

总得分		主要字母(左栏里每对值中最大值字母)	分值差异
So=25	G=10	So	15
A=18	P=40	P	22
I=6	F=42	F	36
Sp=30	D=8	Sp	22

　　如果一行当中，分值差异越大，则主要字母代表的个性越明显。基于以上两种维度所形成的 8 种类型，个性测试提供了 16 种组合。根据自己的个性图表，你可以在个性类型表中找到自己的位置。如上面例表 2 的个性类型是 SoPFSp，便可从表 3 中查到相应的职业个性属于"协助型"，并可从表后面的在前内容中查到该个性类型的个性特征和所适合的职业。

　　国际高智商协会有关专家开展了职业个性研究，根据个性维度：与他人关系中，倾向于喜欢独处还是合群、果断主动还是消极被动；工作维度：工作方式是富有想象力还是尊重事实、倾向于跟着感觉走还是习惯于深思熟虑，8 种基本类型和 16 种组合类型（表 3），确定了各自的内涵和对应的职业。

表4-3　个性类型图

	尊重事实(F)	尊重事实(F)	富有想象力(I)	富有想象力(I)	
合群(G)	1 指导型	2 投机型	3 裁判型	4 卫道型	果断(A)
合群(G)	5 扫尾型	6 联络型	7 知心型	8 共事型	消极被动(P)
喜欢独处(So)	9 统筹型	10 顾问型	11 设计型	12 理想型	果断(A)
喜欢独处(So)	13 查阅资料型	14 协助型	15 专业型	16 漫游型	消极被动(P)
	深思熟虑(D)	跟着感觉走(Sp)	深思熟虑(D)	跟着感觉走(Sp)	

其中,8种基本类型分别为喜欢独处(So)、合群(G)、果断(A)、消极被动(P)、富有想象力(I)、尊重事实(F)、跟着感觉走(Sp)、深思熟虑(D)。

16种组合类型的个性特征及其合适的职业如下:

(1)FDAG——指导型

个性特点:着重事实,深思熟虑,合群而且果断。

适合职业:军官,银行经理,总经理,酒店经理,生产部经理,零售主管,运输部经理。

(2)FSpAG——投机型

个性特点:着重事实,有主创意识,果断而合群。

适合职业:广告执行总监,拍卖主持,俱乐部秘书,财产代理,公共关系指导,政治家,运动裁判或组织者,高级管理者,资金筹集者。

(3)IDAG——裁判型

个性特点:富有想象力,深思熟虑,合群而果断。

适合职业:医生,食品学家,心理医生,护士长,高中教师,社会工作者,青少年工作者。

(4)ISpAG——卫道型

个性特点:独立,有主创意识,果断而合群。

适合职业:公民权利维护者,美容师,展示艺术家,记者,公关人员,戏剧教师,社团代表。

(5)FDPG——扫尾型

个性特点:尊重事实,深思熟虑,消极且合群。

适合职业:救护人员,武装部队,出纳员,护士,警察,狱警,消防员,警卫。

(6)FSpPG——联络型

个性特点:尊重事实,有主创意识,消极而合群。

适合职业:广播主持,邮递员,酒吧招待,牙医助理,美发师,中学教师,秘书,运动协助,团队领导。

(7)IDPG——知心型

个性特点:独立,深思熟虑,消极且合群。

适合职业:医院搬运工,物业管理人员,精神病护士,幼儿园教师,社工,治疗专家。

(8)ISpPG——共事型

个性特点:独立,有主创意识,消极被动,合群。

适合职业:顾问,市场助理,幼儿教师,接待员,零售助理,剧务,侍应生。

(9)FDASo——统筹型

个性特点:注重事实,深思熟虑,果断,爱独处。

适合职业:法律顾问,督察,公诉人,工作研究官员,海关官员,税务员。

(10)FSpASo——顾问型

个性特点:注重事实,有主创意识,果断,爱独处。

适合职业:进出口商,采购人员,企业家,现货或期货交易商,销售指导,市场交易员,不动产投机商,道路管理员,俱乐部经理。

(11)IDASo——设计型

个性特点:富有想象力,深思熟虑,果断,爱独处。

适合职业:分析家,建筑师,商业顾问,监察员,记者,图书馆员,社会学家,医学家。

(12)ISpASo——理想型

个性特点:独立,有主创意识,果断,爱独处。

适合职业:建筑师,艺术家,作家,厨师长,舞蹈家,室内设计师,音乐家,雕塑家。

（13）FDPSo——查阅资料型

个性特点:注重事实,深思熟虑,消极,爱独处。

适合职业:会计技师,档案员,拍卖商,司机,工程师,行动调查员。

（14）FSpPSo——协助型

个性特点:注重事实,有主创意识,消极,爱独处。

适合职业:会计技师,导游,神职人员,翻译,计算机技师,道路警,医师。

（15）IDPSo——专业型

个性特点:独立,深思熟虑,消极,爱独处。

适合职业:植物学家,农场工人,旅游景点工作者,园艺师,历史学家,专递员,陶工,牧人,房屋修理工,马夫,机械制造者,规划者

（16）ISpPSo——漫游型

个性特点:独立,有主创意识,消极,爱独处。

适合职业:酒吧招待,舞蹈家,娱乐艺人,模特,搬运工,生产线工人,售货员,侍应生。

记住,如果你的得分在一个维度的某个极端,那么很明显,你适合这个维度而不是另外一个维度。如果你的得分处于中间位置,相连的那个领域可能也适合你。

360°评估

和上次一样,将自测表发给父母、老师、好友、同学,对你做一个全方位的评价,这样,你才能对自己的个性有较为深入、客观的了解。

好了,把"专业初体验"中选出专业大类,根据自己的个性特征,删除不符的,留下符合的4个。

	专业1	专业2	专业3	专业4
专业再选择				

还是那句话，即便这样，测试结果依然只是个参考。要正确把握自己的个性，需要长期的有意识的探索与发掘，而后扬长避短，充分发挥自己的个性优势。

杨略做了测试题，属于理想型，与自己终身从事写作的想法十分吻合，这让他心里也踏实了些。

葛怡是什么类型的呢？据他看来，似乎是知心型的。还有陈高照等人，拿这份测试题去做，应该对他们设计未来有指导意义。

接下来的时间里，葛怡身上怪事不断。早上翻开抽屉，会弹出一大束鲜花，引来同学的惊叹，让她一脸羞红。陶坷坷却站起来，鼓掌大叫，唯恐世人不知。有时周末要回家，高恒会突然出现，一声不吭，递来一叠电影票，转身就走。葛怡往外一看，又是陶坷坷在走廊上向她招手吹口哨。看那些电影票，包括了周末两天影院公映的热门影片，早中晚三个时段，而且全市三家大影院各有一套，足足有十来张。旁边一张纸条，写着：

神仙姐姐：

选好了给我短信，到时我恭候您的光临。如要包场，影片任选，也请明示。

陶坷坷

葛怡看也不看，就分给几个女伴儿，着实让她们开心了一把，攀住她的肩膀，用戏谑的语气明知故问："哪来的票呀？"

"别人送的。"

"谁送的呀？好气派，好体贴哟！"发嗲的声音，让人毛发竖立。

"别问这么多。你们想看不想看啊？不想看我可撕了。"

那几个忙说："看的看的看的。"抢过了票，又说，"要是追你的人多几个就好了，我们也沾沾光，让精神生活丰富起来。不过，你最好别马上答应哦,否则,卸磨杀驴,过河拆桥,我们可就没实惠了。嘻嘻。"

杨略却不满意,照他的意思,葛怡该立即把票退回,或者撕掉;把票分给别人,这不明摆着要让全人类都知道陶坷坷在追她吗?

他看在眼里,心里着急,又不好明言。这陶坷坷下手还真快,仗着财大气粗,攻势如此猛烈,要是一般女孩,还不立即缴械投降?葛怡虽然高洁,恐怕未必能撑得住多久。只怪自己,与葛怡虽互有情愫,也只是隐隐约约,从未挑明的。要是早点确定关系,就省得这样麻烦了。

当然,看陶坷坷这人骄横惯了,遇到喜欢的女孩,管她是不是名花有主,不追到手誓不罢休。不过那时候杨略作为男朋友,毕竟可以张大羽翼,将葛怡包藏起来,甚至可以与陶坷坷约个时间地点,当面对质,来个男人间的谈判。可现在呢,名不正言不顺的,他和陶坷坷就站在同一起跑线,只好看谁魅力大,耐力久呗。可杨略知道自己清高,不会像陶坷坷那样兴风作浪。照他那架势,说不定哪天会找个机会,来个鲜花铺地,在图书馆挂个大红条幅,写着烫金大字"葛怡我爱你",闹个重大新闻,全校皆知。女孩子都虚荣,乐意惊天动地,世人尽知,弄不好自己就得落下风。

怎么办呢?

但事情似乎没有那么糟糕,陶坷坷大肆追求了一番后,似乎收敛了些,不再有千奇百怪的举动。居然每天按时上课了,上课也认真听讲了,自修课也憋在那儿解数学题,不懂了还左邻右舍地问,当然经常向葛怡请教,没话找话地攀谈,但并无过激之举,神仙姐姐也不叫了,口水也不流了,看样子与普通同学无异。

杨略开始怀疑曾泉是不是转述有误,这不是挺好的一个学生吗?

对此,曾泉的解释是:"事物总在不停的发展变化中嘛。"

但杨略明显感觉到,陶坷坷总在暗暗注意他,可转头看去,目光却立即避开,神神秘秘的。在图书馆、食堂,也总能遇到他,却不搭腔,高傲地挺胸而过,身后的高恒也学了这样的臭脾气。

杨略揣度了一番,没有答案,也不去管他。反正陶坷坷看来是偃旗息鼓了，三分钟热度，典型的公子哥儿做派。葛怡还坐在自己前排，安安静静，对他的态度也没有丝毫改变。这就足够了。

话虽如此，但杨略感觉到陶坷坷的压力。前段时间倒不觉得，不久便发现，陶坷坷正在暗中使劲，处处要与他争个高下。打篮球时，陶坷坷总在另一阵营，专门堵截杨略，仗着身高优势，处处挤压，时时争抢。杨略被堵得窝心，但这本来就是篮球魅力所在，只好花费更大力气闪展腾挪。平日一到下午休息时间，就独自来到球场，不住地练习三步上篮之类。

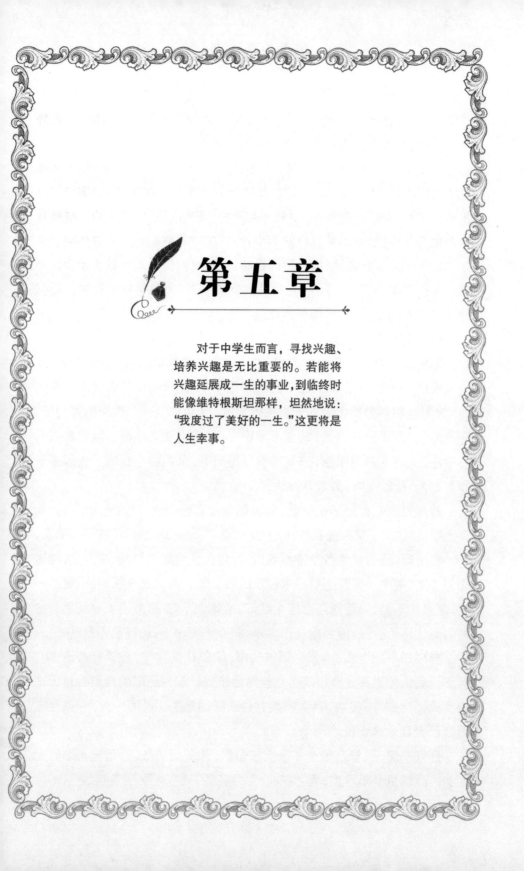

第五章

对于中学生而言，寻找兴趣、培养兴趣是无比重要的。若能将兴趣延展成一生的事业，到临终时能像维特根斯坦那样，坦然地说："我度过了美好的一生。"这更将是人生幸事。

文科班毕竟略显清闲一些，班里文艺青年不在少数，在欧阳老师的推动下，一伙儿人居然编起了刊物，名叫《珊瑚岛》。杨略和曾泉是主编，有条不紊地开始准备，只是万事开头难，稿件十分欠缺。

杨略想起了陈高照，有心要问他有什么大作，但一直没什么机会。高照愈发孤僻了，即便是下课，也总是沉默看书，出外也是独来独往。还有种神游物外的气质，似乎构思着煌煌大作。

杨略没有去打扰他。

葛怡近来总与一个女生走在一起，这女生名叫楚当当，名字铿锵，外表也极酷，一头长发，却只在后面随意扎了一条小辫子，其余就散垂在四周，有时也飘拂到脸上来。五官生得标致，光滑如玉——微微泛青的玉，有点黯淡，似乎天生丽质，却全不懂珍惜，一看就缺乏睡眠。眼睛虽亮而不专注，又有两只黑眼圈，只有嘴唇红得出奇，如两面小红帆。衣服裤子非常宽大，松松垮垮，染着各种油彩。

她与整洁的葛怡站在一处，简直就是洗衣粉的活广告：一边没洗，灰头土脸；一边用了某某洗衣粉，就一身光鲜了。真奇怪，她们却成了好朋友。

私下里，葛怡对楚当当赞不绝口，说她虽性情寡淡，却很有主见，邋遢的外表下，藏着一颗骑士般追求理想的心。每天回家就是画画，疯魔了一般，课业却不差，只是偶尔会挂个红灯，但她也不在乎，并不发奋图强。这种洒脱让葛怡折服，因为她自己做事，总有许多顾虑，活得很不自在。

杨略却不以为然，女孩子不修边幅，又不认真读书，还谈什么追求？但因为葛怡的引荐，他和楚当当也熟悉了些。起先还以为自己会讨厌这个女孩，不想初一接触，就觉得她有种奇异的魅力。时间一久，他甚至觉得自己挺喜欢这女孩。

仔细一想，可能葛怡是邻家女孩型的，柔美而清澈，让他觉得贴心而踏实。而楚当当却不然，观之在前，忽焉在后，又有一股子懒散劲儿，对什么都无所谓,有种梦幻的神秘,让他更有探索的欲望,想赢得她的关注。

交往愈加多起来,有时与余振、凌霄相聚,烧烤啊,唱歌啊,葛怡也会带上她。她倒也活泼,说话爽快,有一股豪气,要唱歌就唱歌,要喝酒就喝酒,绝不含糊,要搁在金庸小说里,估计是郭襄式的人物,因此大家都挺喜欢她。虽然她衣着依然不清不爽,但杨略看习惯了,倒觉得这是她的特色了。没有特色的人,才是无趣之人呢。

开学不久,就是国庆节,七天长假一过,转瞬就是期中考试,时间过得飞快,衣服渐渐从短袖变成长袖,看窗外的景致,颇有些天高云淡,常有一行大雁飞过,校园也渐渐飘起桂花的香味。这是杨略最喜欢的季节。

晚饭过后,同学们都躲在教室里,争取将白天的作业做完,以便晚自修复习预习,看些额外的参考书。

唯独杨略抽空去球场练习投篮。经过几个月训练,果然进步不少,只需身子轻轻一跃,手指轻轻一弹,篮球倏然飞出,画一个优美的弧线,正好穿框而过,真是干净利落。十个球里,倒有八九个投中的。

这一天正练得顺手,忽然听见有人高喊一声:"好!"

循声看去,是学校的体育老师,姓韩名琦,30余岁,人高马大,篮球打得极好,号称"奔雷手",是校篮球队的教练,曾带领校队南征北战,蝉联过几届全市的冠军,着实风光过几年。

"韩老师好。"

"好。叫什么名字?"

"杨略,高二(六)班的。"

"投篮技术不错嘛。练过几年了?"

"胡乱打了四五年。要说真的训练,那是一天也没练过。"

韩琦哈哈一笑,捋了捋衣袖,俯身捡起篮球,说道:"怎么样?过几招?"

杨略早听过韩琦的大名,只是从未切磋过,今日有此良机,怎能错过?

"请赐教。"

韩琦摆开架势,要冲向禁区。杨略张开双臂,严防死守。韩琦从容地控着球，目光左顾右盼，忽然身子一侧，作势要往左边去。杨略也将身子一移，要去防他。韩琦见状，轻轻一笑，却向右侧疾冲而去。声东击西！

谁想杨略也是虚招，见韩琦不动时，球便像活物一样，上蹿下跳，却与他绝不分离。心中无奈，想只有运球时，或许有机可乘，这才来个将计就计。韩琦也有些托大，见杨略往左边去，就放了心，大踏步上前，运球松散了些。杨略眼明手快，立即冲上，一俯身，猛然探出手去，将弹至半路的篮球往回就揽。可惜韩琦运球时势大力猛，这一揽却不成功，只是将球击向中场。

韩琦喊一声："好！"闪身向球追去，健壮的身躯却灵便至极，几个箭步，竟比球还快，把杨略甩在后头，不到中场线，便已将球截住，转身又奔篮架而来。杨略在三分线上站稳，预备来个守株待兔。不料韩琦要炫技，运球还不到三分线，就戛然而停，轻轻一跃，双手捧球举过头顶，手指发力，往前一推，那篮球直奔篮筐而去。杨略哪里追赶得上，眼睁睁看着篮球应声入网，然后在地上砰砰弹跳。

杨略心中佩服，说："好球，真不愧是'奔雷手'！"

韩琦朗声一笑："这外号你也知道？"

"当然知道，当年您可是闻名遐迩。"

"是啊。当年啊……"韩琦却有些黯然，"一晃就是当年的事情了……"

近年来，学校一味抓学习，对体育比赛非常忽视。篮球队资金不足，人才凋零，成绩一落千丈，别说拿冠军了，简直是逢赛必输。

杨略见他失意，心里不忍，就说："你的球技高明，我甘拜下风。"

韩琦一笑，说："能在我运球的时候偷球，你也算是第一人了。"

"侥幸而已。"

"有没有兴趣在篮球上有所发展啊？"

杨略愣了一愣。对他而言，打篮球纯粹是玩闹，学习余暇，与同学玩个汗流浃背，如此而已，还要什么发展？

这一寻思，韩琦已看出端倪，笑道："我有个想法，重建一支篮球队。这些年我太窝囊了，每次比赛结束，我都几天没脸见人。现在该雪耻了！我正在发掘人才。校长说了，高一高三都不许进球队，只有高二可以。我好不容易找到几个，练了几天，不来了，满口托词，什么学习紧张啊，家长反对啊。现在我那儿只剩下两个。"

杨略心里涌起一股责任感，说道："韩老师，你看我行吗？"

韩琦目光灼灼，却有些疑虑："要是加入了，可得时常训练。别到时候后悔，那就没劲透了。"

"不会影响！我做题快，平常也来练的，什么都不会耽误！"

韩琦大笑，眼睛里漾满笑意，伸出大手，用力拍了拍他的肩膀："走，去体育馆！我带你去看看那个主力。他啊，练得比你还勤快。"

二人穿过操场，就到了体育馆。才到球场门外，便听见篮球击打地面，还有吆喝声，球鞋摩擦地板的咯吱声。

只见球场上飞跑着一人，身形修长，运动裤，上身只穿一件白色背心，犹自大汗淋漓。运球，上篮，动作准确灵活。等他回过脸来，杨略才赫然发现，这人竟是陶坷坷。另外一人身高膀宽，站在篮下，宛如一堵肉墙，他自然是高恒。

韩琦叫道："陶坷坷！"

陶坷坷应声回头，猛然看到了杨略，也是一怔，说："怎么是你？"

韩琦问："你们认识？"

陶坷坷冷冷地说："当然，大名鼎鼎的作家，怎么会不认识？"

杨略最讨厌他的阴阳怪气，就对韩琦说："我们是同班同学。"

韩琦高兴地说："那最好不过了。这陶坷坷，可有两下子，他的三步上篮啊，灵活得泥鳅似的，吱溜就从我腋下钻过去了，怎么也挡不住。杨略，你擅长远射，他擅长单人突破，以后肯定是好搭档。"

二人互看了一眼，口中说："是的。"心里均想：那可未必。

从体育馆出来，杨略回到寝室，洗了澡，换了套干衣服。想起初中时与余振、凌霄打球的往事，不由心动，于是给余振打了个电话。

"我参加校篮球队了。明年5月不是有全市中学生篮球比赛嘛。"

"哟，我和猴哥也参加校队了，没说的，绝对主力！这倒好，大水冲了龙王庙。我们可得赛场上见了。"

"我就说嘛，要有篮球比赛，你们俩肯定不能闲着。怎么样，练多久了？"

"也就从上个礼拜开始的吧。你知道吗，好家伙，这回学校是下了工夫了，就这么几个球员，先是全校海选，再是个别考核，忙活了足足有半个月。我和猴哥是过五关斩六将，好不容易才留下的。"

"你们学校对篮球事业可够重视的呀。"

"唉，垃圾学校嘛，只能靠这些比赛来装点门面了。说白了，就是做广告。不像你们学校，扎扎实实抓学习就行了。酒香不怕巷子深嘛。"

杨略的生活愈发充实有序，每天下午都有一个小时的篮球训练，为了抽出这块时间，上课自然听得认真，作业完成得飞快。下课铃一响，飞也似的奔往体育馆。

都是基本训练，重复单调，要练得人球合一，得心应手。他要打的是得分后卫，更得苦练外线投球的技术。

韩琦说，作为得分后卫，在外线投篮得快而且稳，射程要可远可近。这样到了赛场才能应变自如。

陶坷坷是小前锋，负责得分。这对他倒也合适，他总是飞扬跋扈，得分欲望极强，一拿到球，极少传球，只顾把球往篮筐里塞，是球队的一柄利刃。

大前锋是个苦差事，要抢篮板，要防守，还得卡位，全是挤在人堆里折腾的活儿。但是要投篮得分，却总是最后一个。真是吃苦在先，享受在后。这个人选，自然非高恒莫属。他生得高大粗壮，又憨厚老实，一到球场，任劳任怨。相处日久，杨略觉得他虽然貌丑，却也有几分纯朴可爱。

还有两个重要位置，中锋和控球后卫，却迟迟没有找好。韩琦一直是打中锋的，他那身躯往禁区一站，真是威风八面，有一夫当关之勇。可惜他是教练。至于控球后卫，应当是凌霄一般的人物，身轻灵便不说，目光还敏锐，能迅速判断场中情况，一拿到球，立即出手，传给位置最佳的队友。

韩琦说："先前来过两个，是中锋和控球后卫的首选，可惜不肯来了。"

杨略问："我听你说过很多次了，到底是哪两位大侠啊？"

韩琦说出两个名字,杨略一听,顿时大笑。原来这二人是高二(五)班的,也是学校的传奇人物,时常与他在一起打球的。

一个名字就叫钟峰,个子都蹿到1米90了,真是命定要做中锋的。虽然身形略显黑瘦,其实肌肉结实,外号"胖头陀",典出自金庸的《鹿鼎记》。那胖头陀原本矮胖如猪,吃了豹胎易经丸,没有解药,药性发作时,竟生生地被拉得纤长了。这钟峰虽长得不太体面,而且是在理科班,却颇有些多愁善感,平常喜欢看言情小说,情意绵绵处,就写些细腻的散文,乍一看,总让人疑心是出自哪位纯情少女的手笔,哪里会想到这位胖头陀。

另一个叫肖戈,与钟锋恰好相反,他生得矮壮,一米六五左右。生性诙谐幽默,圆脸总挂着笑容。也虚荣得很,高一时常打网球,算是西洋玩意儿。专门买了一身行头,招摇过市,十分时髦。谁料打了一年,胳膊胸脯练得结实了,一疙瘩一疙瘩的肌肉,下半身却显得细瘦,被人嘲笑成"钉子"。十分懊恼,就改行打篮球,立志要将腿练得粗壮。这一来,他就喜欢满场飞奔。这种喜好,做控球后卫是最好不过的。

杨略说:"原来是他们啊,我去说服他们。都是球疯子,肯定没问题。"

当天晚上,趁两节自修课的间隙,杨略将钟峰和肖戈叫出来,说了一堆责任心、荣誉感之类的话,说得这二人心里热乎乎的,但依旧犹豫不定。

钟峰说:"要是让我们班主任知道了,那可不得了,说不定会把我们给煮了的。"他说话竟有些细声细气。

三个人脑海中浮现出班主任徐德懋的形象,一个精巴干瘦的老头,也是他们的数学老师,牙齿被香烟熏得焦黑。

肖戈模仿徐老师的样子,拿腔拿调地说:"你要玩,我不反对,毕竟还年轻嘛,玩心重了点,也是正常的。不过你也得挑时候啊。现在是什么时候?火烧眉毛了。你们要有紧迫感嘛。人生能得几回搏?等上了大学,有你玩的时候。"模仿得惟妙惟肖,杨略和钟峰都被逗笑了。

肖戈愈发得意了,张牙舞爪地说:"你们啊,犯上作乱,蛊惑民心。午门外斩首示众。咔嚓,咔擦,碗大的疤!"

杨略说："瞧你们吓得那样。咱又不是囚犯,连这点自由都没有啊?你们听我的,每天晚饭前,练一个小时。谁能知道啊? 要是徐老头问起,你就说,为了提高晚自修学习效率,我们回寝室睡上一个小时。等熬到明年5月,全市比赛就开始了,咱争点气,捧个金杯回来,看他怎么说! 还不屁颠屁颠地跑来说好话?"

三人脑海中立即出现一个场景:他们几个得胜回朝,人高马大,耀武扬威地走着。全校师生夹道欢迎,彩旗招展,掌声雷动。那徐老头满脸堆笑,要来讨好。偏不理他,就让他吭哧吭哧追在后头,跑得太快,肠胃又不好,一路把屁都给颠了出来。

三人都嘿嘿笑出了声。

钟峰说："听起来还蛮有道理的,我觉得能行。"

肖戈说："得,就听你的。明天下午,兄弟我等你的短信。"

杨略说："好,不见不散。"

又一个星期一,早上第一节课是语文课,欧阳老师正讲得投入,旁征博引,又风趣幽默,全班人都很开心。外面忽然来了一对中年夫妇,女的一脸哭容,叫了欧阳老师一声。欧阳老师对同学们说了声抱歉,出去谈了几句,也变了脸色,急匆匆回来,却不接着上课,只是让大家自习,又叫了葛怡和杨略出去。二人一头雾水,不及细问,也懵懂地跟出去。

"楚当当不见了。"欧阳老师说。

杨略和葛怡都惊叫了一声。那对夫妇在一旁叹气,显然是楚当当的父母,极普通的中年男女,看不出有什么艺术气质。

到了办公室,楚妈妈一边抽泣,一边断断续续说了事情经过。

原来上周五,楚当当回到家已是晚上11点,脸色不大好,有气无力的,走路不太稳当。楚妈妈看情况不妙,就上前去扶她。楚当当却触电般将她的手挡开。

楚妈妈疑惑："怎么了,你?"

"没事。"连声音都有些虚弱。

"当当,是不是身体不太舒服啊?"

"没事。哦,就是上楼时脚脖子崴了一下。"

"哎哟,疼不疼? 别动,我去拿正红花油。"楚妈妈就去里间翻抽屉。

"真没什么,不疼,我回房去了。"

"回来!"楚妈妈急忙出来,喊道,"你还没说,这么晚上哪儿去了? 打你电话也不接?"

"妈,我这么大人了,你还担心什么呀。老把人家当小孩。"

"你要不是个小孩就好了,省得我操心。"楚妈妈照例又唠叨起来。"多大的人了,也不知道父母的用心良苦,不好好学习,只知道画画。连素描、水彩之类的基础都没学好,一上手就是油画,不是想一步登天吗? 况且,画画能出名的,一百年能有几个? 万一出不了名,一辈子都得穷困潦倒。瞧你那臭脾气,谁敢娶你? 还不如现在开始,就好好读书,上个不错的大学,以后考个公务员什么的,最起码也得找个事业单位,舒舒服服过日子,比什么不强? 到时候要有闲工夫,爱画什么画什么,谁也不会拦着……"

楚当当却最烦这套小市民的价值观,牛脾气一上来,说话就冲味十足。

"就算穷困潦倒,我也认了。"

"你是认了,我们怎么办? 我和你爸爸都下岗了,只是临时工,还能挣几个钱? 等我们干不动了,你要是还没有固定收入,拿什么来赡养我们?"

楚当当眉头一扬,说:"为什么要赡养?"

楚妈妈不相信自己的耳朵。

"你这叫什么话? 我们辛辛苦苦把你带大,好吃好喝地供养你……"

"繁衍后代,抚养后代,那是生物的本能,没什么好炫耀的。"

"别卖弄学问。什么本能啊? 你说,我们抚养你,你不该回报吗?"

"你们养我,难道就图回报? 如果真是这样,那还不如养鸡养猪呢。"

楚妈妈气得直哆嗦。

"以后我也会生孩子,也会好好抚养。所谓恩情,一代代传下去,不就行了……你要回报,祖宗十八代都得回报啊。报得完吗?"

楚妈妈耐不住性子了,厉声骂道:"胡说八道! 我怎么养了这么个孽畜。"

"又来这一套，"楚当当嘀咕道，"说不过就骂人。我虽然是你生的，但不是随便你骂的。"

一个响亮的巴掌。楚当当捂着半边脸，看楚妈妈扭曲狰狞的脸，呆了一呆，表情似哭非哭，猛一转身，冲出门去了，一路还有些趔趄。

当然，这些是杨略在事实基础上，加上点想象的。尤其是挨了耳光，冲出家门一段，似乎是电视剧里常见的情节，他不费力地就移栽了过来。

楚妈妈说："当当出去的时候，也没带什么钱。我连夜叫了亲戚，拿着当当的照片，到处去找。城市那么大，上哪儿找啊？一连三天，什么消息也没有。她奶奶是茶不思饭不想的，天天吵着要当当。可我们有什么办法？登广告，不行。要是到处宣传，以后在熟人面前，我们的脸往哪儿搁啊。现在想来，也真是死要面子活受罪。你说，万一当当真有个三长两短，我们命都不要了，还要面子干吗？直到昨天，才好不容易从一个开小店的口中得知，说见过当当来买东西，这才找到她住的那家小旅馆。那么破的房间，墙上还渗水，床边摆满方便面的碗。我们当当哪遭过这种罪啊。虽然我家不富裕，可总能让她吃饱穿暖，住得舒舒服服的。我们见了她，在门口一个劲地道歉，劝她回家去。她不听，还哐当把门给锁了。我们怎么劝也没用，只好把换洗的衣服拿去，又多付了些钱，让服务员每顿都送饭菜进去。"

楚爸爸在一旁低头叹气，一张饱经沧桑的青黑的脸，涨得有点红。

"你别说了，还嫌不丢人，是不是？"

楚妈妈抹着眼泪，说："我怕什么丢人。这孩子都是你惯的。"

楚爸爸也不服气，回敬道："你倒管教得好？都把孩子打跑了！"

楚妈妈的眉毛竖起来，拍得胸口嘭嘭作响，嚷道："你说这话？有没有摸过良心？……"

硝烟弥漫。欧阳老师急忙说："二位，二位，你们先别互相埋怨了，当务之急，是得想个办法，让楚当当回家。"

"欧阳老师说得对。"楚妈妈这才清醒过来，抹干了眼泪，对葛怡说："当当不愿见我们，可应该愿意见同学吧。我这次来，就是想请你们帮忙的。

你叫葛怡吧？我听当当说起过你。这次阿姨求你帮忙，一定要把当当劝回来。我就这么个女儿啊……"泣不成声，作势要向葛怡跪倒。

葛怡急忙扶住，说："阿姨，你放心，我一定好好劝她。"

欧阳老师说："葛怡，杨略，你们一起去。"

在楚氏夫妇的带领下，坐了出租车，左拐右拐，开了足足20分钟，才在狭窄的小巷深处找到一家小旅馆。门面寒微暗淡，"欣悦旅馆"四个字，就贴在玻璃门上，已剥落变色。这样的小地方，楚氏夫妇居然能找到，其中不知道经过了多少波折。

楚氏夫妇站在外面，葛怡和杨略进去，一间狭窄的厅堂，一道低矮的柜台，柜台后坐着一个女人，脸蛋肥圆，正在看电视。杨略道明来意，她一听不是来住店的，小眼睛全是不耐烦，挥了挥手，侧过脸去，继续看电视。杨略留意了一下，是台湾的电视剧，所谓的偶像剧，黏黏腻腻的对白。

爬上两串楼梯，楼梯上铺着破旧的红地毯。杨略看准了房间号码，敲了房门。门开处，就见到了楚当当，穿一件松垮垮的白色睡裙，表情有点神游物外，也有些被打扰后的不耐烦。

看到是他们，她点了点头，让开了路。这是一个有一扇窗户的小房间。窗子望出去是对面灰色的楼房，靠得很近，几乎要压到身上来。窗下支着画架，边上有一把椅子，地上是画笔和调色板。窗台上摊开一本彩色的画册。房内放一张单人床，被子凌乱地堆着。床头柜上却有一个水晶花瓶，盛开着金黄色的太阳花，艳丽得有点突兀。

"你们坐吧。"

杨略却没有发现另外的椅子，就和葛怡在床上坐下。楚当当坐上唯一的椅子，面无表情，用力将油彩一笔笔抹在画布上。

杨略一看，此画线条粗犷，晚霞红得发黑，山峰像在燃烧，喷射着黑色的火焰，中间几个扭曲的人形，似走非走，似翔非翔，只有惊恐的脸孔有点写实，却被抹得发青。看不出什么好来，只觉阴森压抑。

旁边还有些画板，是些模仿画，梵高的向日葵，莫奈的池塘，都有些神似。

葛怡打破了沉默,问道:"当当,你怎么了?生病了吗?"

杨略想让气氛活跃一些,就说:"好家伙,你够自在的呀。还隐居起来作画了?真有情调,把这当家了?"

楚当当不作声,又画了几笔,才轻轻地说:"我想自力更生。拿人家手短,吃人家嘴软。而我,想要自由。"

杨略说:"可父母又不是别人。"

楚当当摇摇头,说:"其实都一样,靠父母生活,就必然要接受他们的那一套理念。整天说他们为我付出多少,可有时想想,我未必需要这些啊。接受越多,束缚越多。现在我自力更生,不是很自在吗?"

葛怡说:"就算你说得有理,可你现在能养活自己吗?"

"到这里以后,我才发现,人的需求其实很少,饭能吃饱就行,这里虽然破旧,但租金便宜,可以长期住下去。我又不是讲究的人,所以养活自己,花不了多少钱。"楚当当用画笔指了指旁边的画板,"这是我帮紫苑画廊画的,有报酬,尽管不高,但也够我生活了。另外呢,"又点了点眼前的画布,"这幅是我自己想画的,有人会帮我挂在网上。你知道,现在网上购物也挺方便……"

杨略不禁对她肃然起敬,但心中毕竟有些不安。况且,他们还身负重责,要劝楚当当回去的,他努力要找出措辞。

"可你就算得到自由,每天画这些,不怕沦为画匠吗?学习绘画,毕竟要进美院进修才好。"

楚当当冷笑了一声。

"我又何尝不这样想,但我爸妈是不会同意的。在他们看来,画画就是不务正业,而且风险太大,是拿一辈子去赌博。他们是小市民,会觉得画画还不如学裁缝,那倒是个稳当的手艺。"

葛怡说:"通过这件事情,你爸妈应该会支持你了吧?"

楚当当叹了一口气。

"默许,有可能。支持?不敢奢望。"

"能默许也不错呀。"

"可是，默许可能就是漠不关心，让我自生自灭。你能忍受一家人形同陌路的感觉吗？"

这是他们不曾想到的，杨略和葛怡无话可说，三人之间出现了一阵沉默。楚当当停止了抱怨，只顾在画布上刷刷点点。过了一会儿，她笑了一笑，对他们说："你们还有事吗？没事先走吧。我还得画画呢。告诉我爸妈，我很好，也不怨他们。"

二人对视了一眼，没有办法，只好默默出来。楚氏夫妇一见他们，急忙迎上去，忙不迭地问怎么样。

葛怡支吾说："她说，她说……"

杨略接过话头，说："楚当当说，她根本没生气，只是最近有灵感，想找个安静的地方作画，等画好了，她就回去了。"

楚氏父母连连说："这就好，这就好。真谢谢你们了。"又朝里面喊道："当当，你就安心画，画好了就回家。想吃什么，想穿什么，给家里打电话。"

到了周六，杨略和葛怡买了水果，带了一些书，又来到欣悦旅馆。楚当当吃着葛怡削的苹果、杨略买的手抓饼，说话也活泼了些。

最好的话题，自然是大家都认识的曾泉。杨略把这家伙的种种趣事一一数落出来，说他袜子极破，有的后跟磨了个洞，有的脚趾戳了个眼，却全不在意，把两双袜子一起穿上，来个互补有无，就没有破洞了。他大为得意，到处宣扬节约的好办法。

楚当当与葛怡捧腹大笑。

忽然响起敲门声，继而一个男人压低了嗓音："宝贝，看我给你带什么来了。"

宝贝！杨略和葛怡都是一怔。莫非楚当当还另有隐情？

外面又喊："宝贝，你不开门，我就自己进来啦。"

声音大了一些。是少年男子的音质，杨略又是一惊，这声音好熟悉啊。再看楚当当，她的脸早已赤红，眼神一片慌乱，似乎要喊话，但又不知说什么。门没锁，那人推门就进来了。杨略和葛怡与那人打了个照面。这一见不打紧,三人顿时僵住,同时失声喊出:"怎么是你?！"

"你们怎么在这儿?"

一杯奶茶掉下去,落地四溅,泼洒得到处都是。

原来这人,竟是凌霄!

杨略和葛怡顾不上抹去身上的奶滴,用怀疑的眼光,看看凌霄,又看看楚当当,一时整理不出头绪。意外,真是一个接着一个。

楚当当脸上红色渐渐褪去,淡淡地说:"就是他,最近一直在帮我。"

原来,这凌霄一心扑在电脑上,以比尔·盖茨为榜样,全不把学习放在心上,成绩自然不好。父母见了成绩单痛心疾首,严厉斥责之后,将电脑封了起来,要他先把功课学好。自不免起了一阵冲突,剑拔弩张言语锐利。爸妈深恨自己养了个逆子,而凌霄则觉得父母不可理喻。他们封的是电脑吗?是他的爱好与前途啊。

于是叛逆之心陡然而起,更不学习,常常泡网吧。原来是想去钻研软件的,但网吧喧嚣至极,哪里能安下心来。耳濡目染之下,就开起了网上商店,卖衣服,卖饰品,倒也有些收入。只是这与理想背道而驰,毕竟有些空虚无聊,于是更加怨恨起父母来。

有次聚会,他认识了楚当当,有机会就聊天,二人情况有些相近:都有自己的爱好,却得不到家人支持;脑子都聪明,不想碌碌无为,但就是没心思读书。所以他们颇有些相见恨晚。日子一久,竟渐渐生了情愫,时常出去约会,唱歌,逛街,旅游,互为精神的慰藉,借以度过寂寞的高中时光。

在别人看来,他们像是恋爱了。

这一时期,楚当当作了许多色彩明快的画,凌霄将之扫描进电脑,又细心作了修整装裱,贴到商铺里,赢得了许多赞赏,有人出钱购买,之后便形成了惯例,楚当当作画,凌霄负责出售。

这次楚当当离家出走,也得到了凌霄的支持,连旅馆都是他订的。

"老爸老妈总以为离开他们就不能活,还拿这个要挟我们,让我们做这做那。哼！我们就自力更生,活得好好的,让他们瞧瞧。"

楚当当与画廊合作，也是他张罗的。他甚至也想，等商铺生意蒸蒸日上，他也离家出走，不受那约束，可以安心学编程，做未来的比尔·盖茨。等日后功成名就，看谁还敢小瞧他。

楚当当入住旅馆后，每日勤奋作画。他们约好，每到周末，凌霄就送画板过来，顺便把画作带走，或送画廊，或贴网站，日子肯定会过得有滋有味。谁料这么快就被发现了踪迹。

凌霄在收拾地面，低着头，掩饰着心里的一阵阵发慌。刚才太失态了。这是做贼心虚吗？他想起刚才经过厅堂时，那个服务员好奇地看了他一眼，又转为会意的假笑。显然，她认为一个乳臭未干的小伙子，周末偷偷来旅馆与一个女孩相见，肯定不是做什么规矩事的。旅馆，和床一样，是个很暧昧的所在。

杨略他们会怎么想呢？要是往外一宣传，他还有脸见人吗？心里死命地自责："还'宝贝'，这回老孙可糗大了。"

楚当当还算从容，简单地解释了他们的合作关系，一人作画，一人销售而已。但杨略知道，他们之间，恐怕没这么简单，不过他也权当不知，就问道："猴哥，当当的画卖得怎么样？"

凌霄心绪平静下来，恢复了以往的活泼，将扫把往门后一扔，拍了拍胸膛，说道："老孙出马，还有搞不定的事吗？"

而后絮絮叨叨地谈起与紫苑画廊老板谈判的经过，紧张曲折，几乎有诸葛亮舌战群儒的气派。

"那老狐狸，真是奸商，一开始每幅只肯出10块。可老孙一打听，他卖给顾客，同样大小的，都不低于80。老孙就跟他耗，晓之以理，动之以情，最后站起就走。那老狐狸这才慌了，赶紧留住我，把报酬提升到30。这样的话，我们的大画家一天画它三四幅，就能过上小康生活了。"

楚当当看着凌霄，面带微笑，表情温柔，轻声说："是啊，一个上午就能画完两幅的。仿些名画，还能练技巧呢。下午和晚上，我可以画自己的作品。"

"没错。你的作品，我才不拿到画廊去呢，那帮奸商，个个利欲熏心，懂什么艺术啊。我把它们拍下来,贴到微博上去。你猜怎么着,我们的大画家居然有成群粉丝了,每天有人评论,眼巴巴等你的新作品。也有人愿意出高价来买的,这不,当当,我今天正要和你商量呢。那幅《天鹅湖》,你是卖还是不卖?"

二人开开心心地探讨起价格和顾客来,意见达成了一致,凌霄又开始畅想:"当当,等你有了名声,也有了钱,就背个画架,到处去旅行,哪里漂亮奔哪里去,真是神仙一般潇洒啊。我是只有羡慕的份儿了。"

四个人都笑起来。这几乎是每个人的梦想了。自由自在,行云流水。但前提是得有钱。虽然有人为钱财丢了性命,但钱同样也可以买来自由。问题是,凌霄畅想的未来能够到来吗?

杨略心中存着一个疑问,问道:"那你以后怎么办?"

楚当当的笑容凝在脸上,这似乎也是她担心的问题。然而她的回答却是:"我们现在这样,不是挺好吗?"

在处理这件事情的同时,杨略的球队增了五员战将,但实力稍逊一筹,目前只能坐坐板凳,平常陪着练习。葛怡经常带着女生来呐喊助威。有了她们的捧场,球员们个个精神抖擞。杨略和陶坷坷的明争暗斗,自然也更为激烈了。

这一天,杨略收到了一封信,是爸爸寄来的。

第五课　你喜欢做什么——兴趣篇

略略:

见字如面。

最近我出差在外,一晃已有数月,没时间给你上课,心里十分愧疚,所以想起了以前的方法,给你写信。今天我们谈"兴趣",这是人生目标设计的重要指标。

先给你讲一个《窗边的小豆豆》里的故事。

在一个公交车站里，妈妈拉着小豆豆的手，走出检票口。小豆豆小手紧紧攥住车票，看样子是舍不得交出。

"这张票，我留下来行吗？"她对检票的大叔说，"这是我第一次坐电车。"

"不行。"大叔从小豆豆手里把票拿走了。

小豆豆还不走，指着检票口盒子里满满的车票问道：

"这些，全都是叔叔的吗？"

大叔一边把其他出站的乘客的车票抓过来，一边答道：

"不是叔叔的，是车站的。"

"哦——"小豆豆看着盒子，恋恋不舍，说道："我长大了，要做一个卖车票的人！"

大叔这才飞快地看了小豆豆一眼，说：

"我家小儿子也说想在车站工作，你们一起工作也不错。"

"嗯——"小豆豆叉着腰，一边观察，一边很神气地说："和叔叔，还有那个男孩一起工作，也是不错的主意。我想一想吧。不过我现在挺忙的。我要到新学校去了。"

说完，小豆豆跑向等在一边的妈妈，叫道："我打算做一个售票员。"

"很好。"妈妈表情平静，一点也不惊讶，说："不过，你不是要做间谍的吗？那怎么办好呢？"

小豆豆点点头，被妈妈拉着手，一边向前走去，一边思考着。

"有了！"小豆豆突然想到了一个好主意，看着妈妈的脸，大声宣布道：

"哎——做一个化装成售票员的间谍，怎么样？"

孩子在童年时，对什么都有兴趣，但有点朝三暮四。因为，这个时候，他们没有自我意识。喜欢什么？擅长什么？都没有什么概念。把对自己的感觉建立在别人的评论上。"豆豆真聪明。""豆豆真漂亮。"她也点头，嗯，我又聪明又漂亮，感到很得意。所以，如果我们误将孩子的一时兴趣视为特长,肯定会被误导的。

那么,什么才是真正的职业兴趣呢?

兴趣与天赋同行

我在大学毕业前,有一次和同学们吃饭,谈起大学往事。有人说我学习勤奋刻苦,废寝忘食,让他们很佩服。对于这个评价,我却觉得惊讶。

"是这样吗? 我怎么没发现。"

然而大家都一致肯定。

我后来想想,可能我有时看书入了迷,确实不想吃饭睡觉。当时我只感觉快乐,而不觉痛苦。于是我明白了,我们在传记中发现伟人们勤奋刻苦,但其出发点实际上在于兴趣。有了强烈的兴趣,自然会入迷,入迷之后自然会勤奋,有毅力,最终达到忘我的状态。中国古代教育学家程颐就曾说过:"教人不知其趣,必不乐学。"

因此,我甚至敢这样说,天才就是强烈的兴趣和执著的入迷。

知识点链接:

悬梁刺股:"悬梁"讲的是孙敬的故事。他由于知识浅薄得不到重用,深以为耻,便闭门苦读,怕犯困,就拿条绳子,一头绑在房梁上,一头系在头发上。每当打盹,头一低,头皮被绳子扯痛,立即清醒,于是继续读书。"刺股"讲的是苏秦的故事。他为了读书不犯困,就用锥子刺大腿。后人将这两个故事合成"悬梁刺股",用以激励人发愤读书学习。

平时,一说到成功,立即想到悬梁刺股,想到"天将降大任于斯人也,必先苦其心志,劳其筋骨",完全是魔鬼训练,真是让人望而却步。但这也许是曲解。尽管冰雪之中,梅花开得很美。但是,春天里百花灿烂,岂不更为美妙? 所以成功之路除了艰辛,还有幸福与满足。

王小波说:"用宁静的童心来看,这条路是这样的:它在两条竹篱笆之间。篱笆上开满了紫色的牵牛花。在每个花蕊上,都落了一只蓝蜻蜓。"所以他写作时兴致盎然,笔下人物,也是个个丰盈饱满。

连写批判文章的鲁迅,他的杂文,字里行间也浸透着"趣"字,即便是讽刺、是挖苦、是怒斥,他的语调一律是幽默的。我们读去,几乎能看到老先生在灯下因为写下一个妙词而陶然自乐的模样。

我再给你讲一个诗人艾略特的故事:

14岁时,艾略特牙齿不好,每周得去一次诊所,躺在刑具一般的靠椅上,将嘴张得像头河马,听凭大夫拿着各类家伙往嘴里左掏右搁。若只是例行检查,洗洗牙齿,那倒也罢了。但有时不免要拔掉一颗病牙,而后填补进一些稀奇古怪的东西,想想就有些恐怖。

病人颇多,坐在候诊室,闲极无聊,烦躁不安,左右四顾,发现旁边有本书,不知经过多少人的手,硬皮封面已破损不堪。他随意翻了一页,读到了一首诗,顿时眼前一亮。

知识点链接:

　　艾略特,英国诗人、批评家,毕业于哈佛大学,有诗集《普鲁弗洛克的情歌》《四个四重奏》等。代表作为长诗《荒原》,表达了西方一代人精神上的幻灭,被认为是西方现代文学中具有划时代意义的作品。1948年因"革新现代诗,功绩卓著的先驱",获诺贝尔奖文学奖。

在那里等我,我一定去
在幽谷中,我们再次相聚
……

只轻轻一念,就有种悠扬惆怅的感觉升腾四溢,让他深为沉醉,继续念下去,小小的心灵渐渐平静,心绪平稳流淌,与诗的节奏相调谐。一时之间,他感到超然世外,有一道玻璃,将喧闹的候诊厅隔在外面,万般声响都低落下去,凝结起来,最后只剩下诗的节奏,响亮而低沉,悲哀而悠长。

他恍恍惚惚听见了召唤,恍恍惚惚被大夫检查了牙齿,又恍恍惚惚地随着妈妈回家。

"你怎么了? 灵魂附体了?"

妈妈的问话,很多年后他还记得,并深为认同。当时,确实是灵魂附体了。他读了这些璀璨的诗句之后,便明白上帝派每个人降临人世,都身负一项使命,而自己的使命,就是做一位诗人。

后来,他确实做了诗人,并且获得了诺贝尔奖。获奖前夕,他觉得很奇怪，因为自己只是在做喜欢的事情，怎么会得到这么高的荣誉呢。

而我们也可以从他的话中得知，这样做事业是快活的。因为他在写作的时候，心在天堂，滋味妙不可言。

对照一下我们的日常学习工作，当你觉得学习乏味至极，那说明没有兴奋点；当你觉得工作乏味至极，那说明你没有找到真正的事业。

所以，对于中学生而言，寻找兴趣、培养兴趣是无比重要的。若能将兴趣延展成一生的事业，那更将是人生幸事，到临终时能像维特根斯坦那样坦然地说：我度过了美好的一生。

数学大师陈省身的信条，就是："一生只做一件事。"对他而言，这件事就是数学。他爱数学，有一个原因是，数学简单明了，只要一张白纸和一支铅笔就行，但又神秘无比，值得用心探索。他深知自己不喜欢复杂的人际关系，也不擅长处理。于是他像聚光镜一样，将生命聚于一点，将能量发挥到了极致，实现了人生价值。

在这里，我们要追究一下，兴趣到底是什么，它又是从何而来。毕竟，懂得了兴趣的原理，我们才能有的放矢，好好培养兴趣。

兴趣从何而来？

兴趣，词典上的解释是"喜好的情绪"。心理学上的解释是"一个人倾向于认识、研究、获得某物，并带有情绪色彩的心理特征"。它可以推动人充满热情地认识研究有关事物，从事有关活动，着迷，上瘾，废寝忘食，从而获得极大的满足，进而使人获得更好的发展。

兴趣从何而来呢？

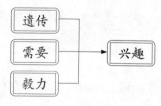

第一个源头是遗传。

正如我在第一讲中所说，每个人的遗传素质不同，因而每个人形成的兴趣也都有区别。有些人对社会活动情有独钟，有些人对文学十分痴迷，还有些人醉心于科学。

我们承认，遗传所决定的兴趣，往往是一个人天赋所在。这在上一节课中已有详细说明，在此暂且略过。

不过遗传素质作为一种自然条件，仅仅提供了兴趣产生和发展的可能性，我们的主观努力、环境影响才更有决定作用。

第二个源头是需要。

瑞士心理学家皮亚杰说："兴趣，实际上就是需要的延伸，我们之所以对某物产生兴趣，是由于它能满足我们某种需要。"以我自己为例，这些时间里，因为给你上课，谈"人生目标设计"，所以需要心理学、教育学，乃至脑科学等方面的大量知识。我一有闲暇，就去书店、去图书馆找来一批相关的图书。尽管都是专业用书，之前我并不熟悉，学术词语艰涩难懂。但因为我有需要，所以能潜心去看，每有会意，便欣然忘餐。有时读得兴致盎然，就想到宋人朱熹的诗句：

半亩方塘一鉴开，天光云影共徘徊。
问渠那得清如许，为有源头活水来。

这首诗题为《观书有感》，以池塘景色，形象地表达出读书有共鸣时的感受。池塘因为有活水注入，所以清澈见底，映照着天光云影。人也如池塘，求得新知后，顿时豁然开朗，欣悦无比。我当时的感觉也是如此。

所以，当我们的需要，和社会的需要方向一致，那么我们激发的兴趣，将会带来更大的成就与满足。

第三个源头是毅力。

日本教育学家田崎仁说："兴趣不是原因，而是结果。"它的原因就是知识。这很好理解。当我对生物一无所知，那根本谈不上有没有兴趣。当我学习了一些动物学、植物学知识后，才能拨开弥漫于表面的迷雾，认清隐藏于现象下面的更为美丽的东西。所以，兴趣并非凭空而来，它建立在一定的知识基础之上。而学校的教育，正好能传授各门学科的基础知识，让学生从中寻找自己的兴趣点。

当然,因为高考的存在,学生要想考入更好的学校,必然要有高分。但你对某些科目没有兴趣,那可怎么办呢?这就需要额外的毅力。因为你即使对科目没有兴趣,但对高考的结果肯定很有兴趣。所以,以此为动力,还是可以学业有成。

我的一个学生,成绩很好,谈起高中学习时,说当时对语文没有兴趣,每次考试都拉后腿。他知道长此以往肯定不行。于是他下了决心,发誓要克服这个难题。于是课前预习,课堂上仔细听讲,消化吸收,课后多读多记。他不擅长古文,便将古文全都背下来,包括词语解释。于是几个月后,成绩有了长足的进步。同时,他对语文也有了浓厚的兴趣,平常写文章,还不时掉出古色古香的文言辞藻。

他的体会是:兴趣的大小不是绝对的,也不是一成不变的。对某一学科兴趣小,你可以当作是一种挑战,战胜它,你不但会收获成功的喜悦,更会培养你的兴趣。只有尝到了甜头,才会有兴趣。而要尝到甜头,就必然要付出努力不可。

于是形成这样的良性循环:

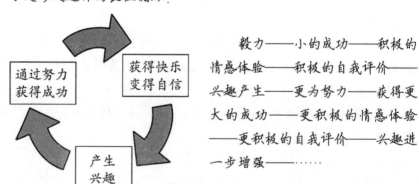

毅力——小的成功——积极的情感体验——积极的自我评价——兴趣产生——更为努力——获得更大的成功——更积极的情感体验——更积极的自我评价——兴趣进一步增强——……

综上所述,我们的人生目标,要在崇高理想的指引下,走兴趣之路。当然,我们还要区分冲动兴趣和潜能兴趣。

发现潜能兴趣

我上面举了学生勤奋学习语文的例子,尽管他取得了不俗的成绩,但未必就适合当小说家,当诗人。以前我也说过,现代社会知识爆炸,一个人不可能像达芬奇那样,除了是画家,还有数学家、建筑师等等一长串头衔。我们做得最好,也只能是知识渊博又在某领域特别擅长的"专才"。我的这个学生,后来选择了经济学,现在读博士,已很有成绩了。他的语文也没有白学,生动的语言,为经济学著作增色不少。

卢梭在《爱弥儿》曾讲了这样一个故事:一个仆人看到主人画画,觉得很美,也很高尚,于是产生了兴趣,便废寝忘食地去学。主人看他上进,也竭力支持他。仆人一开始进步挺快,但画到一定水平,再也无法进步。最后,主人很失望,仆人也很失望。

从中我们可以看出,尽管勤能补拙,但因为遗传素质不同、后天环境又有别,如果仆人绘画方面的潜能有限,就算有了一时的兴趣,而且也很努力,但到底只能做个勤奋的画匠。

这是一个很残酷的教训。

我们可以这样说,这个仆人的兴趣,充其量只能算是"冲动兴趣";真正与天赋同行的兴趣,应该是"潜能兴趣",它不同于小孩子的三分钟热度,而是一种持久的恒温。对某样事情有"潜能兴趣"的人,有如下四个特征:

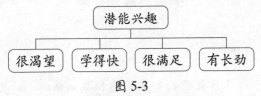

图 5-3

A. 很渴望。潜能宛如火山岩浆,总是想方设法要喷涌上来。因为天生我才,都不愿自我埋没。英国作家费茨基拉德一直喜欢写作,但由于丈夫酗酒,不得不只身养家,直到50多岁与丈夫分居,写作的欲望如泉奔涌,一发不可收拾,20年里写下了12部长篇小说,并曾荣获英语文学最高奖——布克奖,被称为"有史以来最优秀的英国小说家"。所以我们总说,要听从内心的呼唤。

B. 学得快。同样喜欢一件事情,有的人学半年,有的人学一个月,有的只需一周。这就是"潜能兴趣"不同所致。比如画家吴昌硕,中年时才开始学画,但短短几年后,已跻身高手行列,到了晚年,更是成为画界泰斗。

C. 很满足。当雕刻家刻完最后一刀,把玩再三,喜不自禁。当医生将病人的伤口仔细地缝合,放下工具,擦擦汗水,自豪之情油然而生,觉得人生如此,夫复何求。他们有种自我实现的成就感。于是会继续尝试,向更高的层次进军。

D.有长劲。属于"潜能兴趣"的人,可以不断突破并取得进步。比如莫扎特,3岁学音乐,5岁作诗剧,到35岁,已创作作品无数,都是精彩至极,被尊为巅峰之作。以至于当年的评论家惊呼:"上帝借了莫扎特的身躯,来传递天国之音。"而单是"冲动兴趣"的人,往往是程咬金的三板斧,貌似攻势凌厉,但三招使完之后,便再无后劲。

亲爱的同学们,根据这几条准则,你们回忆一下平常的表现,去发现你的"潜能兴趣"。如果还是比较模糊,那么更应努力去寻求,涉足更多的领域,期待觉醒体悟的那一刻。那一瞬间,宛如邂逅意中人一般心荡神驰,宛如庖丁解牛一般畅快自如。每个人都应有过这样美妙的时刻。

遇到了,就要万分珍惜,因为这是内在渴望与外在行为的合流,必将掀动更大的潮涌,将人生推向一个更高的境界。

潜能兴趣测试题

一、自我测试

测试题(一):

为了协助个人了解自己的职业兴趣和职业倾向,以便及早为自己的职业生涯做好准备,请做以下60道题目,如果你认为自己属于这一类的人,便在序号上画个圈,反之,便不必做记号。

1.喜欢自己动手干一些具体的能直接看到效果的活。

2.我喜欢弄清楚有关做一件事情的具体要求,以明确如何去做。

3.我认为追求的目标应该尽量高些,这样才可能在实践中多获成功。

4.我很看重人与人之间的友情。

5.我常常想寻找我独特的方式来表达自己的创造力。

6.我喜欢阅读比较理性的书籍。

7.我喜欢生活与工作场所布置得朴实些、实用些。

8.在开始做一件事情以前,我喜欢有条不紊地做好所有的准备工作。

9.我善于带动他人、影响他人。

10.为了帮助他人,我愿意做些牺牲。

11.当我进入创造性工作时,我会忘却一切。

12.在我找到解决困难的办法之前,通常我不会罢手。

13.我喜欢直截了当,不喜欢说话婉转。

14.我比较善于注意和检查细节。

15.我乐于在所从事的工作中承担主要责任。

16.在解决我个人问题时,我喜欢找他人商量。

17.我的情绪容易激动。

18.一接触到有关新发明、新发现的信息我就会感到兴奋。

19.我喜欢在户外工作与活动。

20.我喜欢有规律、干净整洁。

21.每当我要作重大决定之前,总觉得异常兴奋。

22.当别人叙述个人烦恼时,我能做一个很好的倾听者。

23.我喜欢欣赏艺术展和好的戏剧与电影。

24.我喜欢研究所有的细节,然后再做出合乎逻辑的决定。

25.我认为手工操作和体力劳动永远不会过时。

26.我不太喜欢由我一个人负责来作重大决定。

27.我善于和能为我提供好处的人来往。

28.我善于调节他人相互之间的矛盾。

29.我喜欢比较别致的着装,喜欢新颖的色彩与风格。

30.我对各种大自然的奥秘充满好奇。

31.我不怕干体力活,通常还知道如何巧干体力活。

32.在作决定时,我喜欢保险系数比较高的方案,不喜欢冒险。

33.我喜欢竞争与挑战。

34.我喜欢与人交往,以丰富自己的阅历。

35.我善于用自己的工作来体现自己的情感。

36.在动手做一件事情以前,我喜欢在脑中仔细思索几遍。

37.我不喜欢购买现成的物品,希望能买到材料自己做。

38.只要我按照规则做了,心里就会踏实。

39.只要成果大,我愿意冒险。

40.我通常能比较敏感地觉察他人的需求。

41.音乐、绘画、文字,任何优美的东西都特别容易给我带来好心情。

42.我把受教育看成是不断提高自我的一辈子的过程。

43.我喜欢把东西拆开,然后再使之复原。

44.我喜欢每一分钟都花得要有名堂。

45.我喜欢启动一项项工作,而具体细节让其他人去负责。

46.我喜欢帮助他人,提高他人的学习能力。

47.我很善于想象。

48.有时候我能独坐很长时间来阅读、思考或做一件难于对付的事情。

49.我不怎么在乎干活时弄脏自己。

50.要能仔细地完整地做完一件事情,我就感到十分满足。

51.我喜欢在团体中担当主角。

52.如果我与他人有了矛盾,我喜欢采取平和的方式加以解决。

53.我对环境布置比较讲究,哪怕是一般的色彩、图案都希望很赏心悦目。

54.哪怕我明知结果会与我期盼的相悖,我也要探究到底。

55.我很看重有健壮灵活的身体。

56.如果我说了我来干,我就会把这件事情彻底干好。

57.我喜欢谈判,喜欢讨价还价。

58.人们喜欢向我倾诉他们的烦恼。

59.我喜欢尝试有创意的新的主意。

60.凡事我都喜欢问一个"为什么"。

然后,请根据你在上面自测过程中画圈的序号,在下表中相同的数字上同样画圈。

表 5-1

R	C	E	S	A	I
1	2	3	4	5	6
7	8	9	10	11	12
13	14	15	16	17	18
19	20	21	22	23	24
25	26	27	28	29	30
31	32	33	34	35	36
37	38	39	40	41	42
43	44	45	46	47	48
49	50	51	52	53	54
55	56	57	58	59	60

接着，根据每一栏画圈的多少将排在前三位的栏目顶上的字母填在下面。

第一：＿＿＿＿＿＿＿＿　第二：＿＿＿＿＿＿＿＿　第三：＿＿＿＿＿＿＿＿

测试题(二)

(1)以下职业假定你都有机会去从事，请从中选出 6 个你最喜欢的职业，请尽力选满，写在下方的空格中。

厨师(RAV)、外科医生(IRA)、节目主持人(AES)、心理咨询师(SIA)、船长(ERC)、会计师(CIE)、实验室工作者(CRE)、机械技师(RIE)、物理学研究者(IAR)、摄影师(ARS)、康复护士(SRC)、律师(EAS)、秘书(CES)、建筑设计师(AIC)、社会学研究者(ISA)、行政管理人员(ECS)、民航飞行员(RIC)、中学教师(SIE)

你喜欢的职业＿＿＿＿、＿＿＿＿、＿＿＿＿、＿＿＿＿、＿＿＿＿、＿＿＿＿。

(2)分值计算

按照以下表格，计算出每个字母的合计分值。然后，我们已给出了每个字母的校正系数，请将每个字母的合计分值乘以校正系数，就得到最终的校正分数。

项目	R	I	A	S	E	C
首位字母次数 × 3						
次位字母次数 × 2						
末位字母次数 × 1						
各字母合计分数						
各字母校正系数 x	0.9	0.85	1	1.12	1.05	1.12
校正分值=分数 × x						

(三)按照校正分值的高低,前三个字母即为你的霍兰德职业代码:＿＿＿。
根据以上两个测试题,确定你的职业代码为:＿＿＿。

二、了解职业与专业

根据以下 23 类职业群,辅助定位专业。

1. 企业型[E]

特点:此种类型的人具有冒险、野心、独断、冲动、乐观、自信、追求享受、精力充沛、善于交往、获取注意、知名度等特性,其行为表现为喜欢企业性质的职业或环境,避免研究性质的职业或情境,会以企业方面的能力解决工作或其他方面的问题;有冲动、自信、善社交、知名度高、有领导与语言能力,缺乏科学能力,但重视政治与经济上的成就。这类个性的人适合从事的职业包括管理和销售类的职业。

A.市场与销售

典型职业:商店店员、采购、销售(房地产、保险、股票经纪人等)、工业和农业产品销售和代售、办公及医疗用品销售等。

典型专业:本科专业有市场营销、贸易经济、工商管理等。

B.管理与规划

典型职业:销售经理、办公室主任、代理商、企业经理、营销策划、行政主管等。

典型专业:市场营销、行政管理、工商管理、人力资源管理、商务策划管理、特许经营管理等大部分管理类专业。

2.事务型[C]

此种类型的人具有顺从、谨慎、保守、自控、服从、规律、坚毅、实际稳重、有效率，但不注重想象力等特性，其行为表现为：喜欢传统性质的职业与情境，避免艺术性质的职业或情境，会以传统的能力来解决工作或其他方面的问题；喜欢顺从、规律、有文书与数学能力，并重视商业与经济上的成就。这类个性的人适合从事的职业，包括办公室类和数据类的职业。

C.记录与沟通

典型职业：办公室职员、银行职员、邮局职员、图书馆计算机编目员、秘书、法院书记员、档案管理员等。

典型专业：税务、社会工作、文秘（专）、司法助理（专）、书记官（专）、图书馆学、档案学、信息资源管理等。

D.金融交易

典型职业：记账员、会计、出纳、收银员、保险交割员、经济分析师等。

适合专业：会计、财务管理、金融学、经济学、审计学。

E.仓储与货运

典型职业：报关员、快递员、货物代理、物流管理等。

典型专业：物流管理、交通运输、物流工程等。

F.商业机器/电脑操作

典型职业：计算机操作员、打字员、录入员、统计员、办公设备操作员等。

典型专业：计算机网络与安全管理、计算机网络技术、计算机多媒体技术等。

3.现实型[R]

这种类型的人愿意使用工具从事操作性工作，动手能力强，做事手脚灵活，动作协调。偏好于具体任务，不善言辞，做事保守，较为谦虚。缺乏社交能力，通常喜欢独立做事。

G.交通工具的操作与修理

典型职业：各类运输设备驾驶员、飞行员、飞行维修技师、汽车修理工等。

典型专业：本科专业有车辆工程、轮机工程、飞行技术、航海技术、海洋与船舶工程、飞行器动力工程、飞行器制造工程等。专科专业有汽车运用技术、汽车制造与装配技术、汽车检测与维修技术、汽车电子技术、汽车运用与维修等。

H.建筑与维护

典型职业：土工工程师、建筑师、施工工程师、铺路工、起重工、建筑监理等。

典型专业：土木工程、建筑学等建筑类专业为主。

I.农业与自然资源

典型职业：各类农林牧渔职业、宠物店店员、园林工程师等。

典型专业：各类农林牧渔业专业为主。

J.手艺与相关服务

典型职业：厨师、面包师、裁缝、鞋匠、调音师、珠宝加工师等。

典型专业：主要适合高职高专各类提供个性化服务的技术性专业，如乐器修造技术、服装工艺技术、服装养护技术、烹饪工艺与营养、西餐工艺、珠宝首饰工艺及鉴定、钢琴调律等。

K.电器维修

典型职业：家用电器维修人员、复印机和办公设备维修人员、电脑维修人员等。

典型专业：计算机科学与技术、计算器软件、通信工程等，更多的是高职高专类的电气电子产品维修类专业，如应用电子技术、音响工程、通信技术、计算机硬件与外设、计算机系统维护等。

L.工业设备操作与修理

典型职业：各类机械工、纺织工、印刷工、矿工、消防员、机械维修人员等。

典型专业：高职高专类以电子设备操作与维修有关的专业，如数控技术、数控设备应用与维护、焊接技术与自动化、机电设备维修与管理、冶金设备应用与维护、新型纺织机电技术、食品机械与管理、印刷设备及工艺等。

4.研究型[I]

"研究型"达人无法忍受单调的例行公事，需要从事有成就感的工作。他们可以全神贯注在长期性的探索当中，追根究底的研究学术工作，是他们所擅长的项目之一；他们喜欢挑战甚至会强迫自己置身于麻烦中，努力从逆境中建立起自己的基业，任何使他的能力面临最大考验的工作，都能够满足他们对工作的需求。

M.工程及其他应用科技

典型职业:各类工程技术人员、生物化学实验室技术人员、程序设计人、食品技术人员、技术展示人员、制图员等。

典型专业:各类工程技术类专业。

N.医疗专业与科技

典型职业:外科医生、牙医、药剂师、各类医疗设备操作人员、验光师、义肢技术人员、兽医等。

典型专业:以本科为主的各类医疗类专业。

O.自然科学与数学

典型职业:药物学家、生物化学家、生物物理学家、流体物理学家、物理海洋学家、等离子体物理学家、地理学家、地质学家、声学物理学家、矿物学家。

典型专业:以本科为主的各类自然科学和数学类专业。

P.社会科学

典型职业:人类学家、经济学家、社会学家、心理学家、政治学家等各类社会学家。

适应专业:以本科为主的各类哲学与人文社会科学类专业。

5.艺术型[A]

此种类型的人具有复杂、想象、冲动、独立、自觉、无秩序、情绪化、理想化、不顺从、有创意、富有表情、不重实际的特征,行为表现为:喜爱艺术性的职业或情境,避免传统性的职业或情境;富有表达能力和直觉、独立、具创意、不顺从、无次序等特征,拥有艺术与音乐方面的能力(包括表演,写作,语言)并重视审美的领域。

Q.应用艺术(视觉)

典型职业:花艺设计、室内设计、摄影师、装饰设计、橱窗设计、流行设计、景观设计、建筑设计等。

典型专业:艺术设计、戏剧影视美学设计、摄影、书法学、园林、室内设计、环境艺术设计。

R.创作/表演艺术

典型职业：演员、歌唱家、作曲家、作家、艺术与音乐教师。

典型专业：汉语言文学、作曲与作曲技术理论、音乐表演、舞蹈编导、表演、导演、戏剧影视文学、广播电视编导、播音与主持艺术等。

S.应用艺术(写作与演讲)

典型职业：广告文案、法律助理、记者、翻译、公共关系人员、律师、科技作家、广告企划等。

适合专业：广告学、汉语言文学、新闻学、编辑出版学、传播学等。

6.社会型[S]

"社会型"达人的关键词是活力。他们具有开拓者的胸怀，喜欢从事竞争性的工作；他们注重和谐，任何关系都可以保持在良好的互动与了解上。所以，不论是外交或者是在公共关系的领域，都是"社会型"达人一展才干的领域。

T.一般健康护理

典型职业：护士、理疗师、心理咨询师、营养师、语言矫正人员等。

典型专业：心理学、应用心理学、营养学、妇幼保健医学、康复治疗学、护理学、假肢矫正工程等。

U.教育与相关服务

典型职业：各类教师、教练员、职业指导师、特殊教育教师等。

典型专业：以本科为主的各类教育专业，体育运功类专业等。

V.社会与政府服务

典型职业：各类警察、各类公务人员、社会服务人员等。

典型专业：社会学、社会工作、行政管理、公共事业管理、劳动与社会保障、土地资源管理、公共政策学、城市管理、公共安全管理、公安警察类专业。

W.个人/消费者服务机构

典型职业：服务员、空姐、美容师、美发师、管家等。

典型专业：空乘服务、导游、酒店服务、旅游服务与管理、家政服务、老年服务与管理等。

三、360°评估

将自测表发给父母、老师、好友、同学,对你做一个全方位的评价,这样,你才能对自己的兴趣有较为深入、客观的了解。

现在,你要在上一讲"专业再选择"中,选择出你感兴趣的专业,保留三个专业大类,同时选择细分专业。

专业第三次遴选

	专业1	专业2	专业3
专业大类			
专业细目			

要正确把握自己的兴趣,需要长期的有意识的探索与发掘,做自己喜欢的工作。

先写到这里。

希望你能快乐地学习,快乐地生活。

你的大朋友 倪甫清

11月12日

杨略看到最后的署名,不由温馨一笑,爸爸这是沿用了初中时神秘来信的传统呢。

他做了测试,在研究型和艺术型之间,他理想的职业是作家和心理学家。楚当当呢,肯定是艺术型的吧。他想出了一个主意。课间,他把信递给葛怡,说道:"这是我爸的第五堂课。"

"又恢复写信了?"

葛怡认真地看下去，也做了测试，却是社会型的。

杨略念道："这类人具有合作、友善、慷慨、助人、仁慈、负责、圆滑、善社交、善解人意、说服他人、理想主义、富洞察力等特征……"

葛怡斜着脸听着，拿这些特点来对照自己，眼睛一眨一眨，忽然说："你说这些准不准？我圆滑吗？没这么恐怖吧。而且我好像也不太擅长社交……我怎么感觉像在算命呢？"

杨略却觉得十分符合，葛怡出身颇好，性情温柔，加上从小出入各类场合，所以任何场合，演讲、辩论、待人接物，都是从容自在，而且总能理解别人，让人如沐春风。她当然也有疑惑，但只是疑惑于自我。这一回的怀疑，怕又是只缘身在此山中了吧。于是，他愈发相信这套测试题了。

"你说，我们让楚当当也做做，会不会有帮助呢？"

葛怡却摇摇头，说道："其实楚当当早知道自己的兴趣了，她的问题是父母不支持，除非把他们说通，真正支持当当，否则都没用。"

"要说服他们，我们出马恐怕不行。可惜啊，我爸又出差在外。"

葛怡也叹气。楚当当已在旅馆住了半个月了，似乎也不太如意。葛怡上周末去看望她时，发现她心浮气躁，角落里还扔着一团画布，葛怡留意了一下，发现已着了色，却被刀划破了。她什么也没问，但心里明白，楚当当尽管有天赋，但还是需要名师指点的吧。

名师！葛怡忽然眼前一亮："要不，我们请欧阳老师出马！"

又是周末，欧阳老师、杨略、葛怡一行三人来到那家小旅馆。在旅馆门口遇到了楚氏夫妇。他们是约好的，于是一同进了楚当当的房间。凌霄没有来，因为他的身份非常尴尬。

全都坐在床上，楚妈妈说："当当，出来半个月了，跟爸妈回去吧。"

楚当当眼睛盯着地面，说："你们支持我画画吗？"

依然是这个问题，楚妈妈叹了口气，指了指周围，说道："这儿太脏了。"

"不，我觉得不错，我只要这样就够了。没有打扰，也没有责备！"

"我们责备你，不都是为你好吗？"

楚当当抬起眼来,冷笑了一声:"为我好? 我怎么不觉得? "

"你还小,不知道生活的艰难……"

楚当当摇了摇头。这样的对话,已经进行过许多次。她不想再争辩了。于是开始构思自己的画作。天空,该用什么颜色? 黄,还是青? 要不就青黄色吧,有种春天般的梦幻效果。妈妈的絮叨,完全成了耳边风。

欧阳老师看出了端倪,问道:"楚当当,你在这里,每天都做什么呢? "

"每天清早起来,我先去附近的公园,看露珠,看雾气,看各种花草,还有晨练的人们,然后在速写本上记录些景色。然后回到旅馆,开始一天的工作,早上完成模仿画,有时是梵高,有时是德加,挣够几天的花销。到了下午,我就画属于自己的作品。偶尔也看些艺术类的理论书。"

楚妈妈嘟哝道:"这好像不太实在。"

"实在? "楚当当看着她,"什么是实在的? 每天上班下班,在办公室里整理无聊的文件,帮领导写空洞的发言稿。要么就看报纸,在网上闲逛,和同事聊化妆品的价格和效果。这就是实在吗? "

楚妈妈听这些话,觉得怪不舒服的,神情有些尴尬,有一丝怒气若隐若现,但终于没发作出来,给楚爸爸使眼色,让他来说话。但楚爸爸没有插嘴。

楚当当声音柔和起来:"这几天我忽然明白德加运用色彩的奥秘。也许不是非常明确,但我觉得很快乐,就像……就像春天里骑着自行车,穿行在乡间的小路上,清风拂面而来,两边都是高大的白杨树,树上有鸟叫,树下有溪水。那时候,我就感到自己特别舒服,特别幸福。"

杨略听得呆了,当当说的境界,就是"高峰体验"啊。但她的爸妈能理解吗?

楚妈妈见楚爸爸没有动静,只好自己上阵。

"你难道一点也不把钱放在眼里? "

"是的。"楚当当笑了。

"可我和你爸爸呢,以后靠谁养? "

楚当当神情黯淡下去,在老师和同学面前,她的话不可能像上次那样偏激而锋利，呆了半晌，忽然悠悠地叹了口气。

"我终于知道修行为什么要出家了。六根清净，六亲不认，才能摆脱一切束缚。否则自己能看透，能清心寡欲，但牵扯到亲人，就肯定潇洒不了，只好在世间挣扎了……"

欧阳老师说："当当，你这样说，我不能同意！"

所有人的眼光都盯牢了他。杨略和葛怡也觉得楚当当的话太悲观了，可又不能说全无道理，怎么辩驳呢，他们指望着欧阳老师。

欧阳老师继续说："有些人一味追求物质，当然欲壑难填，到头来依然觉得两手空空。而你呢，又走了另一个极端，轻视一切尘世的东西，包括物质，甚至包括亲情，只求自我实现。如果你有更大的魄力，为了画画，丢弃金钱、家庭、爱情、名誉，潦倒一生，这很了不起。但我还想问你一句，没了人与人互相的爱护，你的生活还剩下什么？你的艺术还剩下什么？谁都想了无牵挂，自由自在，可就算达到了，却也只是个毫无生机的世界，人人漠不关心，生命中只有无法承受之轻。也许，为了亲人，我们应该舍弃一点什么。因为这点沉重的责任，我们在忍耐与奋斗中，才能隐约地领略到艺术之光，就像在尘土中聆听到上帝之音。"

这些话楚妈妈虽然听不大懂，但通过察言观色，她认定欧阳老师是在劝说楚当当，立即附和说："当当，要听老师的话，赶紧和爸妈回家。什么出家出家的，尽瞎说。"

楚当当一直听着，若有所思地看着欧阳老师，轻轻地问道："欧阳老师，我该放弃画画，去做他们的乖女儿吗？"

忽然眼中汪出泪水，嘴角不断抽搐，言语被切得断断续续。

"欧阳……老师，你……你说，我就只能甘于平……平庸，做一个最差劲的办事员，一直做到老，然后……然后在临死前还痛悔不已，觉得……虚度了一生。这样的生活，你觉得我……我应该接受吗？"

楚妈妈看到女儿流泪，不忍心了，将她一把搂在怀里，也哭了起来。

"妈也没不让你画画啊。你只要把功课学好，以后找份清闲的工作，安安稳稳的，你爱画什么画什么……"

"可是……"楚当当推开了她,"画画是业余爱好吗?它要全身心投入进去,用一辈子的时间都嫌不够,哪有时间去做其他无聊事?"

楚妈妈正要反驳,楚爸爸说话了:"当当,爸爸能理解你。我读大学时,也很喜爱诗歌,还算有些才华,写了不少,而且发誓要写出点名堂……"

几个年轻人十分惊讶,看着楚爸爸,觉得这个中年发福、头发稀疏的中年男人,无论如何也看不出一点诗人的影子。诗人,不说长发披肩,特立独行,总应该有点异样的神采吧?

"爸爸,是真的吗?"楚当当一时忘了抽泣,"我怎么一直不知道?"

楚妈妈看着丈夫,表情变得温柔,甚至有几分羞涩,似乎沉入甜蜜往事中。

"是的。当年你爸爸虽然读的是机械,但诗歌写得很好,工作以后,全厂倒有一半女工都迷恋他,盼着在厂报上读他的诗。当时,他还写许多诗给我,那些诗现在我还保留着,只可惜我文化水平低,只有初中水平,这些诗,我也读不大懂……"

楚爸爸显出不好意思的神情。诗人,现在有些不合时宜,甚至有点讽刺意味。"你才是诗人呢,你们全家都是诗人。"有人这样糟践这个神圣的称谓。

"那时确实写了挺多,可结婚以后,我一行诗都没写过。原因很简单,我得养家糊口。你知道,爷爷奶奶在乡下,并不富裕,我要在城里立足,当然得努力拼搏,而写诗能挣钱吗?所以只好放弃了,老老实实工作,做我的工程师。现在厂子倒闭,我的技术又落伍,只好做点散工,哪里还有闲情逸致写诗呢?这就是生活啊。"

这话让杨略心惊胆战,也引起了欧阳老师的共鸣。他已到谈婚论嫁的年纪,与女友也相交多年,可是工资微薄,房价飞涨,哪里结得起婚?不免心急如焚。尽管想全身心投入教育中去,但有时也寻思:是不是该趁着年轻,去外面闯荡一番,挣一笔大钱,然后安居乐业呢?

"当当,你爸说得也在理。现在生活压力确实很大……"

"那我就去生活压力更小的地方。去过西藏的人,有一半想辞职。西藏的慢生活节奏,给了他们很大的刺激。人,原本可以活得更简单。"

"还是那个问题,你家人怎么办？"

楚当当再次被击倒了,她幽幽地说:"一个人要想做最好的自己,要实现自我,但免不了要让别人不快乐。"

"也许你们该各退一步。当当对绘画有兴趣,也有天赋,应当极力支持。但这种兴趣,并不一定指向纯粹的画家,或许可以折中一下,做设计师,比如景观设计、工业设计、广告设计。你知道,随着温饱问题的解决,大家都追求生活的品质。大至城市的格调,小至茶杯的造型,都可以融入艺术的巧思。这样一来,艺术与社会需求结合起来,既可发挥艺术天赋,又能保障你的生存所需。"

大家听了,都纷纷点头。楚爸爸说:"这个主意很好。当年我没有这么好的机会,把诗歌完全抛弃了。其实现在想来,那时我不当诗人,还可以做记者,也能和文字打交道。可惜啊,人生不能重来。不过,当当,你有这样两全其美的选择,应该好好珍惜。"

楚当当心里虽然不太乐意,但也在接受范围之内。至少,她可以不扔掉画笔。而且,尽管她口口声声说不在乎金钱,可一想到日后的孤单和贫寒,内心里毕竟充满了不安全感。而关键问题不在这里。她考虑最多的问题是这样的:含辛茹苦数十年,若能画出不朽之作,那再穷再苦,也都是值得的;若是牺牲了青春年华,舍弃了人生的乐趣,到头来却一无所成,这样过一辈子难道值得吗？如果选择欧阳老师的方案,若画得出色,可以做职业画家,若是天赋一般,至少可以做个景观设计师,养家糊口没有问题。这确实是两全之策。

葛怡勾住她的肩膀,笑嘻嘻地说:"当当,欢迎你回学校,我们还能同班。"

而杨略坐在一旁,沉入对自己前途的思索。自我实现,真的只是一个人的事情吗？家庭的责任、社会的责任,都是需要认真考虑的。

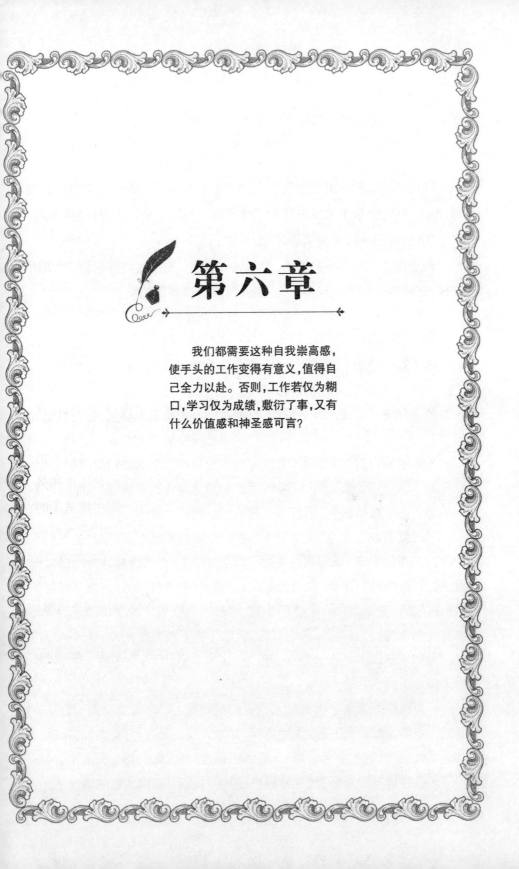

第六章

我们都需要这种自我崇高感，使手头的工作变得有意义，值得自己全力以赴。否则，工作若仅为糊口，学习仅为成绩，敷衍了事，又有什么价值感和神圣感可言？

11月里,篮球队每周集训三次,预备迎接次年5月的全市高中篮球联赛。为了增强士气,大家给球队取了个名字,称作"王者队",典出自《魔戒》第三部《王者归来》,道出雄心壮志。

韩琦顶住了校领导的压力,又自掏了腰包,大至球衣球鞋,小至毛巾饮料,都是他从工资里抠出。为此,他可没少挨妻子的责骂。

"你说你,吃力不讨好。何苦呢?篮球队是你的命?"

"就是我的命!"

韩琦对他妻子一向温柔体贴,平日里揉肩捶腿,煮饭烧水,无不尽心尽力。独有这一次,他却横眉瞪眼了。

妻子理解了丈夫,反而包揽了家务活。男人执著于事业,是她最欣赏的。

大家也明白教练的苦心,锻炼时也十分用心。而杨略和陶坷坷二人,更是玩了命。除了练习突破,陶坷坷还去健身房练肌肉,以保证冲撞时不至于落下风。而杨略呢,则苦练三分球。

韩琦看着他们,心里又喜又忧。喜的是他们如此发奋,忧的是他们不肯合作。在他看来,陶坷坷是屠龙刀,势大力猛,杀气腾腾。杨略是倚天剑,轻灵敏捷,既可正面对抗,又可白蛇出洞般突然投篮,让人防不胜防。这两件利器,若是其中一个锋芒毕露,容易成为众矢之的,施展不开手脚。唯有刀剑合璧,忽而猛烈,忽而轻扬,让对手摸不着头脑,那才是最佳阵容呢。而如今这二人一味地要压倒对方,实力虽强,但各自为政,恐怕不是福音。

韩琦就格外锻炼了另外几名球员的配合能力。高恒身材高大,是篮下的一堵墙,更难得的是他生性憨厚,甘为人梯。而钟峰、肖戈性格极好,与谁都处得来,自然心无芥蒂,只需训练得当,可以配合得十分流畅。

只是钟峰有些问题。他身材挺拔,弹跳力也上佳,但明显的霸气不足,在篮下缺乏震慑力。而肖戈虽然灵活,体力充沛,但苦于身体矮小,无论单人突破还是防守,都有些困难。

要得分,还得靠陶坷坷和杨略。

以防万一,韩琦还加强了板凳实力。经过了一段时间训练,有些替补球员崭露头角,比如前锋司马南,后卫卢志天。只是中锋始终没有得力的,虽然钟峰的表现让他颇为担忧,但也没有办法。

一冬无雪,稍微结了几天白霜,冬天竟敷衍塞责地过去了大半。期末考试一完,就是寒假,而后是除夕,似乎才咂摸出点年味儿呢,却又要开学了。时间像遇到了急事,嗖嗖地往前赶。

在这期间,杨略父子的《你在为谁读书》十分畅销,出版半年,竟然登上了《新京报》的畅销书排行榜。许多家长平常不知如何与孩子沟通,看了此书,依样画葫芦,给孩子写起家书来。

付出得到承认,这让杨略十分快慰。而他们父子凭借此书,也时常被采访,正月里还被电视台《沟通》栏目请去做嘉宾。杨略在学校里名声大振,开学后走在校园里,被很多学生认出来,在身后唧唧喳喳讨论一番。

杨略的风光,惹恼了一个人。

这人,自然是陶坷坷。

晚饭后,一群人往教室里走,杨略也在当中,和葛怡谈笑风生,陶坷坷走在后面,暗暗咬牙切齿,嘀咕着说:"瞧他那得意的样儿,有什么了不起,一看就没见过世面。我要上电视,还不是我爸一句话的事儿?"

一旁的高恒自然信服地点头。

但陶坷坷到底感到失落。看着葛怡飘逸的长发,颀长的身形,内心翻涌着浓滞的岩浆。

"你,应该在我身边,绽放你迷人的笑脸。"

他要做孔雀,展开最迷人的尾屏,将葛怡吸引过来。靠什么呢?篮球方面,他与杨略似乎不相上下。杨略的文笔,自己是万万不如的。以己之虚,攻彼之实,那简直是找死。也上电视风光一番?这倒也不难,可是有什么新闻点呢？

岩浆炙烧着心肺，嗞啦嗞啦，他几乎感觉到声音灌入了耳朵。

"难道，我就没有长于他的地方吗？"

他几乎要喊出来。忽然想起了与杨略第一次见面时的胡吹海侃，眼前就出现了一条明路。

"没错，我应该去做经纪人、策划人。杨驴这小子书卖得不错，我难道就不能策划一本，销量远远超过他吗？"

主意一定，立即着手去干，研究了畅销书的特点，也看了许多实例。他爸爸陶济世难得见他如此勤奋，心中欢喜，凭借自己闯荡文化界多年积累的经验，赠了一句箴言："普通作者的书，要想畅销，要有这样的特点，有趣且有用。所谓销售的方式，往往只是锦上添花。"

陶坷坷仔细一琢磨，杨略的书得以畅销，显然也占了这两条。于是暗暗起了模仿之意。

这一天，他看到一本书，《相约星期二》，阿尔博姆的作品，说的是一位老教授临终之前，每到星期二，就在病榻旁给心爱的学生上课，关于死亡、爱情、金钱、原谅，一共上了14堂，毕业典礼就是葬礼。文笔轻盈，故事动人，命题沉重，让不喜看书的陶坷坷也掩卷感慨了一番。

"我要能编这样一本书，那不畅销也难啊。"

相对而言，高二是轻松一些的。高一刚入校，学校会约束一把，来个下马威，煞煞这帮初中尖子们的傲气；到了高三，考试在即，自然是风雨欲来，黑云压城，不用老师提醒，心里早已焦急得冒了火。唯独这高二，宛如两座闹市之间的小路，可以款步向前，若是个散逸的人，甚至还可以偶尔歇下，看看野草闲花、流水云霞。

有了闲暇，自然可以做些有趣之事，班刊《珊瑚岛》渐渐成熟，两个月出一期，每期三十来页，十几篇原创文章，再选录些名家作品。集合全班之力，完成倒也不难。杨略的《你在为谁读书》，也是每期连载个五千余字，吸引了不少同学，刊物的名声远播开去，每次一期出炉，外班的同学就争着看,也来投些稿件,内容更显丰富。

稿源和读者都不成问题,只是编辑、排版,颇费些功夫。杨略因为打球,没有时间,重担就落到曾泉肩上。这厮自然是叫苦不迭,但抱怨归抱怨,活儿还是做得精细。又请楚当当做了美编,每期的封面插图,她专门画了些钢笔画,或风景,或人物,线条明朗繁复,颇有些毕加索的味道。

主要撰稿人各有特色,杨略走的是美文路线,一切景语皆是情语。而曾泉却不然,文如其人,言辞洒脱,诙谐幽默。其余高手文风各异,刊物就更多彩了。

2月中旬的一天,正是中午,杨略正在看稿件,陈高照走过来,郑重地递来一个信封,写着"请指正"的字样。似乎害了羞,转身急匆匆走了。杨略看了他的背影,心里高兴:这个陈高照,终于有作品问世了。他成绩有所退步,期末总分落到全班第六,要不是数学物理化学撑着,几乎要掉到十名开外了。不过杨略却能理解。

取出文章一读,是讲述家乡的风物,分了几大块,农村的风俗、自然的风光,还有童年的趣事,洋洋洒洒五千字。看得出来,文章很花了些力气,可惜文字朴讷无文,语句迟滞笨拙,还有一股新闻联播的腔调。

杨略暗暗摇头,叹息一声,将稿件搁下了。

与此同时,陶坷坷的图书策划正紧锣密鼓地展开。通过陶济世的关系,也认识了一位老教授。这是个散逸的老先生,名叫萧子翰,教了一辈子历史学文学,满腹的经纶,写清新的诗歌,因为与世无争,所以寂寂无名。他写过薄薄一册小书,《人生与哲学》,谈平凡,谈闲适,谈自然,清新恬淡,一共10篇,不讨四五万字。写于上世纪90年代初,那时人人向往成功,在经济浪潮中万马奔腾,这种消极的思想,显然不合潮流。而且作者又非名流,所以小书一直未能出版。

陶坷坷看罢全书,凭借感觉,心里已经确定,就是它了。

"老爸,你看这书行吗?"

"没问题。在喧嚣的时代,大家觉得不幸福,所以需要这种书,来抚慰浮躁的心灵。于丹的书得以畅销,也不过顺应了这个需求。儿子啊,记住我的话,在人类历史上,谁能改变人们的思想观念或是行为方式,谁就能领导潮流,成为时代的精英。"

一番话,说得陶坷坷连连点头,心里热胀胀的,几乎看见新书出版之后,自己成了杰出的图书策划人,让杨略相形见绌。到那时候……畅想之中,他不由喜形于色。

陶济世的手放在他的肩膀上,说道:"不过呢,这书还需要包装。怎么包装呢,就看你的了。"

陶坷坷的脑子急速运转。有用,还得有趣。就像《相约星期二》那样,编上动人的故事,把小书内容融入其间。

可编什么故事呢?

陶坷坷一直在寻找着合适的故事,总要十分新奇才好,但对于编故事,他是极不在行的,多想一会儿就觉头疼。因为不住校,晚自修后他都回家,睡觉前,他习惯于上会儿网,打会儿游戏,偶尔也在起点网看奇幻小说,不时还评点一番。日子久了,也认识了个把作者,在 QQ 中也有交流。

这天,网名叫"荒岛夜狐"的作者正在线上。陶坷坷与他很熟悉,知道他是某名牌大学三年级学生,白天正正经经学计算机编程序,预备搞 IT 挣大钱。每到夜深人静,却换了夜行衣,在网上悄然出没,写一些悬疑魔幻小说,在网上还颇有些声望,靠着点击收费,倒也衣食无忧。

"狐哥,又在码字啊?"

"哟,是 COCO 啊。怎么着,最近老没见你啊,情场得意啊?"

"得意个鬼!哪有那闲工夫,哥们我正策划一本旷世奇书呢。"

对话框里跳出来一个小丫头,睁着铜铃大的眼睛。

"你家财万贯的,可别来抢我们这帮穷鬼的饭碗了!"

"我就图个好玩,"陶坷坷心里有了主意,键盘打得飞快,"狐哥,要不你也加入?告诉你,有我出马,这本书绝对火。要是能卖几十万册,你就陡然而富啊,比你点击收费可强多了。"

"真有这好事?哟,我准备去趟西藏,正愁没钱呢,这回有着落了。先说说你的创意吧。"

陶坷坷简要地谈了构思。对方停顿了好一会儿，让他等得有些焦急时，忽然就出现了一长串文字。

"我最近有个故事的题材，已经写了一些，刚好可以和你的创意结合起来。故事是这样的，轮船失事，一群人困在了荒岛上，其中男女老少，各种职业的人都有，在等待救援的 10 天里，因为无聊，大家围坐在一块，对以往的生活进行反思，发现自己争名夺利的生活，似乎活得很风光，但到了荒岛上，一切都毫无用处。其中有个老人，也许就是你说的那个大学教授，他开始感慨人生。这部分内容，恰好就是原有的《人生与哲学》啊。当然，为了好看，我还可以加点悬疑，比如轮船失事，乃是一个阴谋……"

荒岛冒险，劫后余生，阴谋暗算，这都是陶坷坷最为喜爱的故事。《金银岛》、《机器岛》，还有《摩洛博士岛》，他都读过多遍。要是自己策划的书，也是这个题材，那真是称心如意了。

"太棒了！"

"我一直痴迷于荒岛的题材，因为到了这种绝境，原有的社会隔得好远，原有的职业呢，除了医生和猎人农民之外，其他风光的职业变得毫无用处。那么，人变得很简单，直接与大自然打交道。哲学思考，也回到了原点。"

"狐哥，看不出来，你还这么有哲学头脑。我对你是五体投地。那这事儿就这么敲定了。"

"你什么时候要书稿？"

"当然是越快越好。"

"字数呢？"

陶坷坷想了一下，杨略那小子写了 15 万，《相约星期二》不到 10 万。

"10 万字左右吧。"

"行啊，我已经写了两万字，加班加点，两个月后给你。"

"好。版税你和那老教授五五分成！"

"中！"一张巨大的笑脸。

陶坷坷次日就把书稿寄去了，同时开始联系出版社。这一回，自然又是他爸爸帮忙张罗了。

一个星期后，新一期《珊瑚岛》出来。这次多印了几册，同学们都互相传阅。杨略拿了一册，坐在座位上细细阅读。其实也就是把文章打印好，装订起来，加个封面，并修剪整齐而已。但一经翻开，便有一股好闻的油墨味儿，像蝴蝶一般在文字间款款而飞，让人心旷神怡，远胜于电子版本了。

曾泉的文章，照例是嬉皮笑脸的，谈论内裤的起源和其功能的变化。据他考证，原始人光着屁股在森林里乱跑，那柔嫩部位容易划伤，故而用树皮兽皮包裹；可到了后来，有了织物，长裤也进化而来，又不去打猎，内裤全无保护作用了，反而是个束缚，似乎要淘汰，但却一直风行，甚至成了女子展示性感的装饰品，真是奇哉怪也……如此一通奇论，却也言之成理，杨略看得有趣，心想这曾泉着实可爱。

忽然肩膀被人猛拍了一下，杨略吓了一大跳，一扭头，正要开骂。却发现是陈高照。他拿着一本《珊瑚岛》，脸色有些煞白，眼神闪闪烁烁，像看着杨略，又像看着别处，低声急促地说："我的文章呢？怎么没刊登？"

杨略看他的样子有些吓人，就把骂人的话吞进肚子里去了，又不敢明言，就敷衍道："这次来不及登了——你知道，这次投稿的文章挺多……"

"我不相信！"陈高照打断他的话。语调之高，似乎把自己也吓着了，左右张望了一下，眼里十分惶恐，喃喃地重复："我不相信，不相信……"忽然又想到了什么，盯着杨略，眼珠子似乎凸得要弹出来，用闷雷滚动似的声音质问："你们就不能破格吗？难道写得不够好？那篇文章，我整整写了半个月啊。"

杨略没有想到，一篇文章他居然这么在意，一时找不到话，就安慰道："写得是很好。可版面有限，你看，哪还有空啊？要不下回，给你登个头条。怎么样？"心里已在合计：那篇文章精简一下，提炼个一两千字来，应该能修改成不错的文章。

"我不相信！我都看到了，曾泉的文章也是才写好的，今天不也登出来了？"声音已开始发颤，眼睛里汪着泪花。"我就知道，你们看不上我的文章……看不上……"

整个人蹲下去，用力拍打着自己的额头，哭声终于像决堤的洪流，肆无忌惮，一浪一浪泛滥开来，整个教室都听见了，同学都转过头来，惊异地朝这边看。

杨略手足无措，因为这种哭声属于荒野，属于无边的大漠，有说不出的绝望与苍茫，如孤风一般，徘徊流荡，卷起干燥的尘土，却不奢求什么慰藉。他不曾想到，这陈高照的内心里竟埋藏着如许的苦楚。

他也很不是滋味，暗暗懊悔，将高照搀扶起来，说道："高照，你别这样。"

但无关痛痒的言语总是孱弱无力。他只能将高照送回座位，看他伏案抽泣。看到同学纷纷递来的询问眼神，只是回应一个无奈的苦笑。忽然想到初中时，杨略等人也曾援助陈高照，大张旗鼓在教室里搞起捐款仪式，让高照脸面无存，居然拍案而起，躲到校园的树林中去。当时杨略追出去后，看到高照坐在石椅上，也是这般无助地哭泣。

历史又在重演了？这次又是因为什么？文章没被录用？高照的心胸不至于如此狭隘吧？或许这只是冰山一角。他的内心，埋藏着怎样的焦虑与伤痛呢？

杨略很是自责。高照就在同班，却从不去了解他内心的想法。这算什么朋友？或许高照的成绩太好了，是学校里的强者，老师身边的红人，所以他的内心世界，反而被别人忽略了。

可是，到底该如何去关怀呢？

接下来的日子里，陈高照的举止愈发怪异，头发凌乱不堪，似乎很久不曾洗澡了，走近他，会闻到一股腥臭的气味。同学都皱了眉头，避开了他。原本就孤僻无友，如今更受了冷落，似乎也不太在意。某一个早晨，大家正早读呢，他忽然站起来，费力地将桌子端起，也不叫人帮忙，一路磕磕碰碰，搬到了最后一排，独个儿坐着。

天气更温暖了些。晚上自修结束，他总是最后一个回寝室，满头大汗，气喘吁吁。问他也不回答，进了洗手间，哗啦啦冲着凉水，而后就上床睡觉。每天都是如此，杨略留了意，发现他一出教室，就去了操场，一圈圈地跑，似乎不知疲劳。杨略粗粗一算，竟跑了不下五千米。

第二天又很早起来，杯子盆子罐子，撞得叮零当啷，又将池水洒得满地都是，沉睡的同学们被吵醒，一个个骂骂咧咧。他也不搭理，洗漱结束，兀自出门去了。为时尚早，天还没有大亮，云山蒙着浓雾，仿佛梦境缥缈。楼下大门未开，他就跳出围墙去，到学校中间的小丘上独坐，却也无所事事，等同学们渐渐起来，才跟着去食堂，吃了早饭，走到教室。似乎无心向学，在课本上随意乱画。自修课时，教室一片静谧，同学都用心看书，他会忽然幽幽地叹口气，声韵波荡，说不出的诡异。甚至会伴随着"啪"的一声，是他猛然将书砸了桌子，将前面正醉心于试题的同学吓了个灵魂出窍，回头怒目而视。

"干什么啊你？神经病啊！？"

他却从不辩解，甚至有些幸灾乐祸，嘴角似笑非笑。倒把那同学看得心里发毛，也不敢去计较，转过身去，来了个息事宁人。以后即便高照动静再大，也没人去正面对质了。同学在背后难免会议论纷纷。

"你说陈高照是怎么回事？"

"不知道啊。可能是失恋了吧？"

"就他，还失恋？别逗了。他能和谁恋啊？"

"和你啊。你以前不是还夸他帅吗？"

"我什么时候说了？"

"哟，不承认？少废话，赶紧的，美人救英雄。他还不感激得死去活来？有你幸福的时候。"

"去死！"

"嘻嘻……脸红了，默认了吧？"

"……"

唯有杨略关心他，有机会就与他接触，但总有些不大自在，也不知谈点什么好。这一天,中午吃饭,卖菜窗口照例排起长龙。杨略恰好站在陈高照后面,找了半天话题,才问道:"高照,你最近怎么样?"

"我很好啊。"

"哦,那就好。"

一下话题就被堵死,出现了一阵沉默,二人随着队伍,渐渐往前挪动。

"你每天晚上都跑步啊?"

"是的。"

"都跑多少米?"

"不知道。累了就歇会儿。"

"你可真有毅力。"

陈高照点了点头,面无表情,并不作答。杨略又不知道问什么好了,就低头看自己的鞋子。地板是瓷砖的,有些潮湿,又印满鞋印,一斑一斑的黑色,很滑,稍不留神就会跌跤。这时已快轮到陈高照了。他使劲地摸着口袋,摸完衣兜,又摸裤兜,喃喃自语着:"卡呢?"如此过了几分钟,忽然回过头来,问:"你带饭卡了吗?"

"带了。"

"先借我用一下。我的忘带了。"

杨略抽出饭卡递给他。是一张深蓝色的信用卡,密密地镂着几排空眼。只需充钱进去,食堂、小卖部都可通用。

陈高照点了两个素菜:炖得稀烂的茄子,还有切断的豆芽,还了卡,也不言谢,径自端去饭桌上了。杨略暗暗叹了一声:每天运动,怎能不吃些荤腥?轮到自己时,就格外多点了块大排,到了饭桌上,坐在高照对面,将大排夹到他的盘里。高照接受了好意,也不说话,埋头只顾吃饭。

接下来的几天,杨略一到食堂,总留心陈高照在何处,希望能与他共餐,顺便改善他的伙食,却找不到他的身影。这就奇怪了,明明看到他铃声一响,就早早就走出教室的,怎么会不见了呢?杨略四处张望,都看不见。对面的曾泉却嬉笑着说:"探花灯!"

"什么炭火啊灯的?"

"是探花灯。才坐下呢,眼睛就四处乱瞄,留神被人当成色狼。"

"你才色狼呢。小人之心度君子之腹。"

等吃完饭,杨略回到教室,也不见陈高照。等了半晌,早上的作业也完成了一半,才见陈高照走进教室,抹了一把嘴唇上的油光,一副吃饱喝足的样子。

莫非他没了饭卡,就去校外下馆子了? 可那样消费不是更高吗? 他家可从来就不宽裕啊。杨略觉得满心都是困惑。

如此又过了几天。这一天,杨略因事耽搁,去食堂迟了些,正担心没饭菜了呢。才一进门,就看见陈高照也在食堂里,正在舀免费汤。这免费汤,是食堂给全校学生额外的赠送。既然免费,自然做得十分简单,切些青菜,打几个鸡蛋,最多加点紫菜,搅了一搅,煮熟了,就装在一个大桶之中,用小车推过来,水面漂着一些油花。杨略起初也去舀上一碗,解解体渴。可自从有一次吃到了蛋壳,又有一次捞到了小虫,就再不去喝了。

但这次陈高照却迟迟不走。杨略一看,才见他拿着勺子,细心地将其中蛋花青菜都捞上来,盛在一只碗中,而后端到一个角落的饭桌上。那里,分明只摆着一盘白米饭。此刻食堂里学生都已不在,工作人员洗碗的洗碗,拖地的拖地,都在忙自己的事情,谁也没有留意到他。

杨略什么都明白了,心里一阵酸楚,眼眶顿时湿润。又不敢上前去惊动高照,怕他尴尬,伤了脆弱的自尊心。就悄然退出,去小卖部买了面包。一路伤心不已,前因后果全然明了,他真想躲在哪个角落里大哭一场。原来那天陈高照向自己借饭卡,并非自己忘了带,而只是没钱了。接下来几天,肯定是一下课就躲到外面,或是操场,或是图书馆,等同学都吃完饭,才做贼一般溜进食堂,用饭卡里的余款买了饭,再舀些免费汤,草草吃完了事。

他几乎能想象出陈高照站在卖菜窗口时的情景:

在外面磨蹭许久,才强装镇静,走到窗口,对食堂阿姨说:"来四两饭。"

"什么菜?"

"不用。"

"呃？"惊奇的眼神。幸喜陈高照穿着校服，笔挺精神，脸庞也颇为清秀，又一脸满不在乎，看不出凄怆的处境。这阿姨有可能还在想：哦，又是个有钱的，不肯吃食堂的菜，家里肯定又专门送菜来了，现在的孩子，就是这么娇生惯养。

陈高照希望她保持这种想象，就傲然端起饭走开了，选了一个角落，阿姨视线所不能及的地方，偷偷地就着免费汤，也和着泪水，飞快地把饭吃完。当然，他也可能绝不流泪了。可若是每天如此，必然引起怀疑，于是他买了饭，捞了菜，就带出门去，到空寂无人的地方，比如小山上，比如某个屋后，偷偷地用餐。

抹尽了泪痕，杨略到了教室，抽空和葛怡说了此事。葛怡也掉了眼泪。二人又议起如何援助陈高照了。有了初中时的前车之鉴，这次当然不能大张旗鼓，就找几个要好的同学凑些钱，避免走漏风声，触动陈高照敏感的神经。

"可我还是担心，现在的陈高照，不比当年了。我觉得……"葛怡指了指脑袋，"好像这里也有点问题了。"

"哪有这么严重。他家就是穷嘛，一分钱难倒英雄汉。连吃饭都成了问题，你说他能不焦虑吗？行为失常也是可以理解的。"

葛怡点点头，说："我们凑钱倒不困难，关键是怎么给他呢？"

杨略也为难了。"是啊，要是直接给他，他肯定会拒绝。他啊，就是太要强了，死要面子活受罪。要不，我们偷偷把钱放进他口袋里，再写张小纸条，说明用意，但不用落款，让他不知道谁给的。反正我和他同寝室，很方便。"

"好是好，但我觉得还是有点突兀。"

"那你有什么想法？"

"要不这样，我们以他爸爸的名义给他汇款。这样他不是拿得心安理得了吗？"

"可他们俩要是当面说起，不是全露馅了吗？"

"你不是有他爸爸的电话吗？和他爸爸说清楚不就行了呀。"

这个法子不错。

"还是你聪明。"

杨略情不自禁刮了葛怡的鼻子。葛怡皱了一下眉头，清亮的眼睛里却全是笑意。

周末回到家里，杨略第一件事，就是把陈高照的事情和爸爸说了。

爸爸凝着眉头。"我担心的事情发生了。"

"你之前就知道？"

"关于陈高照的问题，我也想了很多。一般来说，青少年健康成长，需要亲情、友情、学习的支撑。陈高照性格内向，朋友很少，友情就欠缺了。亲情呢，虽然他很懂事，能体谅家里难处，但据我看来，似乎也欠沟通，所以亲情也成问题。他唯一的依靠，就是学习。以前还好，考试能进前三甲。可选了文科后，成绩下滑很快，唯一的依靠也倒塌了。他怎么办呢？只能寻机发泄了。又是跑步，又是闹出噪音，都是一种心理补偿，希望引起注意。可他又穷，心理压力就加大了。"

杨略仔细一想，确实是这么回事。

"那你说我们该怎么办呢？"

"他现在特别需要我们的帮助。这种帮助，对他而言，能解燃眉之急。对于我们助人者而言，也并非一无所获。助人为乐，这并非一句空话，因为帮人之后，有种责任心得到满足的自我崇高感。"

爸爸拿出一份讲稿。于是，杨略知道，人生规划的第六课开始了。

第六课　我们应该做什么——责任篇

今天，我们来谈责任。这也是人生目标设计的一个重点，因为责任决定理想的高度和广度。近年来，境外大学在内地的招生名额开始逐渐增多，给深陷应试教育的中国学子带来希望。在美国大学自主招生的要求中，有一项格外引人注目，那就是社会责任心。

在美国，对精英人才的评价有三方面：一是有无杰出能力，比如学识和技能；二是有无平民情怀；三是有无社会责任心。也就是说，即便你是社会精英，但也只是个普通平民，须具备平民情怀，而正因为你是精英，就应该担负更多的社会责任。

2012年4月，在校成绩位居中上等的武汉市育才高中学生曲芸瑶，接连收到美国6所重点大学录取通知书。这位女生在高一高二时文化课"成绩平平"，她靠什么敲开了国外名校的大门？

原来，曲芸瑶曾经做过这样三件事情。

高一寒假，她和同学们一起到医院为农民工患者和癌症晚期患者进行看护服务。这一名为"天使的翅膀"的社区服务项目，后来被作为经典案例，选入湖北省《高中社会实践活动》教材。

高二暑假，曲芸瑶和几个异地学生自发到湖南湘潭金石镇东江学校支教，因条件艰苦，"20天中只洗了3次澡"。

在研究性学习当中，时常在网上看到关于食品安全报道的曲芸瑶和她的团队决心做一个"身边的食品安全"的调查，最终该成果在全省新课程改革现场交流上进行了大会交流。

而这三项成果，足以体现出她的社会责任感，也成为她申请大学的重要砝码。

责任心从何而来？

在我上课之余，有时候会和学生聊天。熟悉了以后，不免也谈起感情问题。我问几个女生："你心目中的好男人是怎样的？"

先是一阵嬉笑。这毕竟是一个敏感话题。有个女生眼睛眨巴了几下，说："有责任心的吧。"

旁边几个连连点头同意，却又叹息一声，说："可现在有责任心的男人太少了。遇到点事情，马上推脱。骨头里没有一点男人味。"

我听了也有些肃然。这些女生，倒不是只爱帅哥酷男的小女孩，而开始能甄别品质的优劣了。确实，责任对于我们而言，是极其重要，又恰是非常短缺的。

因为责任是广义的。甚至可以说，一切好品质，都应扎根在责任的土壤里。对自己负责，所以勤奋上进，不虚度光阴。对社会负责，所以诚信互助，不欺世盗名。对人类负责，所以高瞻远瞩，寻找更好的发展道路。

责任心从何而来呢？

爱默生讲过一个神话。据说在创世之初，众神把"人"分成了"人群"，以便能更好地照料自己。于是人们开始分工，有的做农民，有的为工人，有的当作家，如此林林总总，各司其职，使社会和谐运转。这就好比一只手分成五指之后，手就更为灵巧能干。

所以，既然大家同气连枝，自然是人人为我，我为人人，四海之内，皆为兄弟。于是人无贵贱之分，只有勤奋与懒惰之别；工作无高低之分，只有类型之别。于是各得其所，人尽其才，才尽其用。这是多么完美的世界。

"然而不幸的是，"爱默生写道，"这原初的统一体，这力量的源头，早已被瓜分得不成样子，而且被分割得越来越细，就像泼开的水滴，再也无法聚拢。社会正处于这样一种状态：其中每个人都好像从躯体上锯下来的一段，它们昂然行走，形同怪物——比如一截手指、一个头颈、一副肠胃、一只臂肘，但从来不是完整的人。"

于是农民、农民工等自视为"弱势群体"的人，很少会有昂然的自信，也感觉不到工作的真正尊严。因为农民只看到麦田和锄头，此外一无所有。农民工只看见砖头和水泥，此外一无所有。于是他们不再是整体中的一员，而是降级成了一柄镰刀，一把铁锹。而收入较高的职业，也使从事其中的人异化了。律师成了法典，机械师变成了机器，商人成了一串数字。彼此分开，难以融合。

知识点链接：

爱默生，美国散文作家、思想家、诗人，对美国文化影响深远。有人说"爱默生似乎只写警句"。他的文字所透出的气质难以形容：既充满专制式的不容置疑，又具有开放式的民主精神；既有贵族式的傲慢，更具有平民式的直接；既清晰易懂，又常常夹杂着某种神秘主义。

荒诞派话剧中有个代表人物叫尤内斯库,他写了一个著名的剧本,名叫《秃头歌女》。在这个剧本里,写到这样一个故事:一个中年男子在乘火车时碰到了一个中年妇女,他们开始攀谈起来,相互询问到什么地方去。后来发现,他们去的是同一个城市、同一条街道、同一幢楼、同一个房间、同一张床,原来他们是夫妻!

作者之所以采取这种夸张的写法,目的就是为了表明当代西方社会中人与人之间关系的异化和疏远。所以当别人遭遇了不幸,他们的第一反应就是:与我何干?冷漠成了现代社会的一大弊病。但是怎么会没有关系呢?英国诗人约翰·多恩有几行著名的诗句:

> **知识点链接:**
>
> 尤内斯库(1912~1994),法国剧作家。他的剧作都表达了他的"人生是荒诞不经的"这一看法,描绘了现实的荒诞、人格的消失、人生的空虚和人的存在之无希望无意义。由于这种开拓精神,他被称为"荒诞派戏剧的经典作家",并在1970年当选为法兰西学院院士。
>
> 约翰·多恩(1572~1631),莎士比亚同时代的玄学派大诗人,伦敦圣保罗大教堂主教。信仰之内,他是追随耶稣的圣徒;信仰之外,他是文学和文化的大师。1623年,多恩罹染瘟疫,生死攸关的紧急时刻,他写下《紧急时刻的祷告》,其中有"不必问丧钟为谁而鸣,丧钟为你鸣响"之句。

没有人是一座孤岛,在大海里独自逍遥。每个人都是一块泥,连接起完整的陆地。如果有一块被海水冲掉,欧洲就失去了一角。这就像一个海岬,如同我们的朋友和自己。任何人的死亡,都是我的减少,因为我是人类的一员。因此不必问丧钟为谁而鸣,丧钟为你鸣响。

其实我们每个人都息息相关、休戚与共。许多伟人以天下为己任,所以胸怀宽广,这才能经营起广阔的人生。

履行责任是获得名利的正途

不知何时起,大家都有这样的观念,追求名利,必然是庸俗的。即使在现在的经济大潮中，名利无比重要，甚至是身份的象征，但还是有很多人盖盖答答，成功的商人似乎也底气不足，希望在大学里挂个客座教授的名号。

其实，只要以责任来规划人生，那就是获得名利的正途。银行家戴维·洛克菲勒就曾认为，商业盈利和社会道德，其实是一枚银币的两面。他的理想就是增加社会的财富，而同时，他自己的财富也随之倍增。

洛克菲勒出身名门，家族富可敌国。二战时，戴维有博士学位，且已结婚生子，但依然从军，冒枪林弹雨，就是为了履行除恶扬善的责任。战后，他通过努力，晋升为大通银行董事长，更加强调社会责任心。他在一次会议上说："作为商人，我们面对的不是一个单独的问题。相反，我们面对着一个大杂烩——不完善的教育体制，严重的失业问题，危及健康的环境污染，落后的交通，简陋的住房，短缺或低效的公共设施，机会的不均等，以及老人与年轻人、黑人与白人之间危险的隔阂。所有问题都亟待解决。我相信，私营部门有义务帮助消除这些疾患。"

他的业务契合民众所需，所以广受欢迎，事业也随之蒸蒸日上。

同时，他大力支持各种公益事业。他资助艺术，资助贫困儿童，资助生命科学的研究。通过这些举措，他树立了极好的企业形象和个人形象。别人都信任他，愿意与他合作，他的事业也随之顺风顺水。

另如李开复，他是电脑高手、商界精英，却积极关注中国的教育事业，以其学贯中西的学识、企业家的眼光，专门开设"我学网"，并撰写了大量文章，四处演讲，为中国学生指点迷津，成为中国学生心目中可爱又可敬的"开复老师"。他的社会声誉极佳，又为他的事业奠定了很好的舆论基础。

商界如此，那么政界呢？我们也来看个故事：

富兰克林·罗斯福出身名门，从小家境富裕，又是独子，可谓是集万千宠爱于一身。但他并没有因此成为晋惠帝，对民生疾苦一无所知。他的家族素有为民服务的传统，罗斯福在哈佛时曾写道："罗斯福家族的活力，源于一种民主精神，从不觉得出身高贵就可游手好闲而轻易成功。相反，正因出身高贵，若不能对社会尽责，他们将无地自容。"

家庭给予了罗斯福责任意识，而他的读书生涯，又强化了这种责任意识。

1896年,罗斯福进入格罗顿中学,一所私立学校,成立数年,便跻身名校行列。校长皮博迪是新英格兰一个名门望族的后裔,毕业于剑桥大学。除了父母之外,没有人比这位校长更大地影响着少年时期的罗斯福了。他的办学方针是培养一批具有强烈社会责任感的领导人。他向学生布道:服务于上帝,服务于国家,服务于人类。他宣称:"学生不能自命清高,要投身政界,为国家做出一些贡献。"

罗斯福很容易就接受了这种救世理想主义和朴素务实主义,并且在他成长的关键时刻,皮博迪都影响着他的身心。他在当上总统之后,曾写信给老校长,"在我性格形成时期,我有幸得到你亲手指引和你的风范的激励,我把这看作是我一生的福祉之一……对于你一贯给予我的和现在给予我的一切,我深怀感激之情。"

正是他的责任意识,使他面对美国经济大萧条、第二次世界大战时,都能积极应对,从容不迫,最终都获得了伟大的胜利,成为名垂千古的人物。

在我们中国,神仙很多。而且这些神,都曾经是历史中真实的人物,比如伏羲、姜子牙、孔丘、关羽、包拯、岳飞等等,他们人生格局非常大,一生为国为民做了许多贡献,所以到现在我们还纪念他们,奉他们为神。肉身已死,精神不灭。他们的生命,就得到了延续。

履行责任让人幸福

我刚才说过,责任心能激发人的自我崇高感。这一点,我深有体会。

我还有一个学生,来自贵州农村,家里非常贫困,学费都是贷款的,生活费是自己勤工助学挣的。但他毫不自卑,反而非常阳光开朗,经常和我交流,成为了很好的朋友。

有一天他忽然和我说,他要做个课题,希望我给点指导。我觉得奇怪,他才是大一的学生,知道课题是怎么回事吗?

他却极认真地陈述了课题的内容。现在贵州农村里青壮年流失严重,留在村里的,只有老弱病残,严重阻碍了农村发展。而且,这也导致当地留守儿童很多,爸妈不在身边管教,他们像是野生的孩子,又没有道德约束,所以少年犯罪急剧增加。

所以他想做个调查研究，看怎么样才能吸引打工者在东部学到技术后，回家乡去创业，一来是与家人团聚，二来呢，也是增加就业机会，让别人也无需背井离乡即可生活。

为此，他在学校里找到了一些志同道合之士，组了一个五人团队，暑假里远赴贵州调研。他们的这次行动受到了中央电视台的关注。

我与这些成员聊天的时候，发现他们有个特点，就是眼中闪烁着一种光亮。这几乎是一种圣洁的晶光。

这让我想起加德纳的一句话："一个人在致力于履行其道德责任时，能获得极大的幸福。"

这些学生也是一样，他们知道此举的意义非凡，因而被自己感动着，激励着。这是妙不可言的感觉。

其实，我们都需要这种自我崇高感，使手头的工作变得有意义，值得自己全力以赴。否则，工作若仅为糊口，学习仅为成绩，敷衍了事，又有什么价值感和神圣感可言？

若是不能履行责任，却让人愧疚、自责，自我形象恶化。

1945 年 8 月 6 日晨，美国人在日本广岛投下了原子弹，刹那间杀死 20 万人，市中心夷为平地，全城沦为一片火海。3 天后，长崎也遭了浩劫，死了 10 万人。8 月 14 日，日本匆忙投降。

喜讯传来，原子弹的摇篮——洛斯阿拉莫斯实验室，自是欢声四起。但实验室的负责人奥本海默心里却异常地沉重。多年来，他与实验室的科学家们日夜劳作，埋头于攻克技术难关，竟不曾过多考虑行为的后果。待到原子弹落在日本人的头顶，他们得了空闲，才从仪器间探出头来，却赫然发现，自己已制造了人间地狱。

他独坐一隅，眼睁睁看到欢庆场面，不免黯然神伤，愁眉不展。

有人注意到了，对他说："你似乎有点不高兴。"

奥本海默沉默良久，最后叹道："真是一场底比斯的瘟疫。"

底比斯是古希腊的城市。俄狄浦斯杀父娶母，在底比斯当了国王。城内却发生瘟疫与饥荒。俄狄浦斯从巫师处得知自己罪行滔天，悔恨难当，竟剜去双目，独自出城，去荒山上赎罪。

奥本海默这个原子弹的始作俑者,也要去荒山上赎罪吗?

他随即离职,去了加州工学院,但内疚之心依旧不能平息。1946年,他出席联合国大会,难耐内心忧伤,在会上竟然脱口而出:"主席先生,我的双手沾满了鲜血。"杜鲁门总统大为光火:"以后不要再带这家伙来见我了。不管怎么说,他只不过造了原子弹,下令投弹的却是我。"

他开始了为废除大规模杀伤性武器而奔波,但直到去世,也没有成效,他一辈子活在罪疚里:

"无论指责、讽刺,还是赞扬,都不能使物理学家摆脱本能的内疚,因为他们知道,这种知识,本来不应当拿出来使用。"

我们可以想象得到,奥本海默临死时,肯定还心存遗憾,毕竟他是"原子弹之父",若利用原子弹研制的经验,加上身居要职,或许能制止军备竞赛。但现在一败涂地,只能辗转于各类国际友好交流会议之中,纵然用心良好,也能洞悉时弊,却因手中无权,纵然振臂高呼,但终至成效寥寥,思之不免让人黯然。

通过一正一反两个例子,我们可以知道,责任不是外界强加的任务,而是内心的道德准则,遵循它则获得幸福,不遵循则会受内心的谴责。

我们的人生目标,应该建立在责任心之上,正如李开复在《做最好的自己》一书中所说:希望大家选择一个"让自己感动"的人生目标。"让世界因我而美好",这是多么让人自豪的宣言。

略略,你想当一个作家,那我送你高尔基的一句话:"当一个作家深切地感到自己和人民的血肉联系的时候,这就会给他以美和力量。"希望你能做一个有责任心、有担当的男人。

杨略听完,心中掀起了热浪,决定好好帮助陈高照,同时也为了提升自己的境界。他收拾好讲稿,准备给葛怡等人看。因为葛怡对爸爸的讲稿特别有兴趣,看得十分认真,平常还去图书馆查阅相关书籍。

"她可能是最迷茫的吧。"

杨略心里这样想,但也没有什么办法。因为人生目标设计,毕竟是她自己的事,别人也许帮不上什么忙。

进了 4 月,全市中学生篮球大赛开始了。先是小组赛,每逢周末,必有两场比赛,王者队连胜了几局。陶坷坷是最耀眼的人物。他扎条发带,脑后长发飞扬,在球场上如入无人之境,常在三人共防的局面中,耍开一套让人眼花缭乱的假动作,瞧出个破绽,悍然上篮得分,而后满场狂奔呐喊,迎接全场的掌声。

而杨略倒是表现平平,非不能也,乃不为也。赛前韩琦早有交代,陶坷坷与杨略二人,不可同时锋芒毕露,免得过早暴露了实力,给其他球队看去,研究出克制的阵法来。杨略胸怀大志,以夺取冠军为目标,自然不在意一时的表现,所以听从了韩琦的建议,做起防守助攻等力气活。

球队三战全胜,毫无悬念地进入四强。

而陶坷坷每场都是最佳球员,心里大为得意,小组循环赛结束后,还不能从角色中摆脱出来,欣欣然以球星自许,哪里还能安心上课。

还真有女生痴迷于他的,一看到他走过校园,就远远地注目。

"哇,这就是陶坷坷,好帅啊。"

"听说他爸还是大富翁呢。"

"那不是完美至极。好崇拜啊。"

甚至就有女生冲上前去,要他签名的。他竟也坦然,拿过笔,龙飞凤舞地将大名写上,气定神闲,一副见多识广的派头,心里早已乐开了花。

休息时,他们去看了七中狂狮队与文海中学烈马队的比赛。

这狂狮队果如其名,除凌霄外,个个身高膀宽,余振虽有 1 米 83,竟也只算中等。这倒也罢了,球员球风凶悍,暗地里小动作极多,掩饰得又好,躲开裁判的锐眼,让对方球员吃了哑巴亏,有火又没处发,不免心浮气躁,先自乱了阵脚。

当然,这只算细节。韩琦发现,就整体战术而言,这狂狮队配合极佳,尤其是小前锋和两名后卫隐隐摆着三角战法,即一名球员控球时,另外几名球员走位，与控球者成为三角形，互为呼应，不断滚动，对方一有破绽，立即起手投射或上篮得分。

韩琦开始担忧。这狂狮队，若单看一名球员的表现，实力都不如陶坷坷与杨略，不过五名球员配合默契，确实是难以对付。

杨略看不出其中奥妙，只看到篮球忽东忽西，在球员中传来传去，却不轻易出手投篮。每次进攻，都要拖到 20 来秒，拖沓迟滞，实在不太痛快。

陶坷坷也是一样的心思，对高恒说教起来："这还狂狮呢，犹犹豫豫，娘们儿似的。要知道球场上最重要的就是速度，一旦篮球到手，管他刀山火海，就得迅速突破，单刀直入，或是长虹贯日，来一记远射，杀他个措手不及。像他们这样，传来传去，人家早已将篮下守得水泄不通了……"

高恒自然是连连点头。

可随着比赛进行，大家都渐渐觉得不对。这狂狮队虽然打得缓慢，但几乎每投必中，命中率高得惊人，把握住了每次的进攻机会。所以投篮机会虽然不多，但比分却遥遥领先。而且后场篮下有大前锋余振坐镇，真是后顾无忧。这余振弹跳力极好，常能连续起跳，一抓不中，才一落地，别人正在换气，他早又跃起，所以只要对方一投不中，篮球必然落到他手，他眼观四路，瞄准了最佳位置，猛然一记传球，便又开始一轮进攻。而一旦进攻，三角战法起了作用，很少有空手而归的。

杨略倒抽了一口冷气，这狂狮果然名不虚传，真不愧是蝉联冠军，的确有两把刷子。这余振的底细他是知道的，虽然在初中也算是"篮板王"，可进了七中，功力竟精进如斯，真让人刮目相看。还有那凌霄，在高个子之间灵活穿梭，与另外两个高个子组成三角。还有一名球员表现异常出众，他身穿 23 号球衣，打的是中锋位置，人高马大，竟能单手扣篮，又时常在篮下盖火锅，打得对手脾气全无。

最后，狂狮自然是以大比分拿下烈马。王者队看完比赛，顿时从先前胜利的狂喜中清醒过来，心里都是一团凝重。

支援陈高照一事，却是一波三折。杨略等人凑了笔钱，约有五百块，正要等周末去邮局呢,陈高照却不见了。周四的早晨,陈高照课间走出教室,一直到晚上也不见回来。到寝室一看,高照的床位被子叠得整齐,一旁的箱子也是紧锁,只有一个背包不见了。

欧阳老师获悉,也是心急如焚,和杨略等人在办公室商议对策。

陈高照家里的电话号码大家都不知道,杨略凭着记忆,联系上了他的爸爸。那边也说没有,只是着急得如热锅上的蚂蚁,还好他在附近打工,过不多时,就赶到学校来。可又能怎么样呢?询问了同学,都说不知。一个个电话打出去,向所有的亲戚都打听了一遍,也都说不知情。于是绝望了,办公室里一个个大眼瞪小眼,都是长吁短叹,束手无策。

欧阳老师说:"我这个班啊,都是太有个性了。我都在想,是不是我太放纵他们了。你看隔壁几个班,老师管得死死的,说不上多好,但到底没出事啊!"

没了陈高照,教室里不再有离奇的响动,自然安静了许多。除了杨略等几人心里不安,其余同学都觉得气氛挺好,私心里甚至有"送瘟神"之感。况且,陈高照成绩不错,如今去了一个竞争对手,当然也大快人心。这让杨略想到孔乙己,有了他,店里总是充满活泼的空气,但没有了他,人们也还都那么过。况且,这次大家似乎过得还更好了些,把那个可怜的陈高照全然忘却了。真是"亲戚或余悲,他人亦已歌",杨略尝到了人世的残酷。

如此过了将近半个月。陈爸爸忽然来到学校,说陈高照回家了,不过受了伤,正在家中静养。

在办公室里,杨略急问:"到底是怎么回事?"

陈爸爸满面风尘之色,但眉宇之间,毕竟宽舒了些。他搓着粗糙的双手,叹了口气,说:"这孩子,居然去外面打工了,怕碰到我,还换了个城市。可凭他的学历,高中都没毕业,能找什么体面工作?年龄又不足 18 周岁,饭馆啊超市啊,只要正规点的地方,都不收他。最后没办法,得吃饭啊,就和我一样,去建筑工地了。一个月才挣 800 块。就在前几天,他拿到了第一笔工资,高兴得什么似的,想好好表现一下,别人还在休息呢,他就一个人爬到脚手架上,一下没抓稳,就摔了下来。三四米高啊,当时就昏了过去。送到医院一检查,胳膊粉碎性骨折了,治疗得花上万块钱。运气的是,那包工头心肠挺好,算他是工伤,掏了医药费,接完了骨头,还送他回了家。"

听他的语气,似乎十分庆幸。但杨略心里却恼火,这工地分明是在招收童工。或许是怕事情闹大,才勉强出了分内的钱,来个大事化小,小事化了。可陈爸爸对此却十分感激。可见农民工是何等的弱势群体,太容易满足,太容易感恩戴德了。

杨略问:"现在高照在家吗?好些了没有?"

"伤筋动骨一百天。他还得休息呢。"

"可他不来上学了吗?"

陈爸爸低下头去,半晌才说:"我是全指望他了。可现在闹成这样,一个月没上课了,哪里还赶得上?也怪我,连孩子上学都供养不起……"皱纹纵横的脸上,终于又流露出郁苦之色,但仅仅闪烁了一下,旋即又归于麻木,愣愣地看着一个角落,眼珠子也不转一下。

欧阳老师说:"可要是不来读书,孩子的一辈子就毁了。"

"说得是啊。可这经济问题……唉,高照他妈长期有病,我这工资,一多半是给她买药用的。"

杨略说:"这个你暂时不用担心,我们已凑了一笔钱,原来准备给高照的。谁知道他突然走掉了。"

陈爸爸看着他,老泪纵横,说:"杨略啊,初中时你们就帮助过他。我真不知说什么好了。惭愧啊,我这个做叔叔的真是惭愧。"

"叔叔,你可千万别这么说。谁没个困难的时候。过去就好了。高照是我的好朋友,成绩又好,以后肯定大有出息。到了那时候,叔叔,你就等着享福吧。"

陈爸爸终于绽开一丝笑意,说:"真会说话。为了那一天呢,我就算累点怕啥?"

欧阳老师说:"杨略,想不到你们已经捐款了。我也凑上一份。要不这样,这个周末,我们再带上几个同学,一起去看望陈高照。高照爸爸,你说行吗？"

陈爸爸连连说好。"我就怕高照一个人闷在家里会出事呢。要是你们能去看他，聊聊天，开导开导他，那就再好没有了。"

"还有一点，高照心理压力已经太大，以后你们做家长的，可千万别说'我们全指望你了'之类的话。说实在的，上回楚当当离家出走前，对她妈妈说：你们养我就为图回报，那和养头猪有什么区别。这话虽然偏激，却也不无道理。每代人都有自己的生活，不应该对上一代承担太多的责任。"

"知道，知道。"

于是班里又募集了一笔钱，加上欧阳老师的钱，凑了有一千来块，到了周末，欧阳老师约好了杨略、葛怡，一行三人，清晨出发，在陈爸爸指引下，坐上了公交车，开了大约两个小时，在志朱镇下车，而后在乡间小路上步行。

此时正值农历烟花三月，又是暖阳潋滟，乡村自是一片好景。远处开了一山的桃花，红艳艳的，映得溪山格外生动。山窝里探出许多翠竹，又有许多新笋，陡然就钻上天去，绿得十分鲜嫩。有一条大溪淌过，四五米宽，翻着白浪花，溪中石头大小不一，大者如牛，小者如鼠，都绣了一身绿苔。道路缘溪而行，大树随处可见，都是亭亭如盖，鸟儿在枝条间蹦跳鸣叫。

杨略一路走来，脑海上闪过一串优美的诗句，喜不自禁。葛怡天真烂漫，背一个橘黄双肩包，跳跳跃跃，一时看到鸟了，一时又看到花了。

只有陈爸爸一脸凝重，让他们不得不收敛一点。

溪水拐了个弯，一个村庄才出现眼前。寥寥数十人家，隐于绿树之间，村前探出几幢新楼，都是两层的，红砖外露，阳台上挂了亮彩的衣服，屋前坐着几个老人，鹤发鸡皮，忽见一行陌生人来，都有些惊奇，呆呆地只是看。

陈爸爸与他们打了招呼，带着几个人还往前走，终于在几株梧桐树下的一户人家前停住了。

"就是这儿。"他推门进去了。

三面土墙，一面木板。墙上布满黑苔，门窗凸出道道木纹。几个人都进去，眼前漆黑一片。许久才适应过来。正墙上贴满红绿大画，都是招财进宝之类。一张八仙桌，两把太师椅，色泽都暗淡，像蒙了一层尘土。电视机里正演着清宫戏。

陈妈妈也从灶下出来了，黑瘦的脸，有些拘谨地笑着，招呼他们坐了，又倒了水。却还少几条凳子，十分尴尬，出门到邻居家去借了。

等大伙都坐定，陈高照才从楼上下来，左手打了石膏，挂在胸口，脸色晒黑了些，头发新近理过，但似乎刚从床上起来，睡眼惺忪的，强作欢颜，叫了声老师，又与同学们打了招呼，就坐在一旁，又是一声不吭了。

一行人心情沉重起来。欧阳老师与陈高照交谈，却是问一句答一句，到了最后，全然又是老师在说教了。"你要放松一些，家庭困难是客观存在的，但也只是暂时的。……你学习成绩很好，应该好好把握机会……"诸如此类。高照只是默默点头。陈爸爸也在一旁搭腔。

"听见没有？……老师说得多好。"

欧阳老师却暗暗着急，一味只是自己说，怎能触及陈高照内心呢？他有了主意，问道："厕所在哪儿？"

往外走的时候，他悄悄拉了杨略的衣襟。杨略会意，也一同跟去。

到了屋外，欧阳老师说："过会儿吃晚饭，你带高照出去走走，就说看看乡下风景，我也跟出来。你也看见了，在父母面前，高照开不了口。"

杨略答应了。

陈妈妈做了一桌饭菜。都是些土菜，番茄、春笋之类。还格外杀了只鸡，炖了一锅油汪汪的鸡汤。

吃完饭，杨略对高照说："你经常夸你家风景很美。怎么样，带我去见识见识？"

高照点头，就带他出去。葛怡要跟来，杨略递了个眼色，就会意了，不再坚持。二人来到屋后，静静地往前走。池塘里漂满浮萍，边上生着菖蒲。再过去就是菜地。远处是连绵群山，昨夜下过小雨，此刻蒸腾着白雾。

杨略看着陈高照,决定要单刀直入了。

"高照,我看到你在食堂的免费汤里捞菜叶了。"

"是的。"

高照脸红了一下,又平静地一笑,似乎经过了许多波浪,如今时过境迁,这点小事,已无须在意了。

"当时为什么不告诉我?"

"自己的事情自己解决。"

"可要是解决不了呢?"

高照没有回答,看了看打着石膏的左手,又低头,脚尖踢着小石子,头发被风吹得飘摆不定。脑海中又出现了那时的场景:

锈迹斑斑的脚手架,突起的钢筋,灰尘四处扬起。虽是3月,太阳下却已十分灼热。他在半空中行走,仅戴了一个安全帽,身上是单衣,上面泥迹斑斑。休息时,看马路上偶尔翩然走过的女孩,衣着光鲜,明艳动人,不由黯然神伤:她们是那样优美而遥远,自己沦落至此,再也难以企及。人真的是分等级的吗?……

杨略看他发呆,决定说点重话了:"你可真是丢了西瓜捡了芝麻。"

"是啊。"高照苦笑了一下,笑声分明是沉重的叹息了。

杨略知道他内心有许多忧患,但一直不知从何问起,今天似乎已触及边缘了,就趁机问道:"可以和我说说你真实的想法吗? 我总觉得,你除了经济困难,还有其他原因。"

高照摇摇头,不知是说没有,还是不愿说。又沉默了,低头去看水草,茸茸的,如水棉一般,一群小鱼围在旁边,活活地游动,仿佛许多蝌蚪。他是不是在想:小生命如此可爱,但能成长起来的,又能有多少呢? 大多都是殒命了罢。

此时,欧阳老师已经悄然出来,站在了他们身后。高照一见他,立即又有些拘束,但终于鼓足勇气,猝然说:"欧阳老师,我希望您给我点忠告。"

"关于什么的?"

高照从兜里掏出几页纸，递给欧阳老师，红着脸说："这是我在家写的文章，您帮我看看。看看……看我有没有天赋，应不应该接着写下去。"

"该不该写下去？"欧阳老师接过，"我觉得这不是问题。一个人所以要写作，是因为他有表达的需要。像我，还有一些朋友，都在写诗。但即使写得再好，又有几个地方可以发表？发表了以后，又有几个人会看呢？但我们只是喜欢，所以一直写，为了自己而写。"

"可我没有这么高的境界，既然要写，我就全身心投入，争取写出点名堂。人生只有一次，我就不应该虚度一生。"

"只有扬名立万，才算不枉此生吗？"

这又是一个永恒的话题了。陈高照陷入沉思，声音低下去。

"如果我在写作方面搞不出什么名堂，那我想，最好还是趁早洗手不干……"

欧阳老师明白了他的症结所在，就展开了那几张纸，一页页看下去。是打工时的经历，事无巨细，都记录了下来。

陈高照盯着欧阳老师，慌慌张张地捕捉他表情的变化。一方面侥幸地渴望着得到嘉奖。"写得不错，好好干吧。你很有才气。"然后他就喜形于色，振奋精神，循着原路继续走下去，再苦再难也不能动摇。可万一得到的评价不是这样呢？他几乎有些后悔把文章给欧阳老师看了。写得好与不好，自己满意不就够了，何必听别人说三道四呢？

欧阳老师看完了，没有说话，把文章递给杨略，看看远山，又看看陈高照。

"我建议你还是考虑一下，是不是该去读理科。"

陈高照的心顿时凉了一截，局促不安地笑了一下，但近乎哭容了。

"您觉得我的文章不好？"

欧阳老师心里也有些惶恐。自己一时的判断，很可能影响这孩子的一生。但这次不能回避了，得说实话，否则将害了他。他直视陈高照的眼睛，声音坚毅。

"文章里看得出你的勤奋与聪慧，也有理科生的逻辑性，如果持之以恒，应该能写出不错的说理性文章。但是，文学作品还需要艺术性，包括语感和想象力。当然，通过一篇文章，我不能判断你以后的成就。但是，如果你要稳妥一点，建议你先把写作视为爱好，另外再找一个主业。你知道，现在有很多作家，同时也是工程师、政府官员，是金子总会闪光的，无论人在何处，身居何职。"

高照眼睛黯淡下去，叹了口气，说道："我知道，您说了实话。我最近在家，也都想明白了。我……我有点心灰意冷了。"

"可这并不是错误。每个人都有自己的专长，根据专长寻找目标，并为之努力，才能有更大的收获。我们不是都赞同这一点吗？"

"话是没错，"高照又迟疑了一下，"可是……"

杨略在一旁看到陈高照难过的表情，知道他内心矛盾的冲突，有点不忍心，就问道："高照，你什么时候回学校呢？"

"过几天就回去。"

"可你的手呢？"

"是左手，不碍事。不剧烈运动就行了。"

"还读……文科？"

"嗯。"高照嘴角抖了一下，似乎被什么蜇了一口。"……有什么办法？"

欧阳老师说："这个问题，我来想想办法。"

下午刚过3点，几个人告辞回去。临行前，高照将他们送到村口的桥头，趁人不注意，塞给葛怡一封信，轻声说："回去再看，好吗？"葛怡十分惊异，看到高照满脸通红，目光亮亮地闪烁。她点了头，追上了另外几个，回头挥了挥手。高照站在一株香樟树下，带着平和的微笑。

葛怡回到家里，已是晚上6点，吃罢了晚饭，就洗澡上床，躺在被窝里，抽出了高照给他的那封信，就着床头灯，细细阅读。

葛怡：

你好。

收到我的信，你肯定会觉得意外。是的，连我自己也有同感。如果不是这些天的遭遇，真不知有没有勇气给你写信。

我想告诉你的是，我喜欢你。从初中开始，一直一直都很喜欢你。当然，这不足为奇，你那么美，那么善良，光彩照人，每个见到你的男生，都会情不自禁地被你吸引。我也只能算其中一个吧。但我很幸运，从初中就与你同班。中考时我因紧张过度，没能正常发挥，差点不能进重高，当时我晕倒了。单单是为了分数吗？不是的，我是想到不能和你同校。后来我又很幸运，因为竞赛得奖，意外地加了 20 分，够到了重点。

那年暑假，我们一起在杨略家编书，嘻嘻哈哈，每一天都像在天堂里一样。我都舍不得把那段日子一下子过完。于是天天祈祷，日子过得慢一些，再慢一些。可时间还是飞速而逝，我只好每天都用心地记，将一个个美好的瞬间，都藏在脑子里，写在日记里，用于一辈子的珍藏。所以至今我一闭上眼，往事就历历在目。好难忘啊！

上天对我多么眷顾啊。进高中后，我居然还和你同班，每天可以看到你的一笑一颦。你知道吗，我是多么开心！晚上睡觉时，都轻轻念你的名字，念得齿颊留香，连做梦都微笑着。

当然，你是不会知道的。你和杨略那么好，是大家公认的金童玉女。奇怪的是，我居然并不吃醋。可能自从我喜欢上你，你们就十分亲密，我已习惯了这种状态。呵呵，是不是很不可思议？当然有时也自怨自艾。我家在农村，很穷，那也没办法。最让我难堪的是，那种氛围里长大的我，不会修饰外表，还会不由自主地拘谨、腼腆，不敢主动走到你的面前。心里自然是压抑难受的。

高中有一点不好，就是要分班。你告诉过我，你要选文科。我怎么办呢？要是按我的成绩，自然选理科，可那样的话，就不能与你同班，只能远远看你几眼了。于是我选了文科，偏偏多看了几本书，包括《梵高传》，突然很有倾诉的欲望，就准备写作，把种种心绪都写出来。除此以外，我看到杨略通过写作，挣了不少钱。我很需要钱，所以也想多写点能发表的文章。但很遗憾，我的文字没有才气，于是心里倍受煎熬，其他成绩也一落千丈，很多举动让你们受惊吓了，真对不起。

说了这么多，心里也好受了些。谢谢你的聆听。

祝福你。

陈高照

4 月 10 日

葛怡看罢，一阵恍惚，几乎垂下泪来。原来高照执意要留在文科班，以致产生种种问题，其原因竟是为了她。用情之深，乃至于此，叫她怎么承受得起？想起平常，自己与高照关系虽然还算不错，但细细想去，竟没有交谈过几句话，更不用说彼此知心了。

她知道，一旦被爱，即便这爱来自她不爱之人，也要负一种责任。毕竟，心，是无比厚重的礼物。需要细心呵护，即便送回，也不能将它摔碎了。碎了，就无法弥补了。即便补好，也有了裂痕。更何况这颗心，来自敏感柔弱的陈高照。于是她思考再三，斟词酌句，费了许多心思，团掉了不少信笺，才写了封回信。

陈高照：

谢谢你的错爱。我也非常幸运，能有你这样朴实勤奋的朋友。既然是朋友，我想对你说几句。爱，其实是一件奢侈品。鲁迅曾经说过："必须要有生活，爱才有附丽。"对于我们这个年龄的人而言，谈论爱情，确实还早了一些。最重要的，是要训练自己的技能，走一条适合自己的发展之路。在路上，你慢慢前进，能遇到情投意合的人，比肩而行，互为依靠，这样的爱情才最为踏实幸福。

其实你也知道，你适合读理科。希望你不要因为我，耽误了大好前程。那样的责任，我负担不起。

你会有美好的未来。

葛怡

4 月 12 日

她没有写得太长，怕语多必失。在这一刻，她需要保持冷静，万不可一语疏忽，让高照误解了意思。又修改了几遍，誊抄清楚，次日就寄给陈高照了。又过了几日，她收到回信。

葛怡：

谢谢你的指点。现在我渐渐清醒了，准备重新学理科。我爸爸，还有欧阳老师，去找过校长，说明了我的情况。校长答应让我去读理科。过几天我就回学校来。虽然耽误了一些时间，但没有关系，我相信能赶上来。

我还是想说，我依然很喜欢你，但并不希望你做什么。我相信，有一种爱，可以超越简单的相恋。就像但丁对贝娅特丽齐，虽不能两情相悦，但却会作为最美的象征永驻心间，温暖一生一世。这就足够了。你说呢？

同时也愿你永远幸福。

陈高照
4 月 15 日

葛怡看罢，心里甚是愉悦，见了杨略，就告诉他陈高照要回来，至于暗恋一事，自然绝口不提。杨略听了，也是喜不自禁，只是奇怪，为什么陈高照独独把消息告诉了葛怡，但也猜不出其中的曲折。他动员了全班同学，等高照回来时，一定要笑脸相迎，让他觉得温暖，有班级的归属感。

过了几天，陈高照如约回来，已办好了转班手续，杨略和曾泉帮他将书桌搬到邻班。全班同学都看着他们，一个个沉默不语。高照走到门口，忽然停住，走到了讲台上，抬起头，把同学们看了一圈，似乎要讲什么。杨略用鼓励的眼神看着他。可他努力了半天，涨红了脸，终于还是没说一句话。但杨略还是鼓掌了，而后全班一片掌声。高照鞠了个躬，等再抬起头来，眼角已是两行清泪。

中午时分，高照来到食堂，却觉有些异常。许多桌子被拼在一起，边上摆了一圈的椅子。许多高二 (六) 班的男生在忙碌着，推桌子，搬椅子，忙得不亦乐乎，见了他来，都喊道："高照，快到这边来！"他茫茫然过去，立时被同学按在椅子上。

随后许多女生蝴蝶般列队飞来,手里都托了一盘菜,大桌子上顿时山山水水,将食堂所能提供的美味全都搬了过来,倒像开了个美食鉴赏会。大家喧嚷了一阵,都坐下了,杨略宣布:"今天的宴会,一是欢迎陈高照同学回校;二是为他饯行,因为他要到理科班去了;第三呢,当然是希望他早日康复。"

桌子的四周,顿时都盛开了美丽的笑脸,组成了一大朵向日葵。而陈高照呢,自然是其中笑得最灿烂的一枚花瓣。

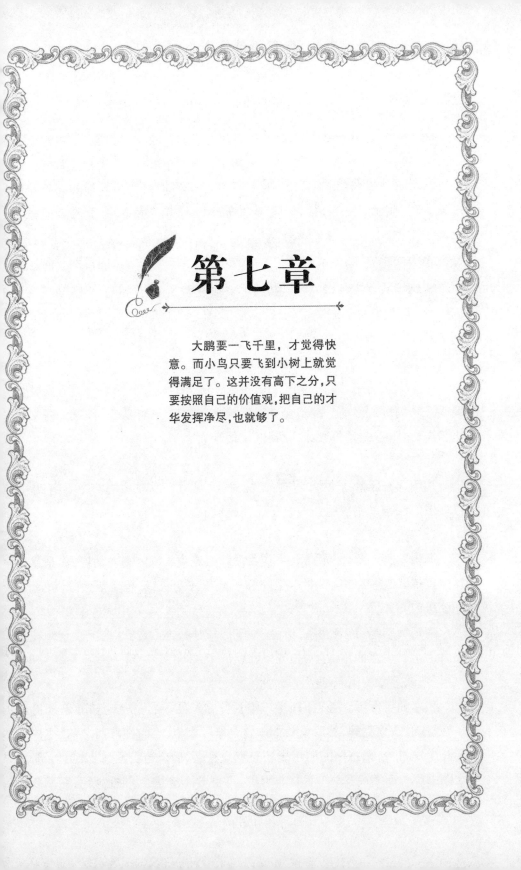

第七章

大鹏要一飞千里，才觉得快意。而小鸟只要飞到小树上就觉得满足了。这并没有高下之分，只要按照自己的价值观，把自己的才华发挥净尽，也就够了。

荒岛夜狐果然是个快枪手，2月动笔，4月初便将书稿发到陶坷坷的邮箱，同时附上了一段话："兄弟啊，《荒岛十日》总算完成了，我得好好睡觉。几乎一个月没合眼了，就为了这本书啊。我的西藏啊，暑假能不能去，就全指望你了。"

陶坷坷收到书稿，如获至宝，给那老教授看了，没有问题，立即动身去出版社，封面版式全部谈妥，而后印刷厂马上动工。即便 J.K.罗琳的《哈利·波特》，印刷也没这么快。

"这位是广电老总陶济世的公子嘛。"

于是大家给足了面子，到了 5 月初，初版 8000 册全部印好，齐齐整整地码在陶坷坷的面前。编辑坐在对面笑嘻嘻地说："陶公子，你爸可是文化名流，这本书的销售业绩，就得仰仗他老人家了。"

"那当然。"

陶坷坷答应着，心里却嘀咕：仰仗我爸？就不能仰仗我吗？瞧不起我，哼！但怎么推动销售呢？他心里还真是没底。

"你有什么建议呢？"

编辑肩膀一耸，摊了摊双手："我没什么建议。以前图书销售，一是靠媒体宣传，二是靠书店铺货。但陶公子是非常人，自然有非常手段，我可不敢班门弄斧。"

陶坷坷暗骂：这老油条，话说得好听，却是一推六二五，把担子全搁在我肩上了。不过他不肯示弱，就只好默认了。

"那就等我的消息吧。"

回家独自琢磨。爸爸以前说，甭管什么产品，要想销售得好，起初得一炮打响，树立品牌，然后就势如破竹。电视剧也一样，在首播之前，往往要开个发布会，请主演的明星出场与观众见面，借以造势推动收视率。那么图书呢？有点特殊，作者并非明星，即便开个签售会，怕也吸引不了多少人。请人在网上写文章吹捧？见效太慢，而且明眼人都能看出是托儿。怎么办呢？

陶济世下班回来了，看到陶坷坷躺在沙发上，不看电视，不听音乐，只是愣愣地看天花板，旁边还摆了一摞书。他走过去，拿起一本来，翻了一翻，心里明白了。

"儿子，书写得不错，印得也不错嘛。怎么，还不高兴？"

"书再好，卖不出去，还不是废纸一堆？我就在想怎么个卖法呢。"

"哟，我的策划大师，又有什么鬼点子了？"

陶坷坷翻身坐起，说道："我想造势，越大越好，闹得世人皆知。可是呢，这书的两个作者都没什么名气，怎么造啊？"

陶济世莫测高深地一笑："造不了势，就借势。"

"借势？"

"作者不是名人，我们就不能请些名人来捧场？"

"对啊，"陶坷坷眼睛一亮，却又有些怀疑，"可怎么才能请到名人呢？"

陶济世哈哈大笑，在沙发上摊开手臂："你老爸我不算吗？即使我不算，请几个名流，我还是有把握的。况且，这本书确实不错嘛。请他们捧场，也不至于辱没了身份。我再叫新闻频道的记者去采访，在电视里一播，宣传效果可想而知啊。"

陶坷坷从沙发上跳了起来，叫道："老爸，你太棒了！"

事态的发展，超出了陶坷坷的想象。

一个周末，销售会在省图书馆的报告厅进行，是电视台谈话节目的形式，两位作者与四位名人落座，其中有演员侯夏、作家叶一言等，都是国内响当当的人物，衣冠楚楚地坐着，谈笑风生。

在主持人的引导下，两位作者谈了构思，名人们纷纷发表了对该书的看法，自然都是溢美之词。

老教授萧子翰天性好静，此时恬然坐着，是个不起眼的老人，头发没剩下几根。荒岛夜狐恢复了本名，却叫钱宝福，平凡至极，一听就让人想到一个脸色红润、身短腰圆、一团和气的小老板。而他本人的长相，居然也是如此，根本不像个奇幻小说的作家。反倒是陶坷坷极为出彩。他少年英俊，长发飘然，气度洒脱，有时也长篇大论，气势如虹，占尽了镜头风光，现场的女生都看得目不转睛。

活动举办了将近两小时，最后由主持人总结："感谢萧子翰老师的深刻思想，感谢荒岛夜狐的生花妙笔，感谢少年策划奇才陶坷坷的精妙创意。感谢他们的亲密配合，让我们得以在喧嚣的尘世，通过阅读这本书，感受到一股来自海洋与岛屿的清新气息。"

煽情完毕，开始签名售书。

签售会的事情，当地各大报纸早刊登了消息，到场读者挤得满满当当，在门口买了书，眼巴巴等着签名。当然，更多的人，倒是冲着四位明星来的，但听了偶像们的热捧，也都买了书，队伍排得老长老长。据说，两位作者当天签名签得手臂发酸。

当晚，节目在电视台播出。第二天，《荒岛十日》在书店里脱销。加印五千册，再加印一万册，然后在全国也铺开了去，一发不可收拾，有评论家惊呼此书的来势凶猛。很快，这本书冲上了图书畅销排行榜，当当亚马逊两大网站上此书都登上前十位。其销售业绩已将杨略父子的《你在为谁读书》远远甩在后头。

走在校园里，陶坷坷更加趾高气扬。这份得意，还远在当初球场得意、女生痴迷之上。

"这回，我是文武全才了。杨略……哼！"

果然，连葛怡也对他刮目相看。签售会那天，她为了去见偶像侯夏一面，也特意参加了，要到了签名，还合了影，兴奋得小脸绯红。

"坷坷，多亏了你啊。"

陶坷坷甩了甩头发："嘿，小事一桩！"

杨略看到他的样子，尤其是葛怡的表现，心中自然也不好受。签售会的轰动效应，波及了许多地方，连余振也听说了，特意打电话给杨略。

"听说你们班有个商业奇才，名字还挺怪，叫什么陶坷坷，有没有？怎么样,介绍我认识认识?”

“可以啊,只要你受得了他的怪脾气。”又暗自嘀咕了一声,“哼,不全靠他爸吗?”

但这话说不响亮。毕竟,他自己小小年纪能出书,多半也是靠了爸爸。于是暗暗地想:马上要篮球决赛了,我们在球场上再分高下,靠实力说话!

四强争霸赛中,王者队毫无悬念,进入了决赛,对手当然是狂狮队。5月底,他将与余振、凌霄当面对决。

决赛前夕,一中的校园里弥漫着一股兴奋之气。也难怪,多年来,这所学校在各类竞赛中表现极佳,但在体育方面却少有成绩。这次扬眉吐气,自然群情激奋。周六就要比赛,周五下午,球员们进行最后一次练习。篮球场外,男男女女看他们练习,不住呐喊助威。有些是从五班来的,看来徐德懋老先生再严厉,毕竟遏制不住篮球带来的激情。葛怡也放下书本,与楚当当来到球场。

“我看不进书,集中不了精神。”她紧张不安地说。

楚当当倒也平静,时不时操起速写本画上几笔,一副与世隔绝的样子。

杨略等人加紧训练新阵形。他自己更是兴奋难安。毕竟雪藏已久,之前的比赛中,他时常坐冷板凳,看陶坷坷耀武扬威。这回,该轮到他露一下身手了。说不定,在决赛力挽狂澜的,还是他杨略呢。

如此一想,心里虽然振奋,竟也徒增了些负担,感觉胃部总有些不舒服,手心时常出汗。

葛怡看出了异样,问他:“杨略,你怎么样?紧张吗?”

“没有的事。”杨略故作轻松地一笑,“你还不了解我?越遇到大事,我越冷静。知道吗?这就叫大将风度。”

葛怡一笑,说:“你就吹吧。好好表现。到时候,我们可全都来看比赛。”

“我们?还有谁?”

"我，楚当当，还有我爸妈。"

"他们也来看比赛？"

"那是，你可是名人，我爸妈早就听说过你文武双全，一定要来看。"说到末了，脸上泛上一层红晕。

杨略一想，绝不能在他们面前丢人，于是心里更是紧张。

当晚，他早早上床，却睡得不好。一开始他梦见自己睡过了时间，等匆匆赶到，球赛已经过半，狂狮队遥遥领先，陶坷坷叛变了，加入了狂狮队。葛怡竟顶替自己上场，被狂狮们撞得东倒西歪，葛妈妈已吓得晕倒了。杨略十分着急，换了球衣就上场去。忽然发现狂狮队员个个两米多高，连余振和凌霄也是如此，他像来到了森林里，自己仅能够到人家腋下，哪里还能抢到球？只见篮球在巨人之间轻松地传来传去，自己再使劲跳也碰不到，眼睁睁看他们把篮球轻轻放进篮筐。葛妈妈大骂杨略没本事，扬言要把葛怡嫁给陶坷坷……

他猛然醒来，又过了几秒钟，才想到比赛还没开始，自己安安稳稳地躺在床上，四周一片黑暗，只有带荧光的时钟显示着时间：凌晨3点。荒唐的梦。笑了一会儿，平息了情绪，这才渐渐睡去。

第二天，王者队穿黄色球衣，一走进球场时，观众席上就响起了热烈的掌声、口哨声，还有密雨般的鼓声，让他们精神大振。项目四顾，但见二分之一的人穿了一中的校服，整齐漂亮，都举着蓝色小旗。有些同学拉开横幅，都是猩红色的，写着"一中必胜"，或是"王者归来"，不住挥动，布面如波浪涌动。临近球场，支着一面大鼓，擂鼓的是曾泉，挽着袖管，敲得不亦乐乎，脸上更换着各种夸张的表情。

杨略的爸妈也坐着，笑脸盈盈。然后看到了葛怡，她旁边坐着的两位，自然是她的爸妈，正交头接耳，往这边看，似乎与杨略的目光接触了一下。再看其他地方，他忽然发现一位中年男子，西装革履，精神抖擞，竟是他们的校长，正朝他们微笑。校长也来关注球赛了。这可是破天荒的头一回。

另一侧,大概是七中的学生,穿着各类服饰,嘴里叼着喇叭,头上扎着红巾,倒也十分醒目。横幅写着"称霸球场,巅峰再现"。好狂的宣言!

"王者队来了。"现场解说员乔森大叫道,他是市电视台篮球比赛的名嘴,今天居然大驾光临,足见这场比赛的分量。"陶坷坷、高恒、钟峰、肖戈、杨略。他们被称作近几年来一中最好的球队——他们的口号是,'文武双全,再造辉煌'。"

乔森的评论淹没在一片鼓声与呐喊声之中。杨略听见自己的名字,不由心里一咯噔。

"狂狮队来了,他们身穿红色球衣。余振、王龙、马清琦、凌霄、陈海耀。他们已是蝉联几届的冠军,这次好像变了风格,要以身材取胜了——"

七中的学生顿时发出一片嘘声,众口一词,呐喊道:"偏心!偏心!反对!反对!"而一中这边则是纵声叫好,彩旗飘扬。

乔森的话,虽然只是幽默,但杨略却觉得很有道理。狂狮队的身材确实不矮,要不然自己怎么就梦见他们像森林了呢。

裁判一声哨响,将球扔得老高,两队的中锋纵身一跃,钟峰跳得更高,将球抱在怀里,传给了陶坷坷。陶坷坷二话不说,运球奔至前场,却发现狂狮回防极快,刹那之间,前面已出现三人,都是人高马大,手臂挥舞,封堵包夹,围得水泄不通。

陶坷坷左奔右突,也不能突破,眼看时间一秒秒过去。肖戈早站好了位置,高呼:"传球!"陶坷坷却置之不理,只顾寻找突破口,5秒将尽时,只得来个高射炮,传给中场附近的高恒。这高恒在篮下是一把好手,控球或突破却能力一般,正要传给肖戈,球到半路,被狂狮截住。

反攻开始了,依旧是三角阵形,篮球忽东忽西,最后由狂狮的中锋猛然跃起,空中接力,单手将篮球大力灌入,又在篮筐上悬吊了一会,才落到地上。

观众席上,七中顿时喊成一片。

乔森喊道:"……哇——王龙单手灌篮,球进了,狂狮队率先得分。这次他们打的是阵地战,把王者队的主力前锋陶坷坷层层围住,这就是传说中的'乔丹法则'！看王者队是否有办法破解——"

所谓乔丹法则，也叫孤立法则，是 NBA 赛场上活塞队针对乔丹而发明的，说来也简单，就是将乔丹孤立起来，尽量切断其队友传球给他，一旦乔丹拿到球，立即以二人甚至三人对其进行围堵，既不让他有穿插上篮和起手投射的机会，也挡住他的视线，增加传球的难度。

韩琦暗暗着急。陶坷坷球技虽高，但不会配合，一旦遇到三人防守，就难以有所作为了。幸好，杨略还在场上。现在全指望他了。

杨略与他心有灵犀，也知道该发威了。这时狂狮已得了 8 分，而王者仅有 2 分入账，这还是肖戈的一记冷射得分。队员个个心浮气躁，尤其是陶坷坷更是如此，一旦得球，就被围困，施展不开手脚，苦不堪言，甚至破口大骂。

这时杨略在中场得球，佯装要单人突破，吸引了众人围截，他却往边上一闪，站在三分线外，轻轻一跃，篮球出手，划一道弧线，稳稳落入框中。

"好一个三分球！"乔森喊道，"这是王者队的 33 号——让我看看是谁，哦，是杨略。他突然发飙，给王者队扳回了可贵的 3 分。"

钟峰等人见状，也是士气大振，一旦得球，就传给杨略。杨略总是站在三分线外，球一到手，不假思索，立即投出。这是他训练已久的，手感极佳，十拿九稳。不多时，他已投入了 3 次。

比分变成 13：11，他们只落后了 2 分。

这样一来，狂狮队似乎也方寸大乱。原本他们只盯准陶坷坷，以为对他严防死守，就可高枕无忧了。如今突然冒出来一个杨略，之前不显山不露水，如今一来就连中三元，真是骇人听闻。于是教练派了主力余振来防他。这样一来，陶坷坷那儿就宽舒了些，不时以快捷的身法单手上篮，也要耍耍威风，出出恶气。

两队比分交替上升，观众看得心旷神怡，激情荡漾，擂鼓声、呐喊声不绝于耳。不知不觉间，前三节已悄然过去。

"经过短暂的休息,现在进入第四节,双方目前的比分是 56：54,王者队暂时落后两分。"

乔森高亢的声音在球场回荡。

"王者虽然具备了外线得分的能力,但应对狂狮的三角阵法,似乎依然无计可施。看他们在休息时间,有没有研究出新战略。现在王者开球,又是陶坷坷!他带球进攻。狂狮迅速回防,陶坷坷无计可施——快传球给杨略——天哪,错失良机。刚才杨略的位置极佳,身边无人防守。陶坷坷选择单人突破,撞人犯规,狂狮队罚球——"

看狂狮队的王龙轻松地将篮球罚中,杨略自然怒不可遏,其他球员也愤愤难平。这陶坷坷也太不识大体了!这时韩琦示意要求暂停,将陶坷坷换下,换上司马南。陶坷坷满心不甘,却也无可奈何,下场坐板凳去了。

这样一来,狂狮大感幸运,全力防守杨略,王者顿时又陷入困境,分差又被拉大到了8分。

现在比分是 64：56。

杨略举步维艰,虽然不断接到队友传来的炮弹,但前方人影晃动,三分命中率急剧下降。于是和钟峰以及肖戈如法炮制,打起了配合仗,隐隐竟也是三角阵法。

这是关公面前耍大刀吧。狂狮队大笑,心中都生了轻视之意,将球带至前场篮下,这时余振得球,高高跃了起来,看他的架势,是要双手灌篮。

正在得意,忽见前方出现一只大手,余振人在半空,躲闪已经不及,只听砰的一声,篮球被击飞。落地后细看,原来是钟峰。

狂狮们正在惊骇。篮球已飞向中场,那边出现一个黄色身影,个子矮小,接过球后,奔驰如电,却是肖戈。眼看他奔过前场,绕过凌霄和另一位球员,前方防守空虚,只有禁区里站着王龙,虎视眈眈,但已被高恒死死卡住。杨略趁机插上,从肖戈处接过球,更不迟疑,三步上篮,谁想却被王龙干扰了一下,一投不中,篮球在篮筐上转了几圈,落了下来。

　　这时钟峰和高恒都已在篮下，与王龙一起高高跃起，都伸出大手，篮球在三只手上弹来弹去。这钟峰打红了眼，蛮劲发作，一拨不中，脚刚落地又猛然跃起，手触到了球，同时眼观四路，发现杨略已退到左侧外线，就大力将球向他拨去。杨略飞身跳起，抢到了球，看到前方空虚，身子还没落地，篮球已然出手。

　　又是三分！

　　乔森的声音："时间还剩下 2 分 12 秒，看来王者队要集体发飙了。现在他们还落后 5 分，能不能在最后关头将比分反超呢？大家拭目以待。现在狂狮队余振得球，哇——居然被王者队的肖戈偷了球。他得球后迅速回攻。故伎重演，传球给杨略。看这次狂狮能不能防住杨略。嚯——刷刷刷三条大汉，拦住了杨略的去路。杨略只好传球，又是肖戈得球，他脚底滑了一下，原来是假动作，从狂狮队的腋下钻过，他居然也要上篮。哈，刚要投篮，就被狂狮队的王龙盖了一记大火锅。漂亮——很多球员在地上抢球，王者队的司马南用身子盖住了球，哈哈，这是什么招数啊，莫非是传说中的地堂刀？他站起来了，左顾右盼，没有机会，传球给钟峰。杨略和高恒上前卡位，禁区内挤满了人，钟峰冲进去了！钟峰跳起来了！双手灌篮！哇哦——真是虎虎生威！看，哈哈，这钟峰非常高兴，向观众展示肌肉呢。"

　　全场喧闹声响成一片，一中的学生嗓子都喊哑了，齐齐叫着："钟峰！钟峰！"钟峰往回走，一改往日忸怩的样子，用力舞着双拳，向观众致意，十分有男子气概。杨略情不自禁与他拥抱了一下。其他队员也冲上来，摸了他的脑袋。空气中弥漫了汗水热辣的气息。

　　这时韩琦叫了暂停，又让陶坷坷上场了。看得出来，在休息时间，他们又商讨了一番。

　　时间仅剩不到一分钟，比分只相差 3 分，只需一个三分球，比分即可拉平，谁也无法预料结果如何。观众们看得如痴如醉，似傻似狂。连素来严肃的校长，看到钟峰大力灌篮，竟也刷地站起来，攘臂高呼。马上发觉有失庄严，又坐下去。幸好左右学生都激情四射，注意力全集中在赛场上，没有留意到这个细节。

比赛继续进行。

狂狮队发球，传了几次，已攻到前场，凌霄得球，仗着身体敏捷，迅速冲到禁区外，传球给王龙。高恒与钟峰上前贴身防守，王龙举着球，欲投难投，只好传给身后的余振。余振来了个跳投，篮球撞到了篮板，飞出老远。立即有四五条身影跃起，篮球从他们的手上弹出，禁区外陶坷坷得球，立即转身回攻。王者队见状，立即全体出动，争分夺秒，向前场反扑而去。

"时间还有 23 秒，"乔森的声音似乎在燃烧，"或许这是王者队的最后机会——"

陶坷坷几乎带球穿越全场，跳跃上篮，忽见面前升起一个高大的身影，是狂狮的红色球衣，手掌蒲扇一般盖下来。危险！说时迟，那时快，陶坷坷百忙之中，低头看了一眼，汗水流进眼中，模模糊糊之间，看见篮下左边站着一位穿黄衣的球员。自己人！他不假思索，将球向他投去。

那人却是杨略，站在三分线外，见球往自己飞来，伸手一把接住。深呼了一口气，心中怦怦乱跳。时间只剩下最后两秒，这是决定成败的一球！而眼前站着余振，挥舞双臂，死死守住他。

只见杨略左脚向前迈出一步，弓身，猛然展开——可脚却没有离地。这是个假动作！余振果然上当，跃起要来个空中封堵，却没有看见杨略，心中大叫不好。等往下落时，果然看到杨略从他眼前升起。

杨略左手护球，右手托球，看准了篮筐的位置，从容地将球掷出。篮球沿着一条美丽光滑的弧线飞去。

这时终场哨声响起，而全场的观众，包括球场上的球员，都是屏息注目，一片沉默。终于，篮球不高不低、不左不右、不前不后，刷的一声穿破篮网，砰然落地。

好静啊。一时之间，只有篮球弹跳的声音，心跳的声音，还有自己的喘息声。杨略站在原处，似乎不敢相信眼前的情景。巨大的精神压力过后，他感到身心俱疲。

愣了几秒，看台猛然爆炸了。一中的学生奋不顾身，跳跃而起，尖叫嘶喊，彩旗飞向高空。曾泉几乎要把鼓给敲漏了。校长再矜持不住，拉着旁边教导主任的手站起来，挥着手中的西服外套，意气风发，高声叫好。

乔森饶是见多识广，口齿伶俐，现在也只能不知说什么好，只是拖长声调，语无伦次地喊道："是杨——略——，在这关键时刻，投进了三分球！——他拯救了球队！他是一中的功臣！——"

陶坷坷向杨略奔去，泪水盈满眼眶，让他几乎看不见东西了。他抓住杨略的脖子，口齿不清地说："你小子……真他妈……真他妈行啊……"情绪难平，竟伏在他肩上肆无忌惮地抽泣起来。杨略也深为感动，握住他的手，说不出话来。以往的仇怨，至此一笔勾销。

忽然感觉有两大块东西直压上来，回头一看，是高恒和钟峰，然后是肖戈。连候补队员也冲进场来，大家搂抱在一起庆贺。

狂狮队却在一旁冷眼看着，王龙睥睨着眼，冲这帮人喊道："你们乐什么呀？比赛还没结束呢。"

另一个说："别怪人家，小地方来的，没见过世面。"

韩琦在一旁喜不自胜。他的喜悦是真诚的，杨略与陶坷坷在危难时刻，通力合作，并尽释前嫌。以后可以如他所愿，来个刀剑合璧了。

于是进入了 5 分钟的加时赛。刚才杨略那一球，不仅扳平了比分，还大振王者队的士气。杨略与陶坷坷虽然非常疲劳，却是精神激昂，如旋风一般，奔突于人群之间。尤其是陶坷坷，如一头野兽，散扬着头发，即便前方有两三人，也毫不退缩，奋勇挤进去，一路势如破竹，到了禁区，怒吼一声，单手上篮。纵然篮下已有人防守，却被他的气势吓得慌了手脚，哪里还挡得住。

钟峰总是及时赶到，来个查漏补缺，甚至空中接力。若是再投不中，篮下巨人林立，陶坷坷便将球传到外围。那边，杨略早已准备稳妥，一旦得球，就来一记远射。正如韩琦所言，杨略是既可正面交锋，又可远处突袭，真是防不胜防。

如此一来,加时赛呈现了一边倒的局面。时间只剩下寥寥 5 秒,而王者队已领先 8 分。狂狮队赢球无望,犹作困兽斗。输也要输得光彩,才不愧为强队风范。

这时余振得到球,一人杀到篮下。

观众喊起倒计时:"4! 3!"

余振猛然跃起,竟转身 270 度。

观众喊道:"2!"

防守的高恒被余振转了个头晕眼花,眼睁睁看他大力地将球灌入框中。

观众喊道:"1!"

余振双手吊在篮筐上,挂了一会儿,才落到地上。

观众喊道:"0!"看台上响起了炸雷。与此同时,终场哨声又一次响起。

"真是不可思议!"乔森激越的声音,"王者队如有神助,配合非常默契,最终赢得了比赛,获得了冠军!可狂狮队表现也很精彩,最后余振的灌篮,简直艺冠全场——"

双方虽分了高下,但彼此经过了生死角逐,都惺惺相惜,心生钦佩,各自握了手。杨略跑到余振面前,拍了他的肩膀,笑道:"大头,这最后一球真是漂亮!"

余振也笑道:"你那个三分球才精彩呢。力挽狂澜,我是心服口服啊。得了,这次就喝你的庆功酒吧!"

凌霄也冲过来,高喊道:"有好事可别忘了老孙。"

王龙等人也都与杨略握了手,还跷了大拇哥,赞叹不已。而陶坷坷早已牵着众多队员的手,成了一排长队,在球场上奔突呐喊,接受观众的祝贺。

一中的学生一浪又一浪地冲过栏杆,来到球场。无数只手雨点般地落在王者队的背上。然后杨略和球员们被人群举到了肩头上。他看见爸妈在看台上微笑,爸爸还顽皮地用手指做出 V 字形。而葛怡也是满面春风,笑盈盈地注视着他。旁边是她的爸妈,不住微笑点头。韩琦呢? 怎么不见他来祝贺。杨略举目四顾,才在一个角落里看到他,正俯首哭得不亦乐乎呢。

这时球场上响起激昂的乐曲,该颁奖了。韩琦过来,抹尽了眼泪,带着杨略和球员们向领奖台走去。那里,两个学校的校长正在等待着,手里是一个巨大的金色奖杯。

自从球赛胜利后,杨略与陶坷坷也成了哥们。有时坐在一起聊天,非常投机,想起旧日的怨怼,都觉有些好笑。但杨略心中一直存着一个疑问,分班之初,陶坷坷怎么忽然就放弃追求葛怡,转而认真学习了呢?

但杨略很快就发现,接下来的日子里,陶坷坷有些异样,上课经常迟到,也有些不修边幅。在校园里走动,懒懒散散,像一条金鱼。上课时,他整个人趴在桌上,心思不知飞到哪里去了,百无聊赖地转着手里的笔,让人感觉软绵绵的,像被抽掉了脊梁骨。晚自修时,他居然时常旷课。杨略打电话去,总是听见一片喧闹。

"坷坷,你在哪儿?"

"什么?你说什么?大声一点……哦,我在酒吧,对,不回来了!作业?算了,明天回来一起写。……好了好了,就这样吧。"

杨略挂了电话,心想:这估计就是传说中的纨绔子弟陶坷坷了。可是,他怎么会故态重萌的呢?

终于找了个机会。一个周末,两人在肯德基用餐,临窗而坐,他抛出了第一个疑问。

陶坷坷大笑,掏出钱包,从里面拿出一张卡片,递给杨略:"你看了就知道了。"

杨略接过,却不是卡片,而是一张纸条,被细心地塑封起来。里面写着几行字,字迹娟秀。这字迹,杨略再熟悉不过了。

陶坷坷：

我不喜欢你这种追求的方式，让我很难堪。其实真爱不能流于形式，而在乎真纯的内心。我喜欢的男孩，应该有才气，有爱心，还温文尔雅，懂得尊重我。你能做到吗？

葛怡

杨略有些吃惊。葛怡所说的这男孩，似乎就是他杨略。想不到，这葛怡平常从未对自己说过"喜欢"二字，但其实早已情意缠绵。真是个蕙质兰心的女孩。心里暖融融的，一时不知说什么好。

陶坷坷收回了纸条，仔细地收藏好，对杨略说："知道了吧，就冲这几句话，我脱胎换骨了。我对着镜子说，哼，我堂堂陶坷坷，难道比不上区区杨略？于是我观察你，发现你确实有过人之处，于是处处与你竞争。哈。你打球，我也打球。你写文章，我也写。文笔不行，我就搞图书策划。"

杨略说："你的策划非常成功啊。"

陶坷坷并没有搭他的茬儿，接着说："后来我慢慢发现，你们两个真是有情有义。我看到葛怡看你的眼神，心里就知道，我一准没戏了。不过我这个人你也知道，就是好强，心里不服，就要处处压倒你。让她看看，我才是好样的。"

杨略没有说话，低头吸着饮料，心里却极舒服。

陶坷坷继续说："现在我想明白了，退出。你们俩啊，我看能成。"

二人相视一笑。正是初夏，阳光透过树枝，又透过玻璃，落在桌子上，摇摇晃晃，仿佛青春的时光。

杨略想起了另一个困惑，问道："你怎么不太来学校了？"

"是啊，"陶坷坷双臂枕在脑后，靠在椅背上，长叹了一口气，"以前是想和你竞争，所以想方设法要超过你，倒也努力学习。现在呢，和你化敌为友，我也没对手了，这心里头忽然就空落落的，每天也不知做什么好了。你说，不去舞厅，不去酒吧，我干什么去呢？"

"至少得学习吧，当务之急，得考上满意的大学啊。"

陶坷坷冷笑了一声。

"考大学？费那么大力气，毕业了又能怎么样？还不得巴巴地找工作去。不是我吹，靠我爸的资产，我一辈子都不用愁吃穿。我现在想明白了，人生啊，就得会活着，趁着年轻，好好享受。等日后年老体衰，就是有那心，也没那力喽。"

他把冰可乐的盖儿掀开，拿起来往嘴里灌，咕咚咕咚，有种大口喝酒的豪气。

这是杨略车祸后思考过的问题，爸爸给过他答案。于是他对陶坷坷说了一套人生意义、自我实现之类的道理。说得有点枯燥，抽象，生怕陶坷坷听得厌烦，可看他的表情，似乎有点心动，又似乎在抵制。毕竟是个自尊心极强的人哪，习惯于为自己文过饰非。该刺激他一下了。于是杨略大胆地建议："我觉得，你也该有个人生目标了。"

陶坷坷脸上果然浮现出僵硬的微笑，伸出右手，把垂到额前的长发往后一捋，眼睛有些无神，一侧的嘴角往上一吊。

"目标？我去做什么好呢？是开汽车，还是修电脑啊？"

又是玩世不恭的腔调。杨略有些不乐意了，但想起爸爸曾说，每种性格都能成功。陶坷坷的大大咧咧，目中无人，怕也有其好处，关键在于如何利用。

"要不这么着，今天我爸在家，要不你去趟我家，听听他的建议。"

"哟，你爸可是名人，一直没见过。走，去拜会拜会。"

杨略爸爸穿一身便装，正在阳台上侍弄几盆兰花，又是修叶，又是浇水，兰花叶子舒展而丰润。近来公司发展良好，业务越发繁忙，一回家，他不是看书，就是静静地侍弄花草。阳台上摆满了盆景花草。5月里，叶子刚刚长成，青黄鲜嫩，晶莹剔透，像翠玉雕成的一样。

"爸，你倒有些像退休的老干部了。"这是杨略的评价。

爸爸哈哈大笑。

"我是养花草吗？我是养心,养气啊。你瞧这些花草,不骄不躁,又透出过旺盛的精神气儿,看着心里就踏实。"

杨略带陶坷坷走到阳台上,爸爸放下喷壶,笑眯眯地看着眼前的一对英武少年。

"爸爸,这是陶坷坷,我曾跟你提起过。"

"这名字可是如雷贯耳,都说是出版界冉冉升起的一颗新星啊。"

"谢谢。"

陶坷坷自然得意,也就没有客气。或者说,他从来不习惯于客气。况且,这次的成就,他一直引以为豪,所以夸奖就照单全收了。

爸爸一笑,不置可否,伸出双臂,将两个少年的肩膀都搂住了,一起往客厅里走。

"你来得正好,我给杨略编了十堂课,今天是第七课。你愿不愿意听听?"

原来他通过杨略之口,早知道陶坷坷的情况,也知道这孩子心高气傲,主动来请教自然不大可能,所以直接提出了邀请。

这让陶坷坷觉得很称心。

于是,人生的第七堂课开始了。

第七课 忠于你生命中最有意义的事情——价值观篇

庄子讲过这样两个故事:

故事一:有一种大鹏,它的背脊宽达几千里,振翅飞翔起来,翅膀像是挂在天空的云彩。每当海风起来时,这只大鹏就将迁移而飞往南海。

小鸟笑它说:"我想飞就飞,碰上树枝就停下来,有时候飞不到,便落在地上就是了,干吗费那么大劲,要飞上九万里高空,再向南飞那样远呢?"

故事二:从前有一只海鸟飞到鲁国郊外,鲁侯亲自把它迎进太庙,演奏《九韶》名曲给它听,宰杀牛羊以为膳食。而海鸟却目光迷离,神情忧伤,不吃一口肉,不喝一杯酒,结果三天就死了。

第一个故事里,小鸟和大鹏天赋不同,价值观也不同。大鹏要一飞千里,才觉得快意。而小鸟只要飞到小树上就觉得满足了。这并没有高下之分,道不同,不相为谋,何必强求人家和自己一样呢?只要按照自己的价值观,把自己的才华发挥净尽,也就够了。

第二个故事中,海鸟养尊处优,为什么会死呢?庄子的答案是:"这是人用养自己的方法去养鸟,而不是用养鸟的方法去养鸟。"那么,怎样才是养鸟的方式呢?

庄子说:"应该让海鸟在森林中栖息,在沙洲上走动,在江湖上飞翔,啄食泥鳅小鱼,与群鸟随行而居,自由自在地生活。"

许多人常以自己的价值观来要求别人,希望别人遵照自己的话去做,倘不如此,便觉对方冥顽不灵,甚至无可救药。这显然是愚昧的。

所以,我们要彼此尊重对方的价值观,也要珍视自己的价值观,因为它也是我们选择人生目标的一个密码。

那么,价值观是如何对人生目标选择发挥作用的呢?

通过价值观选择人生目标

对于人生目标的设计,需要重点探讨价值观。

狭义的价值观,就是职业价值观,是指一个人对职业的认识和态度以及他对职业目标的追求和向往。俗话说:"人各有志。"这个"志"表现在职业选择上就是职业价值观,它是一种具有明确的目的性、自觉性和坚定性的职业选择的态度和行为,对一个人职业目标和择业动机起着决定性的作用。

由于每个同学所生活的环境、家庭背景、所看之书、所遇之人都不同,便形成了不同的价值观。

尤其是家庭、学校、社会,对价值观的培养更是重要。家庭作为第一所学校,父母的言行举止,对孩子价值观的养成有潜移默化的功能。而在学校里，同学们了解了更多的知识，价值观渐渐成型。而社会环境和文化传统，也让大家拥有了不同的价值观。比如以前演戏的叫伶人，也叫戏子，是不入流的。而现在的演员却是众人追捧的对象，通过快乐男声、超级女声，许多年轻人都希望通过比赛，成为超级巨星。

价值观具有相对的稳定性和持久性。在特定的时间、地点、条件下，人们的价值观总是相对稳定和持久的。比如，对某种事物的好坏总有一个看法和评价，在条件不变的情况下这种看法不会改变。但是，随着人们的经济地位的改变，以及人生观和世界观的改变，这种价值观也会随之改变。这就是说价值观也处于发展变化之中。

但我们的社会、家庭给孩子树立的价值观，并不是百花齐放，而是非常狭隘。

福州市中选小学曾秀芳老师在"小学生职业价值观调查"中发现：家长从小就给孩子灌输的价值观是收入高、福利好、单位级别高、工作环境要好，要有出国机会。

而孩子们受家长影响，也希望自己以后的工作稳定，有优厚待遇，还希望工作环境舒适、轻松、自由，最好能将工作作为一种消遣、休息或享受的形式。而工作的目的和价值，就在于当领导，可以指挥别人。

中学生的价值观也与此相仿。这种单一、不现实的价值观，直接导致了一些职业千军万马过独木桥，一些职业门可罗雀。

这样会导致两种不好的状况：

1.得意者。他们自觉高人一等，但因为这份工作并非内心的渴求，所以在工作中缺乏内在的驱动力，仅以职位升迁、薪水增加为快乐，容易受外在因素的影响，不能得到真正的快乐。

2.失意者。他们自觉低人一等，勉强做着一份工作，但心有不甘，内心失落，生活不幸福。

所以，社会、家庭、学校应改变观念，尊重各类价值观。作为学生自己，更应尊重自己的价值观，选择自己重视的人生目标。比如，有人觉得教师职业非常神圣，有人觉得科学家贡献巨大，有人觉得作家让人景仰，还有人觉得当技术工人也不错。

总之一句话：忠于生命中觉得最有意义的事。只有这样，当我们面临选择时，会审视哪项职业能给个人带来最重要的意义，然后坚定地选择它，而不在其他无关紧要的事情上浪费时间。

从职业价值观选择职业

一个人的生命是有限的，做什么事情让你觉得有价值呢？每个人的答案肯定不同。好，我们来做这个游戏。

假如你有500点生命值，可以投入到15件事情中去，你会怎样分配呢？

游戏规则如下：

(1)不必所有事情都分配。

(2)每一项投入生命值不低于10点。

(3)投入总数不超过500点。

(4)请选出5项投入生命值最高的事情，并在"投入顺序"中注明顺序。

表7-1

事情	投入生命值	投入排序
1.通过工作能造福他人		
2.通过工作让世界美好，更有艺术氛围		
3.我想从事发明新事物、设计新产品、倡导新观念的工作		
4.在工作中我可以独立思考、学习和分析事理		
5.我能够用自己的方式办事，不太受外界的牵制		
6.我能全力以赴地把工作完成，并看到具体成果		
7.我能受到别人的推崇和尊重		
8.我欲从事策划并能管理别人的工作		
9.我想从事高收入的工作，以便购买想要的东西		
10.我想要一份稳定工作		
11.我想要良好舒适的工作环境		
12.我希望能与上司和谐相处		

13.我希望能与志同道合的同事一起愉快地工作		
14.我想尝试不同的工作		
15.我想选择自己喜欢的生活方式,并能实现理想		

你应该完成了吧? 那么, 你应该大概地知道自己的价值观了。有一些研究者通过大量的调查,根据职业价值观,将职业分为六大类,请看下表:

表 7-2

价值观	特点	适应职业
自由型	不受指使,凭能力拥有自己的小城堡,不愿受别人干涉,想充分展示才华。 对应以上表格中:4、5、14	演员、记者、诗人、作家、漫画家、雕塑家、摄影师、室内装饰专家等自由职业者。
小康型	不管能力怎样,希望工作安稳,心态平和。 对应以上表格中:10、11、12	会计、税务员、银行出纳、办公室职员等。
领导型	渴望社会地位,希望成为组织的一把手,支配他人工作。追求荣名,有较强优越感,希望得到尊敬。不能满足时,会表现出自卑。 对应以上表格中:7、8、9	政治家、律师、公司经理、零售商等。
自我实现型	不关心平常的幸福,一心想发挥个性,追求真理。淡泊名利,无视他人对自己的看法,尽力挖掘潜力,施展本领,且视之为有意义的生活。 对应以上表格中:1、4、15	气象学家、生物学家、天文学家以及实验员、科学报刊编辑等。
志愿型	富有同情心,对别人痛苦感同身受,不愿做表面文章,把默默助人视为无比快乐。 对应以上表格中:1、2、13	社会学家、福利机构工作者、导游、咨询人员、社会工作者、护士等。
技术型	认为立足社会的根本在于一技之长,因此钻研一门技术,认为靠本事吃饭既可靠,又稳当。 对应以上表格中:3、5、6	工程师、机械师、化妆师、司机、木匠、农民等。

现在请将表7-1中最珍视的价值观填在下表,并参照表7-2,进一步思考与这些价值观有关的职业有哪些,写在下面的表格中。

表 7-3

价值观	有关的职业与活动
1	
2	
3	
4	
5	

我们需要积极向上的价值观

在前面，我虽然说每个人的价值观都值得尊重，正所谓人各有志，不能强求，但是我还是希望现在的年轻人，都有积极向上，而不是贪图享乐的价值观。

因为，积极向上，才能给人以幸福。而喜欢安逸的生活，不愿从事任何挑战性的工作的人，日子总会有虚度之感。

我们也知道，许多年轻人是懒洋洋的，毫无斗志，看到有人说奋斗，说人生目标，还会提出反驳：我就喜欢过平淡的日子，与世无争。可是，除非你有足够的自信，否则很难甘于过这种日子的。工作数年后，同学事业有成，得意洋洋，你是不是觉得心里很不平衡？

你也许会絮叨："不就有两个臭钱嘛，有什么呀。"这种话有股酸葡萄味儿了，你自己听了都觉无趣。

其实，要想真的与世无争，并且心里平和，必然要先拼搏一番。用爬山来作比喻。在山脚之人，总是羡慕爬上山顶的人，觉得那儿肯定风光无限，但自己却没有勇气尝试。终于有人立志要攀上山顶，一路险象环生，一路山明水秀。终于到了峰顶，一时眼界开阔，土地如棋盘，行人如草芥，一时意气风发，要呐喊几声，引来无数艳羡的眼光。但久了便觉孤单，又觉别人目光太锋利,忽有所感:我吃不过三餐,居不过一室,天高地阔,皆是身外之物,即使登临高境,也不算什么征服。于是欣欣然下山去,重新到山脚下安居。

这就是从"看山是山",到了"看山又是山"的境界。尽管字眼相似,但却经过了奋斗,经历了艰辛,看淡了人世繁华,心里豁亮明澈,再无忧烦萦绕心际,这便是神仙般的人物。

老子再飘逸超尘,也要说:"功成而身弗居。"所以,功还是要成的,但却不用留恋,因而也不受束缚。就像范蠡一样,扶越灭吴,完成大业之后,立即辞官而去,翩然浮于五湖。民间太喜欢他的超脱了,传说中,就把同样可爱的西施也赠与他,让他们二人携手同游,做一对神仙眷侣。

所以,人还是要轰轰烈烈一番,再绚烂至极,归于平淡。

奥地利心理学家弗兰克尔认为,一个人心理健康的基础,并非知足常乐、平常心之类的,而是目前现状与心中理想之间存在的差距。换句话说,一个心理健康的人,都需要一个目标,既有挑战性,又不是虚无缥缈。这样才能经营出一个幸福而充实的人生。

就像《于丹<庄子>心得》中所说:

在这个世界上,有这样一种辩证的关系,真正稳当的东西都处在动态之中。比如陀螺旋转,这是一个特别有意

知识点链接:

范蠡,公元前496年左右入越,辅助勾践20余年,助其灭吴。范蠡以为大名之下,难以久居,就乘舟泛海而去。后至齐,父子努力耕作,财产数十万。齐人听说他的贤名,拜他为相。范蠡辞去相职,定居于陶,开始经商,积资巨万,称"陶朱公",成为富人的代名词。他既能治国用兵,又能齐家保身,是先秦时期罕见的智士。

弗兰克尔,奥地利心理学家,二战时被囚禁于奥斯威辛集中营,并悟出一个道理:无论外界压力如何,人依然可以选择看待压力的态度。在集中营里,他感受到了生命意义的强大。二战后,他开创意义治疗,协助患者从生活中领悟自己生命的意义,借以改变其人生观,进而面对现实,积极乐观地活下去,努力追求生命的意义。

思的现象。真正会抽陀螺的人，总是不停地让陀螺旋转着。旋转就是它的价值。等陀螺一旦停止下来，就失衡了，就倒地了。所以动态是最好的平衡。

生命也是如此，要用人生目标赋之以动力，不至于变成一潭死水。东汉末年，广陵太守陈登见胸无大志的好友许汜来拜访，问他有什么事情。许汜说想谋求田地，购置房产。陈登听罢，非常失望，招待很简单，晚上让他睡在下床，而不是像挚友一般抵足而眠。几年后，许汜在荆州牧刘表手下任职，同刘备谈起此事，颇有怨词，认为陈登不看重故友。刘备却说："如今天下大乱，你忘怀国事，只顾求田问舍，陈登当然看不起你。如果碰上我，我将睡在百尺高楼上，叫你睡在地下，岂止上下床之分呢。"

而我们处在什么样的时代？这是一个风云激荡的年代，这是一个机会频生的时代，这是一个人人追求中国梦的时代。英雄不问出处，只凭胸中大志，腹中才华，经过长期努力，必能成就事业。

当然，这世界并不完美，公平、正义、和平，都时时遭遇挑战。但正因不完美，我们才有用武之地，用自己的力量，去弥补这些裂痕。

生命的价值就在于此。

陶坷坷从来没有想过这些问题，听着杨爸爸的滔滔大论，尤其是刘备责骂许汜求田问舍，胸无大志那段，更是有醍醐灌顶之效，一时竟呆住了。18年来，自己又在追求什么？如果自己站在刘备面前，会是怎样的畏缩与羞惭呢？

爸爸安静下来，喝了口茶水，注视着陶坷坷，问道："坷坷，我想听听你的成长历程，可以吗？"

"成长历程？"陶坷坷从思绪中走出来，"很简单啊，上完幼儿园上小学，然后是初中，现在莫名其妙就上了高中，以后会怎么样呢，我也没怎么想过。"

"那你的家庭，对你有什么影响？"

"家庭？我爸是广电集团老总,总是很忙,没什么好说的。我妈呢,以前是个电视台主持人,算是多才多艺吧,生下我以后,就辞了职,在家做全职太太,硬要教我琴棋书画什么的。我不肯学,她也没办法。后来我长大了,独立了,她觉得没事可做,就经常找朋友打麻将。"

"基本上是你妈带你？"

"是啊,但我烦她,老是催我写作业,要我努力学习,以后怎么样怎么样。可我从来没见她看过书。不是有那么句话吗？己所不欲,勿施于人。她都不学,可见学习不是什么好玩的事情,可偏让我学,这公平吗？就冲着她那张教导人的脸,我就想逃学。"

爸爸点了点头。家长是第一任老师,言传自然不如身教。这他是极有同感的。

"那你爸爸管过你吗？"

"他呀,大忙人一个,哪有时间管我？不过有段时间,看我妈管得不好,就把我带到身边,上哪儿都带着我。谈项目啊,做节目啊,有 party 也带我参加。一开始我还觉得好玩,可时间长了,看他们都假惺惺地说话,我就觉得恶心,也不大去了……"

爸爸哈哈笑了:"坷坷,你真是身在福中不知福啊。要知道,你爸给你的教育,那真是千金难买,普通人根本不敢想象的。你知道他为什么带你去那些正式的场合吗？想过吗？就是为了让你从小就适应那种环境,以便长大以后踏入商界,一切轻车熟路,从容不迫,而不是像刘姥姥进大观园一样,什么都觉得新鲜,心里还惶恐不安。"

"是吗？"这是陶坷坷不曾想过的。以前还总怪他爸爸,觉得他不负责任,为了不影响工作,随随便便就把自己带在身边。小孩子,原本应该属于游乐场嘛。整天穿着小西服,出入交际场所,不是扼杀天性吗？于是到了初中,他开始叛逆,牛仔裤要买破洞多的,头发也染成黄色。

听了杨略爸爸的点拨,他开始回想起许多事情。

那时,每次谈项目之后,他爸爸就会问:"你怎么看？"表情认真,决不像开玩笑,仿佛是对着同龄人询问建议。他也大胆,信口开河地畅谈一番。

现在想来，这也是一种锻炼啊。

心里一股暖意流过。

"原来他是这样的呀。"

杨略爸爸接着说："有人说，穷养儿子，富养女儿，因为儿子坚强，女儿娇嫩。这自然是偏见，但我们可以借用它的意思。穷人家养孩子，要培养孩子的勤奋坚韧，就像陈高照那样。富人家养孩子，就要利用条件，开阔孩子的视野。我想，坷坷，你爸爸就是这样做的。"

"是啊。"思路一旦打通，陶坷坷想起爸爸的许多事，都有着良苦用心。"去年暑假，他还带我去了德国。"

杨略一听，心里自然羡慕。

"在德国感觉怎么样？"

"当时只是觉得好玩。德国居然有个巧克力博物馆，里面可以看到巧克力制作的全过程，空气中一股巧克力味道，别提多爽了。"

"我想你爸不单单是让你去吃巧克力的吧？"

陶坷坷想了一想，说道："我爸还带我去了德国的一些大学。我书读得不多，在德国我就知道几个人，除了马克思，就是恩格斯。这两个大胡子，因为上课总提到他们，早就觉得烦了。可在那儿，我爸介绍了他们的生平，我这才肃然起敬。别人都在柴米油盐，他却在考虑全世界。"

他漫不经心惯了，忽然讲起这种大道理，似乎还有些不自然。

这两个大胡子，杨略爸爸自然是十分熟悉的，于是接上了他的话头："不错，马克思读中学时就说：一个人只有为人类劳动，才能成为真正的伟人。这就是他的境界。现在谁要还说这个话，恐怕会被嘲笑成狂妄自大了。但无论哪个时代，都需要这样的人物啊。"

得到了鼓励，陶坷坷表情自然了些，继续说下去："在他的雕像前，我也想了很多。现在中国经济方面存在问题很多，房价虚高不下，政府屡次打压，却只是火上加油。虽然对我自己影响不大，但太多的人深受其害。作为年轻人，我应该做些事情。"

他娓娓道来，脸色肃穆，目光专注，嘴角微微颤动。心里涌动着激流，使命感和神圣感涌来，让身心一起激越。但又自嘲了一下，目光黯淡了去。

"但那只是一时的想法，回来以后，天天读书玩游戏，那些念头，也就抛在脑后了。"

杨略爸爸说："我觉得这种念头难能可贵。美国总统罗斯福的家训就是：出身富贵，更要为弱势群体负责。因为家境良好，没有生活负担，有余暇去考虑大事。坷坷，你恰好有这个条件，所以要承担更大的责任。"

陶坷坷的目光重新被点燃起来，问道："叔叔，你看我以后应该做什么呢？"

"不要问我，要问你自己三个问题：你擅长做什么，喜欢做什么，还有，做什么事让你觉得有意义？"

陶坷坷沉默了，内心转着无数念头。前些天的大手笔，让他至今洋洋自得，幸福无比。别人说他是商业奇才，怕也有些道理吧。加上家庭原因，他从小见多识广，都是有利条件。虽然度过许多荒唐岁月，现在重新努力，应该还来得及。

"我想，以后还是踏入商界吧。"

杨略爸爸说："我的建议也是这样。优秀靠自己，成功靠机遇。现在开始，就好好准备吧，厚积方能薄发。"

陶坷坷点了头，杨略心中一块石头落下。之前陶坷坷总与自己争长短，却忘记了成功是做最好的自己。现在他终于要走自己的路了。还有什么比这个更珍贵呢。

"可是，我该准备什么呢？"

杨略笑了："当然是好好学习，以后读经济学，再到哈佛商学院去镀金。"

杨略爸爸却说："坷坷，我还有一个建议。恕我直言，你上次的成功，一半是靠你的才智，一半是靠你爸爸的帮忙。以后你肯定要独当一面，没了靠山，那时你该怎么办呢？你必然要把握全局。所以我觉得，在学生时代，你除了熟悉上流社会，熟读商业理论，还有一个地方，你是不能忽略的。"

"什么地方？"

"社会的底层。你从小出身富裕，对贫苦人民的生活知之甚少。所以你应该走下去看看。一来呢，你会懂得他们的需求，从而开拓市场；二来呢，能培养你的责任心，做个有良心的商人。"

第八章

专业没有好坏之分,别尽看热门专业,关键要你适合学什么,喜欢学什么。如果有潜力、有兴趣,再冷门的专业,你都能学得津津有味,日后也能大有作为。

"略略,舅舅,舅妈,我来啦!"

伴随着门铃,门外响起了一个声音,清脆地打破了周六下午的闷热。

杨略去开了门。外面站着一个女孩,头发短得像个男生,冲他微笑,大眼睛快活地转个不停。下着蓝色牛仔热裤,露出苗条洁白的长腿,上穿蓝色紧身海军衫,领口挂着墨镜,背一个硕大的旅行包。因为走了路,额头沁了些汗,脸蛋白里透红,现出两个圆圆的酒窝,全身迸发出无限活力和蓬勃生机。

杨略觉得陌生。

"你……?"

"怎么,不认识我了?"

大眼睛露出好笑又恼火的表情。她叉着腰站着。

"朵朵!"

杨略这才认出来,眼前的女孩是他表姐,姑妈的女儿,小名朵朵,比他大一岁,从小一起玩,所以向来直呼其名。但自从读高中以后,两人都忙,朵朵又住在另一个城市,就生疏了些。在杨略印象中,朵朵是个穿校服留马尾辫的普通女孩,不料现在竟出落得这般光鲜夺目。

朵朵走进来,一手叉腰,一手很老练地拍着杨略的肩膀:"略略。很久没见,又变帅了,迷倒一大片女生了吧?"

"哪有你的魅力啊。"杨略答应着,接过了背包,边往里面走边喊,"爸,妈,朵朵来了!"

爸爸妈妈都从房间里出来,见了朵朵,都是不尽之喜。妈妈上前去,握住她的手,上下不住地端详。

"朵朵啊,刚才还说起你呢,想问问你高考怎么样?可巧你就来了。算起来,这都三年没来这儿了。你是越来越漂亮了。"

一听到高考二字,朵朵的大眼睛顿时变得气馁,红润的嘴唇嘟了起来。

"舅妈,你怎么一来就问高考啊。自从前天考完,我妈整天让我估算分数。你说,分数是定的,就算估了,又不会高起来,费那劲干吗?她还说了一大通,什么填志愿啊,托关系啊,我听得都烦了。这不,我投奔你们来了。"

"事先也不打个电话……"

"怎么,舅妈,你嫌我烦啊?"朵朵娴熟而可爱地撒了娇,"你要嫌烦,我立刻就走。"

"啊哟,我的大小姐,你来了我高兴都来不及呢。来来来,先坐下凉快凉快,我帮你收拾房间。略略,你去切西瓜。朵朵,和你舅舅聊聊天,他可关心你了。"

"哎,谢谢舅妈。"朵朵乖巧地答应着,洗了手脸,在沙发上清清爽爽地坐下,吃着西瓜,和杨略父子有一搭没一搭地说着话,眼睛却粘在电视上了。电视里放的是"精彩男孩",某电视台的选秀节目,已进入五选四的阶段,吸引了无数观众。

"蔚然!"她忽然尖叫了一声,将旁边的人吓了一跳。

电视里出现了一个羞涩的大男孩,算不上英俊,但也清秀,深情款款地唱歌,歌声清新,悠扬,轻快,然而怯生生的。再看朵朵,大眼睛盯着电视,亮晶晶的,一眨不眨,手中的西瓜也忘了吃。一曲终了,她才回过神来,像在清池中畅游了一番,愉悦,陶醉,还有些疲乏。

"好崇拜啊。蔚然!略略,舅舅,赶紧,发短信支持一下!"说罢扔了西瓜,掏出手机,噼里啪啦地按键。

接下来的几天,一到"精彩男孩"栏目,她立即端坐电视机前,等着心仪的蔚然出来,为他加油,为他忧伤,为他发短信助威。客厅里总听见她一个人的尖叫,或兴奋,或紧张,甚至伤心,都非常真诚。杨略亲眼看到她眼眶里的泪水晶莹闪烁,地上是揉皱了的纸巾。

高考成绩出来了,朵朵在网上查了分数,表情却有些平淡。倒是杨略比她还着急。

"多少分?"

"一般,比重点线高了 50 分。"

"真棒!"

"你表姐正常发挥而已。"

"宠辱不惊,真是大将风度啊。"杨略对她的洒脱无限佩服。

朵朵却心不在焉地一笑,电视里的蔚然又吸引了她的眼球。等杨略爸爸回来,看朵朵依然没事儿似的,唱唱歌,上上网,还牵挂着一个不相干的人,也有些着急,加上他姐姐——也就是朵朵妈妈——的催促,也就不能任其自由了。

"朵朵,要填志愿了吧,想过怎么填吗?"

"舅舅,我好不容易考完试,人民翻身得解放,还天天敲锣打鼓扭秧歌呢,你就不能让我再清闲几天哪?"

"填什么大学,也没想过?"

"蔚然在武汉,那我就填武汉大学,要是分数不够,就填武汉理工、武汉工商,最次的武汉职业学院也成。"

"就这么迷他?"

"舅舅啊,你不知道蔚然的眼神有多迷人,那么明亮,那么忧郁,歌声那么动听,听得我心都要碎了。"

"可你知道他是什么样的人吗?"

"知道啊,身高 170 厘米,虽然不太高,但又不是打篮球,要那么高干吗? 今年 21 岁,比我大不了多少,是武汉大学的大三学生,学的是计算机,家里条件不好,电视里说了,他是单亲家庭,难怪眼神那么忧伤,让人心疼。"

"那你去武汉以后呢?"

"以后?"朵朵的大眼睛转了几圈,"没想过。"

"唉,让我说你什么好呢? 考大学是件大事,填什么学校,读什么专业,事关以后的前途。"

"得了得了,舅舅,你这话和我妈一样。我早想过了,能考多少分,就上什么档次的大学,这不是我能做主的。至于读什么专业……其实,读什么还不一样啊？我听说了，大学毕业后，很少有人能从事对口的工作。"

杨略爸爸表情严肃起来，递给她一篇文章："你先看看这篇文章。"

朵朵接过来，是一则剪报，《错选的专业》，署名"赵巍"，摘自《泉州晚报》。

我们相遇在江南水乡。你用我未曾触摸的术语，散发着你的单调与枯燥。阳光洒在我光洁的额头，心情却黯淡下来，我想这是场错误的相遇，我们并不合适。回头？似已太难。

被动地和着你的节拍，满身疲惫地去投入，对你一直都热情缺失，甚至会偶尔冷落，同"梦中情人"屡屡幽会，他们是莎士比亚，是狄更斯，是鲁迅。只有在期末考试前夕，我才会给你近乎谄媚的笑。对我的出轨，你当然不会视而不见，于是分数就是你给我的警告。我声泪俱下，我沉痛忏悔，但很快就抛到九霄云外。

就这样，我们走到了下一个路口。这时，摆脱你的机会来了，我却心软了，毕竟投入了这么多年。也许是我用偏见遮蔽了眼睛，如果善待你，我们也会如胶似漆吧？在迷茫中，我用你给的姓氏和身份投入到现实中。然而，越了解你，越不爱你。每一天，我都在挣扎，在等待离开你的机会；每一天，我都发现自己在被你改变着，渐渐沉默，遵循你的方方正正，我不喜欢的方方正正。

客观地说，你并非一无是处。你赋予我冷静、理智和严谨的思维，它们和现实如此相容，的确是我不错的归宿。既然选择了，我会好好地爱你，却保留同时爱他人和今后背叛你的权利。于是，我作别往日里追逐梦想的决心，嫁给现实的、稳定的、刻板的、理性的、平凡的生活。

也许会的，我会慢慢习惯你的，我错选的专业。

朵朵看完了，锁着可爱的眉头。

"写得够惨的呀，把选专业比作选老公。真有这么严重吗？"

杨略爸爸点点头："这篇文章很巧妙，也很真实。选错了专业，不但上学痛苦,找工作时又不忍转行,于是人在职场,就身不由己了,只好继续痛苦下去。你说得对,可以跳槽。可往哪儿跳? 其他行当也要工作经验的。而你没有,人家怎么会要你? 于是只好沿着老路走下去,最多在同一行业中找个待遇较好的单位,真是食之无味,弃之可惜,又谈什么快乐人生呢? 到了后来,也就想通了,叹口气,唉,人生不就这么回事嘛。可为什么有的人,就把人生经营得那么井井有条,成就斐然呢?"

朵朵的脑子塞不下这么多东西,一时乱糟糟的,就觉得无聊,幽幽地叹了口气。

"这么麻烦啊。还不如傍个大款得了,省得操那么多的心。"

杨略爸爸倒被逗笑了,接着自己的话头:"即使读大学可以转专业,毕业可以转行,但无疑浪费了时间。而大学是学习的最佳光阴,绝对不能虚度。傍大款,确实是个不错的选择,可惜竞争太激烈,又太不牢靠。"

朵朵终于有些动心了,暂时把蔚然抛在一边。

"那我该怎么办呢? "

杨略爸爸没有立即回答,却掏出一叠讲义,又喊了一声:"略略,你过来一下。"

等杨略从书房走出,三人在沙发上坐好,人生规划的第八堂课开始了。

第八课　怎么选大学专业——高考志愿篇

如今高考结束,又是填报大学专业志愿的时间。前几天我接到了许多电话,都是朋友的小孩,劈面而来第一句都是:"你觉得什么专业好?"

我费力地解释,专业没有好坏之分。别尽看热门专业,十年河东,十年河西。现在的热门,到了你毕业时,谁知道又是怎样的形势呢。就像股票一样,在行情上涨的时候买,以后说不定会一落千丈。选专业关键要你适合学什么,喜欢学什么。如果有潜力、有兴趣,再冷门的专业,比如考古、地质,你都能学得津津有味,日后也能有大作为。否则就算读清华的建筑系、北大的中文系——那可都是国内冒了尖的——但你也会苦不堪言……

那边沉默了。

我知道，他肯定觉得，我的话是高射炮打苍蝇，一点用也没有。但事实就是这样，对自己的兴趣、个性、价值观、优势智能都不了解，冒冒失失就来问什么专业好，那肯定是竹篮打水一场空。

一、大学专业选择的误区

我以前说过，小学为职业的预备期，涉足各个领域，发现优势智能；中学为探索期，发现兴趣，选好大致的发展方向，填报大学志愿；大学里在专业上用心经营，毕业时整装待发。如此环环相扣，水到渠成。所以填报志愿意义重大，不可能在几天里一蹴而就。

我曾经有这样一个学生，名叫张大勇，快大四毕业了，身边的同学大都找到了工作，可他却屡战屡败，工作至今还没有影子。问题出在哪？前途在哪？他感到很迷茫。

我为他分析了原因。原来大勇读高中的时候，数学还可以，不喜欢物理和化学。可他父亲"高瞻远瞩"，为他选择了自动控制专业，理由是读这个专业将来好就业。他拗不过父亲，只好按父亲的愿望，报读了自动控制专业。

进入大学后，大勇感到无线电基础理论学习起来并不轻松。先是电工、电子技术学起来头痛，学那些电路基础、模拟电路，图纸上那些密密麻麻的元器件，他一看到就头大。

专业没学好，一晃儿四年过去，他要找工作了，但因为能力不行，最终的结果自然是无人问津。

毕业后怎么办？是搞专业还是改行，自己的核心竞争力在哪里？他对未来感到迷茫，父亲只知道埋怨儿子读书不努力，却不知道正是自己给儿子播下了一粒难以生根、发芽的种子。

大勇的事例非常具有典型性。考生在填报志愿时往往由父母或老师做主，盲目选报所谓"热门"专业，一会儿数理化吃香了，就强迫孩子穿数理化的鞋子；一会儿文史哲吃香了，又强迫孩子穿文史哲的鞋子；听说某校是名牌大学，即使鞋子不合脚也要千方百计把孩子塞进去。

全国一项针对"当代大学生对所学专业满意度"的调查表明：有42.1%的大学生对自己所学的专业不满意。如果可以重新选择的话，有65.6%的大学生表示将另选专业。其原因分别是：对专业不感兴趣的占48.2%；不看好专业就业前景的占16.1%；就业困难的占26%；受家庭影响的占0.9%；其他因素有8.8%。

这是一个极其严重的问题。但只有一些勇敢的学生能够改变现状。我还有一个名叫董芸的学生，曾就读于英语系，也是热门专业。但他性格内向，进入大学后，才意识到自己并不适合学英语，因为他不善于语言交流，一紧张就脸红、结巴，好几门专业课都没及格。他觉得，"学不喜欢的专业，简直就是自虐。"于是，他退学重新参加高考。这次他很慎重地选择了哲学专业。经过一段时间的大学生活，他在思考和写作方面的优势慢慢显现出来。他高兴地说："这才感觉我回了自己。"

但是，像董芸这样的学生又有几个？大多数都成了张大勇，在无奈中消磨日子。

前车之鉴，后事之师。我们要明确，高考所报专业符合自身所长，并与未来的职业对路，则职业发展得好；如果错位，将导致职业受阻。高考是人生的第一次职业定位，必须通过规划找准职业方向；否则，很容易出现职业迷茫。

二、如何正确选择大学专业

为了填好志愿，选择适合自己的大学专业，高中生应该怎么办呢？我觉得，主要有两个理念、三个方法。

第一个理念，自我规划。

美国学生从五年级就开始做自我规划，因为他们知道，自己不过是寄居在家庭中的社会人，18岁就该成人独立，所以很早就规划自己的未来，考不考大学，读不读研，都由自己决定。

与此形成鲜明对比的是，我国内地学生的学习成绩不错，考试能得高分，但是在谈到自己的兴趣和个人规划时，却说不出来。很多学生在高中毕业时，问他喜欢什么学校，什么专业，既然不知道，那么往往会由家长、老师包办。包办婚姻遭人唾弃，包办人生更应严正杜绝。

光线传媒的刘同说得很到位："很多父母对自己子女说：你毕业了就回老家，我们托人帮你找一份工作，买套房子，找个好男人嫁了，生活安心，我们也放心。但每个人生下来不就是为了见识这个世界么？如果我们都变成小肥羊的羊，肯德基的鸡，生下来就是为了死，我宁愿从来就不被生下来。爱是理解，不是禁锢。生是见识，不是活着。"

为了有质量的人生，我们应该自主规划人生。而18岁的少年自主选择专业，就是走向独立的第一步。

所以，选择专业可以向师长、父母、朋友寻求支持，但绝不可依赖。未来数年的求学生涯，未来数十年的职业生涯，怎能轻易托付于他人之手呢？对现在选择专业负责，就是对自己的未来负责。

黑龙江省宁安市的15岁少年倪世明，2004年考取了中国科技大学少年班，但发现该班只有数学、物理、计算机三个专业，没有他最喜欢的化学专业，便毅然退学。他觉得学习少年班的专业，多年后中国只会多一个平庸的大学教师，而不是一个化学专家，自己还可能心情压抑干傻事。他说："每个人都有一双合脚的鞋子。历数前贤，哪个有出息的人不是因为找到了合脚的鞋子呢？"

他回到母校复读，平静地对待旁人的猜疑与误解，坚定地把2006年的高考目标锁定在北大化学系和吉大化学系。

我在以前的若干节课上，从能力、兴趣、价值观、个性四个方面，通过测试与实践，可以做到"知己"。朵朵，你也可以做做那些测试题，相信对你会有帮助。

第二个理念，早些行动。

岁月流逝，中学生活在忙碌中悄然溜走。大家像一匹埋头苦耕的黄牛，忙得不亦乐乎，却忘了抬头看看前路，觉得选择专业还很遥远。直到高考结束，卸下重荷，空出手来要填报志愿了，可面对林林总总的专业，才发现是老虎吃天，无从下嘴。确实，没有对专业的充分了解，没有对自己的透彻评估，却要在半个月内，选择日后数十年的职业轨迹，这谈何容易？

所以选择专业要早些准备，做到"知己知彼"，心中有底，才能打好这场没有硝烟的战役。

在我看来，从高二开始就要通过各种途径了解大学专业情况，比如看各个大学的网站，尤其是综合性大学，比如北大、清华、浙大，专业门类比较齐全，都有详细的介绍，包括专业的培养目标、课程设置、就业方向等。如果你选定了有兴趣的专业，甚至可以借用节假日，在图书馆翻阅大学的相关教材，看自己是否有兴趣。

不要觉得高中生看大学教材很不可思议。我认识一个学生，高中时成绩原来一般，但对生物特别感兴趣，觉得高中课本太简略，就兴致勃勃地去读大学教材，结果在奥林匹克生物竞赛中获了奖，一时成为校园名人。他也更为自信，其他成绩跟了上来，大学读了生物学，念得有滋有味，现在又到美国深造去了。

有了这两个理念，我们再谈三个选择专业的方法，也可以说是三部曲。

第一个方法，兴趣导航法。

如果你有自己明确的兴趣爱好，就拥有了最优良的导航仪，可以指引你选择最合适你的大学专业，而且在大学的学习中如鱼得水，全身心地投入。

著名生物学家和性学家金赛在高中时就喜爱生物，常步行数十里考察植物和昆虫，并乐在其中。但他的父亲却觉得当机械工程师才有前途，于是强制他去学习机械。在大学里，他像陷入泥沼，完全失去学习动力。在绝望的边缘，他选择转学，去另一所大学读生物。父亲大为生气，并断绝了资助。金赛在新学校里，像是获得了新生，变得勤奋、热情，虽然是半工半读，但只用了一年时间，就学完三年课程，而且所有的成绩都得了A，被推荐到哈佛继续深造，最终功成名就。

如果我们梳理金赛的成长轨迹，就可以看到，他人生的关键一步，就是响应了内心的渴望，以兴趣为导航仪，走出了适合自己的发展之路。

如果你像金赛一样，对某一门专业具有强烈的兴趣，那你就可以毫不犹豫地决定，甚至无须担心日后的就业等问题。

所以，兴趣导航法是最为轻松愉快的方法，也是我最为推荐的方法。

可惜现实问题是,经过多年的应试教育,很多同学并没有非常明确的兴趣。

但即便如此,每个人都有大概的兴趣范围。了解了这个范围,我们就要使用第二个方法。

第二个方法,迎合需求法。

所谓迎合需求,就是了解社会对该专业人才的需求情况,在兴趣范围内,尽可能选择朝阳型专业,以便以后有更大的发展空间。一般而言,当一个专业的人才培养超过社会人才需求时,该专业为冷门专业;反之,社会需求超过培养人数,该专业为热门专业。这从每年专业报考人数和招收分数即可看出。

但问题在于,供求关系是动态的。从1999年开始,高等教育进入大扩招。而扩招最多的就是专业,就是所谓的热门专业,比如法学、管理学等,结果短短四五年后,供求超过社会需求,热门专业成了冷门专业。与此相反,一些冷门专业,由于报考人数少,毕业生反而很吃香。这就是专业的冷热交替变化,其中变化规律,需要好好把握。

我们考生要想把握规律,必须了解社会需求的短期趋势和长期趋势。

我们来看下面这个表格中列举的2016、2017年本科就业红黄牌专业,从中可以看到一些端倪。

2017 年		2016 年	
红牌专业	黄牌专业	红牌专业	黄牌专业
历史学	化学	应用心理学	生物工程
音乐表演	临床医学	化学	动画
生物技术	应用心理学	音乐表演	艺术设计
法学	广播电视编导	生物技术	法学
美术学	生物科学	生物科学	应用物理学
生物工程		美术学	

数据来自《2016年中国大学生就业报告》和《2017年中国大学生就业报告》

所谓红牌专业,是指失业量较大,就业率、月收入、就业满意度都较低的专业,为高失业风险型专业。

所谓黄牌专业是失业量较大,就业率较低,月收入较低且就业满意度较低的专业。

那么,这些专业何以被亮红黄牌?如果我们仔细分析,会发现其中原因。

(一)毕业生数量大。这些专业因为开设的学校多,毕业生数量多,导致供大于求,成为报考时的热门,就业时的冷门。比如法学就是如此。

(二)社会需求量少。比如音乐表演、美术学、应用物理学、化学等专业培养的毕业生,因为社会需求少,导致就业率不高。

(三)培养质量不高。还有部分专业设置没问题,可惜很多高校苦于师资力量不足,人才培养质量达不到产业的要求。比如社会上对广播电视编导的需求非常大,说起来应该供不应求。但遗憾的是,毕业生中只有一小部分能满足行业需求,其余大部分找不着工作。动画、艺术设计专业的现状也大致相仿。

(四)用人单位学历门槛高。比如生物类专业的低就业率,是因为研究所和医药公司的门槛很高,只接受博士硕士,却将本科生拒之门外。因此读生物学相关专业,就要做好读博的准备。

2016年中国本科专业就业率最高的20个专业				2017年中国本科专业就业率最高的20个专业			
专业名称	就业率	专业名称	就业率	专业名称	就业率	专业名称	就业率
物流管理	96.6	市场营销	95.4	软件工程	96.5	数字媒体艺术	94.8
电气工程及其自动化	96.4	食品科学与工程	95.3	工程管理	95.9	市场营销	94.6
软件工程	96.2	车辆工程	95.3	建筑环境与设备工程	95.8	交通运输	94.6
建筑环境与设备工程	95.7	财务管理	95.3	电气工程及其自动化	95.5	电子商务	94.6
地理信息系统	95.6	热能与动力工程	95.1	信息管理与信息系统	95.4	园林	94.6

人力资源管理	95.6	过程装备与控制工程	95.1	护理学	96.4	康复治疗学	94.5
护理学	95.5	工程管理	95.1	热能与动力工程	96.2	车辆工程	94.4
预防医学	95.4	数字媒体技术	95.1	机械电子工程	95.9	预防医学	94.4
地理科学	95.4	小学教育	95.1	物流管理	95.7	安全工程	94.3
信息管理与信息系统	95.4	数字媒体艺术	94.9	数字媒体技术	95.6	地理科学	94.0

数据来自《2016年中国大学生就业报告》和《2017年中国大学生就业报告》

　　这些被称为"绿牌"的专业的社会需求旺盛,就业率和薪资持续走高。我们可以将之分为以下几类:

　　(一)社会服务专业。在表格中,我们可以看到物流管理、人力资源管理、市场营销、工程管理、财务管理、工商管理、广告学等专业,就业率持续走高,这也符合我们经济的发展趋势。

　　(二)与医药相关的专业。比如护理学、预防医学、康复治疗学,以及排在前50的医学影像学、医药工程,这和人们生活富裕,越来越有能力注重身体健康有关。

　　(三)与互联网及电子信息有关的专业。随着互联网的飞速发展,与之相关的专业人才也开始走俏,比如注重技术的软件工程、信息管理与信息系统、信息工程、计算机科学与技术、网络工程、光信息科学与技术、信息与计算科学、通信工程、电子科学与技术,以及注重应用的数字媒体艺术、电子商务等专业,都属于这一类。

　　(四)与材料、建筑、运输有关的专业。中国依然处于大建设时期,所以热能与动力工程、过程装备与控制工程、复合材料与工程、工程管理、交通运输、汽车服务工程、安全工程、交通工程、工业工程等专业毕业生的就业率都很高。同时我国也开始注重环境保护,所以环境工程、建筑环境与设备工程,以及园林学等专业毕业生的就业率都很不错。

　　从中我们可以看到,一个专业毕业生找工作是否容易,与国家经济形势有着紧密的联系，需要我们仔细分析，认真思索。

讲到这里，朵朵，略略，你们要结合自己的优势智能、潜能兴趣、职业个性、职业价值观，并了解社会需求，做出专业的终极选择。

专业终极遴选

	专业1	专业2
专业大类		
专业细目		

谈完专业，再来谈如何选择大学。

第三个方法，分数定位法。

此前我们依据自我兴趣，确定想读的专业范围，继而根据就业前景，进一步缩小范围。接下来，我们有一个现实的问题，那就是根据你的分数及排名，能被哪些学校录取。

（一）学校定位。按照你在全省的排名，找到去年投档线上相应名次的高校。这所学校的投档线，就是我们的基准分。该名次前的10所学校（投档分等于或大于基准分5分）和该名次后的20所学校（投档分比基准分低30分），都是你可以填报的学校。

（二）填报志愿。在志愿填报中，我们要遵循这样的原则。

第一志愿跳，选择投档分大于基准分5分以内的院校。

第二志愿平，选择投档分低于基准分5分以内的院校。

第三志愿稳，选择投档分低于基准分6~12分以内的院校。

第四志愿保，选择投档分低于基准分13~20分以内的院校。

第五志愿走，选择投档分大于基准分21~30分以内的院校。

这样说还是有些抽象，朵朵，以你为例吧。今年你全省文科排名是1138名，我们来看去年这个名次对应着哪所学校的投档分，嚯，很不错，是北京航空航天大学，那么北航前面的10所，和后面的20所，都在你的选择范围内。

序号	院校代码	院校名称	文科分数线	文科名次号
12	3543	厦门大学	629	1~000800
13	1	浙江大学	628	1~000824
14	4055	武汉大学	626	1~000932
15	1203	南开大学	625	1~000978
16	3105	华东师范大学	625	1~000989
17	3165	同济大学	625	1~000988
18	4436	中山大学	625	1~000964
19	1210	天津大学	622	1~001156
20	3206	东南大学	622	1~001123
21	3731	山东大学	622	1~001137
22	1116	北京航空航天大学	621	1~001182
23	3106	华东政法大学	619	1~001314
24	3281	苏州大学	618	1~001398
25	5141	西南财经大学	618	1~001433
26	1105	北京第二外国语学院	617	1~001469
27	1153	中国传媒大学	617	1~001455
28	4095	中南财经政法大学	616	1~001578
29	3240	南京大学	615	1~001637
30	1142	北京语言大学	614	1~001676
31	4034	华中科技大学	614	1~001687
32	6127	西安交通大学	614	1~001714
33	3259	南京师范大学	613	1~001751
34	4428	暨南大学	613	1~001770
35	5120	四川大学	613	1~001796
36	1157	中国农业大学	611	1~001936
37	1121	北京交通大学	610	1~001995
38	3101	东华大学	610	1~001957
39	3112	上海大学	610	1~002006

40	4314	湖南大学	610	1~001978
41	1127	北京理工大学	608	1~002152
42	1167	中央民族大学	608	1~002104
43	2220	吉林大学	608	1~002136
44	1123	北京科技大学	607	1~002226
45	4365	中南大学	605	1~002457
46	1146	华北电力大学(北京)	604	1~002539
47	2108	大连海事大学	604	1~002480
48	3119	上海对外贸易学院	604	1~002571
49	3246	南京航空航天大学	604	1~002505
50	3763	中国海洋大学	604	1~002522
51	4424	华南理工大学	604	1~002552
52	5011	重庆大学	604	1~002492
53	3104	华东理工大学	603	1~002609

然后结合你的兴趣,填报你的志愿:

第一志愿跳,选择投档分大于基准分5分以内的院校,比如文科较强同时处于广州的中山大学。

第二志愿平,选择投档分低于基准分5分以内的院校,比如处在北京的中国传媒大学。

第三志愿稳,选择投档分低于基准分6~12分以内的院校,比如上海大学。

第四志愿保,选择投档分低于基准分13~20分以内的院校,比如重庆大学。

第五志愿走,选择投档分大于基准分21~30分以内的院校,比如不在这份表格中的首都师范大学。

朵朵,你可以根据我的方法,具体填报一个适合你的大学与专业。

在杨略爸爸讲述的过程中,朵朵坐在一旁,一直看着他,脸上浮现出佩服的神情,等他讲完,立即呱唧呱唧鼓掌。

"反正根据我的性格和兴趣,我肯定要去外企,做金领,挣大钱。哈!"

"那你可以选择的专业范围,包括人力资源管理、财务管理、市场营销等,不过你要做好思想准备,这些专业读的人很多,竞争压力很大!"

"怕什么!我肯定能学得最好!"

"好,有志气!那你就在这些学校中,选择国贸金融类专业排名靠前的。"

"怎么选呢?"

"专业排名,我早就整理好了。"说毕,杨略爸爸又拿出一份表格,里面详尽地写着专业排名前五的学校。

专业	排名靠前的院校
人力资源管理	北京大学、西安交通大学、中国人民大学、南开大学、浙江大学
财务管理	北京大学、中国人民大学、西安交通大学、上海财经大学、南开大学、复旦大学、南京大学、首都师范大学
市场营销	北京大学、西安交通大学、中国人民大学、南开大学、复旦大学、南京大学、浙江工商大学、武汉大学

朵朵看得都有些咋舌。

"舅舅,你是从什么时候变成教育家的?以前我还总和我妈说,舅舅是商人,人家说了,无商不奸,肯定不是好人,所以不肯到你家来,到你家也不敢和你说话。现在得刮目相看了。"

杨略听她说得有趣,就插嘴道:"我爸都成教育家好几年了,你不知道啊?我们写的书,现在也都出名了,光签名就签得手抽筋呢。"

朵朵的眼睛瞪得老大,上下打量着杨略的爸爸。

"难怪说男人就像酒,越老越有味道呢。以前我还不信,觉得年轻帅哥才好看呢。不过今天我看了舅舅这堂堂仪表,这满肚子的学问,还有这张历经沧桑的脸,你还别说,真是蛮有魅力啊。"

杨略爸爸也文雅地一笑:"比你的蔚然如何?"

"呀!蔚然!今天是三进二,蔚然有危险啊!"

立即打开电视,又出现了蔚然那张年轻稚气的脸孔。

"还好没错过。舅舅,你放心吧,我会去做测试题的,然后好好选个专业,让自己满意,以后读得开开心心,事业轰轰烈烈。"

说毕,她可爱地吐了舌头,又全身心融入到电视里去了。

而杨略却认真地整理了爸爸的讲稿,和以前的七堂课叠在一起,预备给同学们看。

爸爸对他说:"略略,通过以前的几节课,你大体能够知道自己了。你现在也高二了,很快就是高三,你一有空,就该去多了解大学的专业。"

"我还用问吗? 肯定学中文! "

"所以我说,你真得去多多了解。中文系并不培养作家,而是培养学者,每天与文学理论打交道。理论尽管能指导写作,但你去调查一下,精通文学理论的教授当中,有几个是从事创作的? 很少很少。近现代的名作家当中,中文系毕业的并不太多。"

"怎么会这样呢? "

"学术靠勤勉,创作靠天分。还有一个原因,可能是理论精通了以后,脑子里全是最杰出的作品,自己心里生了怯意,倒不敢放手去写了。"

"我可不想这样。"

"所以,对于专业问题,你还得再仔细考虑。"

一旁的朵朵又开始尖叫,手舞足蹈,花枝乱颤。杨略心里在想,像她这样的性格,虽然夸张,但也可爱,该是适合在社交界闯荡的吧。

附1:近几年本科就业率排名前50的专业

表一:2016年就业率较高的主要本科专业(前50位)

本科专业名称	毕业半年后就业率(%)	本科专业名称	毕业半年后就业率(%)
物流管理	96.6	信息工程	94.6
电气工程及其自动化	96.4	计算机科学与技术	94.5
软件工程	96.2	机械电子工程	94.5
建筑环境与设备工程	95.7	纺织工程	94.5
地理信息系统	95.6	日语	94.3
人力资源管理	95.6	测绘工程	94.2
护理学	95.5	自动化	94.2
预防医学	95.4	给水排水工程	94.0
地理科学	95.4	汽车服务工程	94.0
信息管理与信息系统	95.4	网络工程	93.9
市场营销	95.4	制药工程	93.8
食品科学与工程	95.3	安全工程	93.8
车辆工程	95.3	旅游管理	93.7
财务管理	95.3	交通工程	93.7
热能与动力工程	95.1	电子科学与技术	93.6
过程装备与控制工程	95.1	审计学	93.5
工程管理	95.1	广告学	93.3
数字媒体技术	95.1	俄语	93.2
小学教育	95.1	信息与计算科学	93.2
数字媒体艺术	94.9	通信工程	93.0
医学影像学	94.9	工业工程	92.8
交通运输	94.8	光信息科学与技术	92.8
康复治疗学	94.7	工商管理	92.8
园林	94.7	环境工程	92.7
电子商务	94.7	复合材料与工程	92.7

数据来自《2016年中国大学生就业报告》

表二:2017年就业率较高的主要本科专业(前50位)

本科专业名称	毕业半年后就业率(%)	本科专业名称	毕业半年后就业率(%)
软件工程	96.5	汽车服务工程	93.8
工程管理	95.9	通信工程	93.8
建筑环境与设备工程	95.8	信息工程	93.7
电气工程及其自动化	95.5	广告学	93.7
信息管理与信息系统	95.4	食品科学与工程	93.6
护理学	95.4	工业工程	93.6
热能与动力工程	95.4	医学检验	93.5
机械电子工程	95.3	制药工程	93.5
物流管理	95.3	过程装备与控制工程	93.5
数字媒体技术	94.9	财务管理	93.5
数字媒体艺术	94.8	自动化	93.4
市场营销	94.6	给水排水工程	93.4
交通运输	94.6	网络工程	93.3
电子商务	94.6	机械工程及自动化	93.3
园林	94.6	物联网工程	93.3
康复治疗学	94.5	信息安全	93.3
车辆工程	94.4	物流工程	93.3
预防医学	94.4	交通工程	93.2
安全工程	94.3	国际商务	93.1
地理科学	94.0	小学教育	93.0
人力资源管理	93.9	水利水电工程	92.9
测绘工程	93.9	机械设计制造及其自动化	92.9
计算机科学与技术	93.9	信息与计算科学	92.9
医学影像学	93.8	财务学	92.9
地理信息系统	93.8	旅游管理	92.8

数据来自《2017年中国大学生就业报告》

附2:近几年本科毕业生薪资较高的前50个专业

表一:2016年毕业半年后月收入较高的50个主要本科专业

本科专业名称	毕业半年后的平均月收入(元)	本科专业名称	毕业半年后的平均月收入(元)
信息安全	5486	测控技术与仪器	4398
软件工程	5372	审计学	4337
微电子学	5211	水利水电工程	4321
网络工程	5185	广告学	4318
法语	5115	电气工程及其自动化	4310
计算机科学与技术	4978	电子商务	4310
通信工程	4828	汽车服务工程	4308
电子科学与技术	4821	工业设计	4307
信息工程	4810	轻化工程	4298
光信息科学与技术	4767	地理信息系统	4298
建筑学	4656	舞蹈学	4286
电子信息科学与技术	4643	测绘工程	4276
信息与计算科学	4638	统计学	4268
数字媒体艺术	4633	城市规划	4267
材料物理	4617	生物医学工程	4262
信息管理与信息系统	4524	机械电子工程	4257
电子信息工程	4523	工程力学	4227
应用物理学	4495	采矿工程	4226
表演	4493	农业水利工程	4197
交通工程	4491	车辆工程	4184
传播学	4486	市场营销	4178
数字媒体技术	4454	社会体育	4166
机械工程及自动化	4434	交通运输	4155
金融学	4405	编辑出版学	4138
自动化	4403	国际经济与贸易	4123

数据来自《2016年中国大学生就业报告》

表二:2017 年毕业半年后月收入较高的主要本科专业(前 50 位)

本科专业名称	毕业半年后的平均月收入(元)	本科专业名称	毕业半年后的平均月收入(元)
信息安全	5906	电子商务	4689
软件工程	5869	交通运输	4671
网络工程	5600	机械工程及自动化	4658
微电子学	5503	建筑学	4646
计算机科学与技术	5452	工业设计	4645
法语	5426	交通工程	4639
信息工程	5388	审计学	4623
物联网工程	5363	金融学	4621
电子科学与技术	5147	国际商务	4572
信息与计算科学	5137	水利水电工程	4560
通信工程	5052	保险	4556
电子信息科学与技术	5040	市场营销	4545
信息管理与信息系统	5013	安全工程	4544
材料物理	5011	工业工程	4537
电子信息工程	4999	朝鲜语	4530
数字媒体技术	4949	轻化工程	4526
物流工程	4920	材料科学与工程	4510
金融工程	4876	经济学	4491
自动化	4847	汽车服务工程	4480
数字媒体艺术	4836	广告学	4475
测控技术与仪器	4829	测绘工程	4472
应用物理学	4804	统计学	4450
光信息科学与技术	4786	地理信息系统	4449
表演	4714	城市规划	4427
工程力学	4692	日语	4425

数据来自《2017 年中国大学生就业报告》

第九章

我们都误以为自己有无限的时间，都以为将来会忽然变得美好。其实我们能把握的只有现在，只有当下。我们要一步一步靠近梦想，而不能等到有空时再去接近它。

转眼又是暑假，天气郁热，把人逼入空调房里。

放假前，杨略约了他的一帮好友，找了个附近的茶楼坐下。旁边传来麻将洗牌声，吆喝声。哗啦啦，哗啦啦，时间飞流而过。

"我有个想法，"杨略开宗明义，"马上要高三了，肯定很累，不过也得考虑以后学什么专业了。趁着这个暑假还有点空，我们仔细考虑考虑吧。要不然事到临头，可就来不及了。"

大家看过杨略爸爸的讲义，都默默点头，各自沉思了一会儿。

凌霄说："怎么考虑啊？在家空想，到头来还是纸上谈兵。"

杨略说："那就不谈兵，直接上战场啊。"

余振接口道："说得轻巧，上哪儿找战场去？我想创业，那也得有资本啊。"

众人又都点头。

杨略说："有谁一开始就能当老板的？再好的大学，也没老板系啊。我觉得，你应该多看商界人士的传记，看他们是怎么做的。"

余振说："说破大天，还是要看书。"

凌霄说："那我们哥几个凑点钱，让你去摆个西瓜摊。怎么样？"

余振眼睛一亮。"说话算数？"

"这……"凌霄本是当笑话说的，不料余振当了真，倒也骑虎难下了。"每人给你50，你就滚雪球一样挣钱吧。"

余振却笑了。"我爸知道了，还不把我揍死。还是听杨略的，先看书吧，了解一些大学的专业。"

其余几个也都表了态。其实也没什么悬念。凌霄趁着假期，多编写些程序。他刚认识了个搞IT的，编写电脑游戏的，就兴冲冲拜了师，准备好好学些本事。楚当当自然继续画画。曾泉要跟着读大学的表哥，去做城市水污染调查。陈高照呢，自然是回家，继续题海战术，他乐在其中。但杨略还是有点为他担心：做题，总不能成为人生目标吧？

众人说得不亦乐乎，声音将隔壁的麻将声盖过去。陶坷坷和葛怡却一声不吭。当然，二人的表现完全不同。陶坷坷是一脸超然，或者说，不屑，似乎觉得这帮人说的都是小儿科，而他要做的，才是宏大的事业，但又懒得去争辩，只是看着他们，偶尔看看窗外。而葛怡却是茫然，细听了每个人的说话，竭力想寻找点启发，但又始终不曾找到。

杨略瞧出来了，就问："坷坷，你有什么计划？"

陶坷坷转过脸来，说："我要去过民工的生活。"尽量地漫不经心，但还是难掩得意，就垂下眼睛，手指轻轻敲打着瓷杯，细铮铮地响着。

几个人都看着他，口中不说，但心中都惊讶。

"出去看看，也是好的。"杨略说，"葛怡呢？"

葛怡像初上舞台的演员，心里没底，还未轮到，早已紧张得双手沁汗。此刻被点名，更是满脸通红。

"我也不知道。表姐生病了，让我去小学补习班帮忙。"表情忸怩不安，似乎很怕别人笑话。

小学？杨略眼前却浮现出一幅画，葛怡穿着蓝色长裙，又围着白色围裙，旁边一圈小孩，稚声稚气地缠着她讲故事。她也不恼，面带微笑，自己先讲了一个，又鼓励孩子自己读故事，拿出饼干，奖给那些勇敢又聪明的。又伸出手，轻抚孩子的头发。

"略略真聪明。"他小时候也总被大人这样夸。

这场景是在哪里见过的？杨略搜索着大脑，应该是《少年维特之烦恼》里，维特第一次见到绿蒂时，她就在照顾弟弟妹妹。温柔的样子像是天使，一下子打动维特的心。

想到这里，杨略微笑了，对葛怡说："我觉得很适合你。"

其他几个也有同感，纷纷点头。葛怡得了肯定，神情也就淡定了，说了一堆的计划。她说，她自从听了杨略父亲的课，去看了些早期教育的书，有些心得，准备去实践一下。她说，和小孩子在一起，感觉很放松，很平静，虽然有时觉得烦人。

曾泉说："葛怡，你确实难得。现在的女生都不喜欢小孩。我有个表姐，大学毕业有男朋友了，还说不结婚，不生孩子，要自由。"

楚当当说："就是，把孩子生到这悲惨世界，也是不人道。"

余振说："这挺不错，蛮时尚的。我也这么想。"

陈高照说："什么时尚啊，生物的首要职责，就是自己生存的同时，还要保证种族生存。不生孩子，她是叛逆呢，不算合格的动物。"

曾泉嘻笑了。"高照，你一来就上纲上线，太恐怖了。"陈高照也觉得过于严肃，不够活泼，也就笑了。

杨略说："我们都申请个博客吧，一来写下每天的见闻心得，二来大家也可以交流。真希望经过一个暑假，大家都能找到方向。"

陶坷坷在杨略爸爸的介绍下，找了份烈日下的工作，而且是在郊区。

杨略爸爸这次来到江苏，给一家保健品公司做咨询，担任临时的市场督导，顺便让陶坷坷体验一下最普通员工的生活。到公司的第二天，就召集了负责宣传的员工，高高矮矮站了一排，陶坷坷也站在其中。杨略爸爸说了，身份要保密，以免搞特殊化，体验不到真实生活。所以别人总以为陶坷坷不过是假期打工的高中生。

墙上挂着城市地图，杨略爸爸拿笔一挥，横一条，竖一条，偌大一座城市，便切作东西南北四块，包括郊区甚至周边小镇。

"你，"杨略爸爸指着陶坷坷，"和小陈、小江一起，负责南边。"

又补充了一句："他是新来的，你们俩先带着点。"

陶坷坷看到两个脑袋点了头，并瞄了自己一眼，微笑示意。都是二十多岁，一个五官颇为端正，眼睛十分灵活；另一个矮一些，也黑一些。都穿了衬衫，打着领带，脚底一双尖头皮鞋，模样倒也正式。

散了会，三人就做准备。领来一沓沓的宣传画，都印着一个不足周岁的小孩，白嫩圆胖，憨态可掬，对谁都微笑，露出两颗小白牙。旁边写着"全健智多宝，孩子大脑的粮食"，下面是全年的日历。将那些宣传画卷成几筒，各自装进背包。每人又取了只大可乐瓶，灌满液体胶水。自不免还塞了些零食饮料,整装出发。时间才上午8点,以往都是陶坷坷缠绵床榻之时。

精心装扮的城市,延伸到这里,已显出一身疲态,放任尘土蓬蓬地飞舞。再鲜亮的楼房也灰头土脸,参差不齐蹲在一旁,面容憔悴颓丧。拖拉机与摩托车争着抢道,惹得卡车将喇叭按得震天地响。

陶坷坷一行三人,捂着耳朵,屏住呼吸,半闭着眼睛,走在灰尘之中。都背着包,里面塞满宣传单,一可乐瓶的胶水,预备贴到大街小巷里去。但经过半天辛劳,口干舌燥,满面风尘,浑身湿滑滑的难受,脚底也有些发酸了。

一路闲扯,陶坷坷很快与这二人熟悉了。小陈叫陈学文,当地人,高中读了一年就辍学。"我就不是读书的料,不花那冤枉钱了。"他笑嘻嘻地说。倒也生性洒脱,谈话之间,就将经历全然抖搂出来。帮父母开过小店,受不了唠叨,就去学修摩托车,也耐不下性子,隔三岔五偷骑修好的车子,耀武扬威地当街开去,到伙伴面前炫耀,有时就在街边看女孩儿一个个走过,拿眼去瞄,拿话去逗。

终于有一次潇洒得过了火,骑车过条小弄堂,也不减速,呼啸而过,要听那四墙的回音,不料撞倒了一个老太。惶惶地赔完医药费,又赔了摩托车,钱搭进去不少,自己额头还缝了几针,被修车行逐了出来。

晃荡了几个月,养好了伤,在报纸上看了一则招聘启事,凭着脑子活络,能说会道,不费劲就进了这家公司,算个编外人员,平常就专门负责贴海报、搞宣传,销售旺季时也做销售。日子还算自由,每天领了活儿出去,傍晚回来就成,薪水勉强够用,也不图什么积蓄,算是"月光"一族。

"车到山前必有路,管他呢。"小陈打了个响指,轻捷地往前走。很瘦,衬衫被风迎面吹着,胸腹凹进去,背后鼓起,像一只大虾。

小江倒有个奇异的名字,江入云,是鹞子雄鹰高飞入云,还是"半入江风半入云"?他自己也说不清。个子不高,体态敦实,一脸晒斑,有明晰的黑眼圈。性格与小陈截然相反,话不多,听小陈海侃,常常只是微笑。谈及自己时,总是闪闪烁烁含糊其辞。但通过不多的言语,加上小陈的解释,陶坷坷隐约知道了小江的情况:去年高考失利,原本要复习再考,苦于家境贫寒，就预备打几年工，存一点钱再说。

"现在他还看什么物理化学，每天回去就看，那么多稀奇古怪的公式，吓死人啊。人家可是胸怀大志。"小陈语气戏谑地说，倒让小江尴尬了，作势要打他，二人一阵嘻嘻哈哈。

陶坷坷心里钦佩，他也住在员工宿舍，一个房间，住了七八号人，上下铺，比学生宿舍还拥挤。当然更吵闹，一到晚上，大家收工回来，都是年轻男子，不拘小节，衣服一脱，臭袜子随手一扔，宿舍蒸腾起一股子酸臭味道。也不马上去洗澡，光着膀子先点上烟，大侃当日见闻。满宿舍的烟雾缭绕，众声喧哗。

"操，我今天去城北小区，正好碰上城管队的，硬要罚款，还要公司地址，说要来查封。要不是我跑得快，哼……"这算是敬业一族。

"今天在公交车上看到一女的，那才叫正点，迷死人了，哎哟妈呀……"伴随着稀里哗啦的吞口水声。这算是工作生活两不误。

如此不一而足。这种嘈杂的地方，小江能看进书，倒也是个奇迹。他不由上下打量了小江几眼。

到了一条小街，两侧多是小店、饭馆、小杂货、水果摊，偶尔有发廊，颜色都是暗淡的。天热，街上人迹稀少，生意都很清淡，店主们懒懒地赶着苍蝇。陶坷坷三人的工作开始了。从包里取出宣传画，走进一家小店，满脸堆笑，和店主一阵寒暄，说明来意。若是对方通情达理，便将宣传画贴在店中。若是对方爱理不理，甚至摆手要他们出去，小陈便骂一句："不识抬举，妈的。"当然，这时他们已走到一丈开外了。

店面毕竟有限，不足以完成张贴任务。便趁着天热人少之际，在背街小巷贴起来，左顾右盼，谨防城管队。平添几分冒险的意味，让陶坷坷觉得自己是革命青年，正偷偷张贴打倒国民党的海报，随时要防备警察的棍棒。

中午时分，任务过半，就近找小吃店用了中饭。很简单的饭菜，三素一荤，不过香菇青菜之类，炒得粗糙，饭粒很硬，但都吃得很香，毕竟是又饿又乏,且在吊扇下面,吹得通体清凉。对比起炎热的街上,真是两重天地了。那二人高兴,忍不住点了瓶啤酒。陶坷坷也喝了一杯,凉丝丝一路滑入肠胃,美妙无比。这算是额外开支,报销不得。但小陈说了,人活着不就图个痛快嘛。

饭后结了账,看店里生意清淡,也不急着走,在店里小坐。陶坷坷趁着酒兴,与那二位关系更近了一些,便问小江:"你在宿舍怎么看得进书?那么吵闹的地方呢。"

小江说:"毛泽东经常上街看书,练的就是定力。我现在也粗粗学了点皮毛。"毕竟是酒后,小江话也多起来,不再闪闪躲躲。

"就算这样,你打工肯定影响学习吧?"

"那是当然。现在每天看点书,只不过是为了保持温度,要真想高考,肯定得辞职,专心准备几个月。"

"有规划了?"

"有,过了元旦就不干了,钱也多少存了一点。用一个学期准备高考,应该够了。"

声音低下去,却是坚定无比,仿佛静水流深,不见喧哗。陶坷坷心里颇为感动,问道:"大学准备读什么专业呢?"

小江看了他一眼,苦笑说:"八字还没一撇呢,还谈什么专业?"

"可万一辛辛苦苦考上了,填错了志愿,选错了专业,怎么办?"

"呃……你说的,也有道理。我有一些同学,高考成绩不错,但选的专业,自己不喜欢,学得苦不堪言,一放假就来诉苦。你说,我一个落榜生,他们还来诉苦,这不是往伤口上撒盐吗?"

"所以啊,你也该想想了。要不然,重蹈覆辙,后悔可就求不及了。"

"你还别说,有时候我还真想过。你看我打工打了一年多,虽然干的都是下贱的活儿,贴海报啊,做推销啊,看人家脸色行事,不过通过这些,我对这营销策划多少有了点实际经验,还发现了不少有待改进的地方。以后我要是读这方面的专业,可能很有优势。"

陶坷坷暗暗点头,看来杨略爸爸真的没说错,早点出来打工,对于确定日后人生目标大有好处。因为人生目标的设定,起码有两点需要顾及:一是自己的兴趣,二是目标的前景。对于第二点,有谁能在校园里凭空想象出来呢?

杨略爸爸说,教育的首要任务,乃是教会人如何生存。若是教育和社会脱节太多,纵然学了满腹的子曰诗云,一身的屠龙之术,甚至还不乏壮志豪情,那又有什么用?他开始认同这次打工的意义了,尽管住得简陋,工作更是艰辛,但这有什么关系呢?

正在出神,小江问他:"你才高二就来打工,是体验生活吧?"

"算是吧。"

"不怕浪费时间?"

"什么浪费啊,反正在家也玩电脑。"

"说得也是。"却顿了一顿,脸色阴郁了些,或许心里在想:有钱有闲的人啊。"以后想做什么?"

"我也想不好。你通过打工确定了方向。我呢,也希望有这个机遇吧。"

而杨略则选择了图书馆。

这天,他在看小说《天堂蒜薹之歌》,莫言的著作,作品中弥漫的那种繁复而雄浑的气息,让他目不暇接,品咂再三。

数千农民因利益受了侵害,自发地聚集起来,包围了县政府,砸了办公设备,酿成了震惊全国的"蒜薹事件"。莫言知道消息,就深入民间,四处打探寻访,搜罗第一手资料,又用了 35 天时间,几乎废寝忘食,下笔如飞,写了这部义愤填膺的长篇小说,塑造了几个可怜的农民角色,细腻地描绘了他们在庞大的国家机器面前的不知所措。

杨略也看得义愤填膺。

原来小说依然可以为民请命,比新闻报道更为生动,也更有影响力。原来作家也并不都是独坐书斋苦思冥想、神游万仞。

他不免又想起了所谓青春文学,或魔幻,或言情,或恐怖,或呓语,都没有这般的有血有肉。所以,自己要想写作,必然要扎根更肥沃的土壤,才能大有可为。

他悟透了这一点,豁然开朗,心里一阵激动。

他回到家,习惯地打开葛怡的博客"怡帘幽梦"。如今放假已有一个多月,大家的博客都写得很勤。几乎每日一更新,平常作文都写得一般,如今写起日志,无不妙笔生花。而且行文或迟缓,或搞笑,或散逸,或严谨,一如其本人平常言行。

葛怡果然已更新。细细一读,是一篇绝妙好文。

7月29日   15:33

小叶上课总不专心,不是低头做小动作,就是和同桌讲话。中午,别人都在争分夺秒地做作业,他却旁若无人地看课外书。等到被催得不得不做时,他才拿出作业本和纸笔,急急忙忙写起来。我转身去忙别的事情,等再回过头来看他,却发现他一手握着铅笔正和同桌说笑呢,本子上仍是刚才几个字。忍无可忍,我对他怒目而视。他似乎也意识到自己错了,战战兢兢看我一眼,双唇紧闭,埋头做起来。可第二日,又是老方一帖。不禁为他感到忧心。

这几日我和J老师都特别关注他,稍有进步就对他大大表扬,他得到的五角星也蹿了上去。小叶很开心,情况似乎有所好转。今天早上碰面,他一把抱住我,笑着对我说:"老师,我的五角星最多,回家妈妈也表扬我了。""噢,那太好了!""她还要给我奖励,说我想要什么就给我什么。你猜我提了个什么要求?""嗯……"还没等我开始猜,他就迫不及待地告诉我:"你肯定猜不到的!我要求妈妈让我自己洗一次衣服!"

是的,孩子,我真的猜不到。我只会往好吃的,好玩的,好看的方面想,给我一百次机会我也猜不到这个答案。或许你只是一时心血来潮;或许你只是想向大人证明"我也是懂事的孩子";或许,没有或许……

每一个孩子都是父母心中的宝贝。想到那么多的宝贝汇集在我们班,忽然有一种莫名的感动。一股神圣感在我的心头如水纹般荡漾开来,把我的心充盈得很温暖。

此刻，我的心无比柔软。

杨略读罢，心里也无比柔软。多么善良可爱的女孩，一如其外表的清丽。她就应该和小孩们在一起，不是吗？纯净，清新，如棉花一般洁白温暖。杨略又读了一遍那些文字，情不自禁地打电话过去。

"看了你的博客，恭喜你，也找到目标了。那就是教育。"

"是吗？你也这么认为啊？"葛怡开心的声音。杨略想起有一次曾夸过她的声音。很脆，像麻花一样脆。呵呵，葛怡摇摇头笑道，麻花好吃，但不好看啊，名字也不好，让人想到麻子。那……像嫩藕一样脆，够美了吧？

"那种画面真是太美了。"杨略说，声音轻软，不知是夸奖哪一种。

"我也觉得。和孩子们在一起，感觉很放松。听了你爸的第一次讲座，我就有这种冲动，就怕自己是叶公好龙。"

"现在实践证明，你可以的。"

"嗯。"又是清脆的笑声。

"其实所有的哲学、文学，都想教化人心，让世界变得更好，所以也都是教育。教师，多么神圣的职业啊。"

"对啊，难怪欧阳老师说，只有教育能与战争相抗衡呢。"

杨略接着说下去："你可以言传身教，悉心培育，让孩子们都和你一样善良，充满爱心，聪明伶俐。若干年后，他们长大成人，事业有成，还不时想起你，感激你，说你是对他们影响最大的人，说和你在一起，他们度过了最美好的童年。你说，你该多有成就感啊。"

"你说得真好。"葛怡也是个爱做梦的人，她在电话那头，也是面含微笑，被心头蒸腾而起的神圣感所包容，所净化，如同白衣飘飘地站在蓝天之下，接受和风的洗浴。

暑假过了大半，大家都各自完成了实践，被杨略约到家里吃饭。葛怡、余振、凌霄、曾泉、陶坷坷、陈高照、楚当当，加上杨略，一共八人，济济一堂，纷纷向杨略爸爸汇报体会。

陶坷坷晒得皮肤黑亮，但精神焕发，眸子里放出亮光来。

"我打工了半个月，累，也确实震撼。我第一次如此真切地看到了底层人的生活，艰辛，然而坚韧，像石壁上的灌木。真得谢谢杨叔叔。"

葛怡等他说完，立即接了下去："杨叔叔，我也要感谢你。以前听完你的课，就去找了教育学方面的书籍，希望对自己树立目标有所帮助。后来才发现，从事教育原来就是我的目标所在。我真是骑驴找驴了。"

陈高照说："我做了一暑假的题目，觉得理工科非常适合我。"他还没有明确的方向，不过没有关系，目标不是一层层细化的吗？

杨略爸爸听其他孩子一个个讲完，心中无限喜悦。

"真是太好了。你们都渐渐确定了人生目标，只要执著努力，以后八仙过海，各显神通，你们的人生肯定是幸福的。"

八仙？大家也都觉得有趣，纷纷说："杨叔叔，这都是你的功劳啊。"

"不过，"杨略爸爸的脸色忽然有点沉重，"我还想打点预防针。"

"预防针？"大家都觉得纳闷。

杨略爸爸掏出了讲稿，说道："有了人生目标，这自然是好事，但如果不马上行动，那你们还是一无所有。孩子们，趁着大家都在，我想讲第九堂课。"

这些人即使没听过他的课，但也看过他的讲稿，心中都极佩服，于是一个个安静地坐好，眼睛乌溜溜地盯着杨略爸爸。

第九课　用心去做，就不会一无所获——执行篇

今天我们谈人生目标如何在实践中成熟，以及如何执行的问题。好，闲话少说，我们开始吧。

梭罗在《瓦尔登湖》中写了这么一个故事：

一个印第安人到一个著名律师家里兜售篮子。

"你们要买篮子吗？"

"不要。"

印第安人大为光火，摔门出去，叫道："什么！你们想要饿死我们吗？"

原来他看到律师只要把辩论之词编织起来，就像玩魔术一样，富裕和地位就随着而来，心里十分羡慕，心想：我也要做生意了，我编织篮子，这是我能做的。他以为，编好篮子就完成了他的本分，轮下来就应该是白人向他购买了。

他却不知道，他还要让别人觉得购买篮子是值得的。

> **知识点链接：**
>
> 梭罗，19世纪美国最具有世界影响力的作家、哲学家，毕业于哈佛大学，20余岁，隐居于瓦尔登湖，耕作、写作，代表作有《瓦尔登湖》，于1854年出版，150年来风行天下，不知出版了多少个版本。他强调亲近自然、学习自然、热爱自然，追求"简单些，再简单些"的质朴生活，提倡短暂人生因思想丰盈而臻于完美。

这很可笑，不是吗？可是我们的教育也面临这个问题，老师教导学生埋头编篮，却不管能否卖得出去。教育和社会脱节，知识与实践脱节，造成了人才浪费，教育资源浪费。

许多学生不愿意参与社会实践，而学生家长也不支持。在他们看来，学生以学习为天职，要去社会，等毕业以后有的是时间，但他们也许忘了，一直积累知识，而不知如何运用，空有一身屠龙之术，又有什么用呢？

而且因为学无所用，也使学生对读书缺乏好感，他们会说："整天背公式，背原理。一考完试，全都忘记了。"

所以，作为学生，不仅要认真学习，还要走进社会，知道社会需要什么样的人才。

在前面几堂课中，我们大体能做到了解自己。但要想设计完整的人生目标，就必然要做到"知彼"。所以，与真实职业接触，是中学到大学都要做的事情，或兼职，或调查，以便毕业时成竹在胸，不至于慌手慌脚。

在一个调查中，美国人发现，越早让孩子打工，日后积累的财富越多。

所以，我也提倡你们出去社会实践，让人生目标与社会需求相互契合，这样你才能有一个意义非凡的人生。

今天，我们简单谈谈职业。

一、人生规划要解决生存问题

教育的首要任务，就是让学生能够独立生存。

中学时，老师出过《顺境和逆境》的作文题。同学都这样写：逆境更有利于一个人的成才与成材；条件优裕会使人怠惰，不思进取，碌碌无为。并引用孟子的话："生于忧患，死于安乐。"欧阳修的话："忧劳可以兴国，逸豫可以亡身。"但是生活本身告诉我们这样一个事实：

更多的人其实是被逆境给毁掉了；更多的人被贫穷毒化了心灵，扭曲了灵魂，甚至吞噬了他们的生命；更多的人被苦难湮灭了智慧和才华；更多的人在生存的巨大压力下，心肠变得坚硬甚至无耻。

为什么会这样？经济基础决定上层建筑。自由独立的经济生活是自由思想和独立人格的坚强后盾。鲁迅是个思想家，但同时也是个务实的人，深知其中三昧，他在《娜拉走后怎样？》中说：

梦是好的；否则，钱是要紧的。……钱——高雅地说，就是经济，是最要紧的了。自由固不是钱所能买到的，但能够为钱而卖掉。人类有一个大缺点，就是常常要饥饿。为补救这缺点起见，为准备不做傀儡起见，在目下的社会里，经济权就见得最要紧了。

鲁迅自己在穷苦的时候，就到处借钱，写不出一个字，到薪俸发放时，才坐下来做文章。所以，物质上的宽余和精神上的自由，应该是互为表里的两面，缺一不可。

行有余裕、不必为柴米发愁的宽松的生活环境对于一个人精神的升华，对于一个人的创造力的发展，其实是更重要的。所以，在职业规划设定中，必须要先保证衣食无忧，以便有精力从事有创造性的工作。

这里，职业又分为三类。

一类是自己喜爱又能挣钱。比如目前依然红火的 IT 业等,最典型的人物是比尔·盖茨。既能醉心其中,又能大把赢利,还保持一种赤子之心。这是极完满的目标。

第二类是自己喜爱,但只能清贫度日。这不是问题。我的一位朋友,是一位人文学者,他说:我教书只是安身,研究诗词方能立命。说得很明白,能满足生存所需,自我价值又能体现,这也是很好的状态。

第三类可能更残酷,未必能养活自己。比如你文才出众,决意做诗人。一日不写诗,顿觉时光虚度,一日不读诗,就觉面目可憎。这很好,每个时代,都需要是人们用柔软的心、善睐的眼,提炼出世间的大美,让我们这些在尘世中奔波的人也得以分享。

可是,光靠写诗绝不能维持生计。所以,为了保证能安然写诗,必然还要一个谋生的职业。据我所知,现在一些诗人做文案策划,有些做影视,有些在报社,在学校,还有的在做生意。

当他们白天将手头的事做完,到了夜晚,洗尽双手,在书桌前坐下,灯光温和,心静如水,写下一行行精美的诗句,而后轻轻吟诵,全心陶醉其中。这种情景让人觉得心动。

也许你们会说,每日对付那些琐屑小事,早已心浮气躁,哪有心思写诗呢?印度哲人克里西那穆提给了我们忠告,他说:

如果为了谋生,你不得不从事一项工作,而心里又一直抗拒,那么,你的心当然会变得越来越迟钝。就像开车时,一边踩油门,一边踩刹车,结果引擎的性能自然越来越迟钝。

也就是说,我们应该接受不得不做

> **知识点链接:**
>
> 克里西那穆提,印度一个婆罗门家庭的孩子,是 20 世纪最卓越、最伟大的灵性导师。他认为,要从根本改变社会,必须先改变个人意识才可以。他一直强调自我觉察以及了解自我局限、宗教与民族制约的必要。他一直指陈"开放"的极度重要,因为"脑里广大的空间有着无可想象的能量"。这个广大的空间,或许是他创造力的源泉,也是对这么多人产生了如许冲击的关键所在。

的事，不再抗拒，那么你放在工作上的，只是部分意识的心，其他的潜意识，就全都放在更有生命力，更有价值的事情上去。

其实，有些时候，这句话也可以送给你们，当你们不喜欢某门科目时，也应以此来自我激励。

况且，世上没有完美的事情。当你读大学，然后走上工作岗位，一份工作能满足自己多方面的需求当然最好，但是现实往往是残酷的。也许你有人生目标，要学考古，高考时却只考上第四批，那里根本没有历史类的专业。也许你找到了一份理想的工作，却需要你离乡背井，或是收入低廉。

所以我想说的是，追求完美是一种境界，会推动我们去努力，去奋斗，催生一种积极的人生态度，但学会妥协是一种策略。如何妥协？就得安静下来，问问自己的内心，明白自己真正需要的是什么，明白哪些是自己该坚持的，哪些是可以暂时放弃的，然后做出更明智的选择，不至于将来后悔。

二、立即行动，迈向你的目标

在饭桌上，总会碰到这样的人，中年发福，满面沧桑，酒过三巡后，发了兴致，想过去，看今朝，感慨万千，于是说："等我有空，可以把我的经历写成一本小说，肯定畅销。"

以前我听了倒也佩服，但从未见他们为小说写下第一个字，次数多了，也就看透了，因为他始终不会"有空"。

我们身边肯定有不少空想家，像马三立相声《十点钟开始》里的那位一样，听了批评，激情澎湃，一会要当科学家，一会又想当艺术家，五年达到全国水平，十年达到世界水平，又是发明创造，又是小说创作，说得满嘴跑舌头，但到底只是个光说不练的嘴把式。

还有许多人在说这样的话：等我读大学，我就好好看书，做自己喜欢的事；等我老了，就要去环游世界；等孩子长大了，我就可以轻松

> **知识点链接：**
>
> 马三立，著名相声演员，主要作品《逗你玩》《十点钟开始》等，他的相声，可称得上是如行云游风，娓娓道来，天机自露，水到渠成，自始至终带着赏心悦目的松弛感。至于他那变幻莫测、出奇制胜的想象力，更是令人叹为观止。

了,好好干一番事业。

我们都误以为自己有无限的时间,都以为将来会忽然变得美好。其实我们能把握的只有现在。我们要一步一步靠近梦想,而不能等有空时再去接近它。

因而,设定目标之后,更重要的任务开始了,那就是立即行动,否则再好的人生目标也是镜花水月。

其实我们都知道,成功的人与那些蹉跎人生的人的最大区别,就是——行动!

美国生物学家纳尔逊说过:"没有尝试的地方,就绝对没有成功的尝试。"也许你听过这个笑话:"昨天晚上,机会来敲我的门,当我赶忙洗脸刷牙,穿上西服,打好领带,给皮鞋擦上油,再打开保险锁,拉开防盗门,可是门外空无一人,原来,机会已经走了。"

这故事的寓意是:如果你活得过于仔细,你就可能错失良机。

在这方面,我也很有体会。当我有了给你上人生课的创意时,起初准备是不充分的,但我并不担心,而是积极行动起来,首先是翻阅大量资料,比如教育学、心理学的内容,一有感觉,就马上记录,并整理好课程的提纲,再进一步阅读、思考,将提纲变成一份份完整的讲稿。不知不觉之间,我对这个问题已日渐明晰。因为以读促写,以写促读是学习的最好方法。

反过来,如果我当时虽然有了创意,但觉得还没准备好,就搁置一边,等它自己慢慢成熟,我想永远也不会有现在的成果了。

我已是中年,经历过很多事情,知道世间万事,没有一件绝对完美或接近完美。如果一定要等万事俱备才去做,就只能永远等待下去了,根本成不了任何事。

孩子们,想象一下,如果有这样一个人,他经过人生目标设计,已明确了以后的路途,但因为拖延、懒惰、迟迟未能行动,把自己辛苦得来的新构想取消或埋葬掉。但这个构想,沉潜在内心里,时不时要冒出来,蜇他一口,于是他看看自己的不如意,唱叹一声:"要是想当初,我就努力去经商(或写作、或学医……),现在我说不定就是大老板(作家、医生)了。唉,现在说什么都晚了。混吧!"

你不觉得他的人生很可悲吗？他甚至比那些茫然无理想的人更可悲。

所以，作为有志少年，一定要记住下面三句话：

第一，马上行动，向你的人生目标前进！

第二，百折不回，用心去做就必有收获！

第三，步步为营，经历艰辛会收获幸福！

三、坚定自己的选择

我曾经写过这样一个故事，题目叫做《杂音》：

两个骑士同时爱上了公主，那种爱情都热烈如火，一旦接触到公主的目光，两个骑士就心跳加速，但感觉却全然不同。

骑士杰克心想：她的目光那么高傲，不过也难怪，她是公主，怎么可能会爱上我。我要是去追求，只能自取其辱，倒不如就这样暗恋，远远看几眼也就够了。

骑士约翰却想：看哪，她的目光那样明亮，落在我脸上，肯定钟情于我。我应该响应她的心声，用我内心的火焰将她点燃。

杰克选择了退缩，却陷入了忧郁之中，变得悲观厌世。为什么呢？因为那种爱情并未消失，他还想得到公主的青睐，但又不想承担被拒绝后的痛苦，所以只能畏缩不前。他学会明哲保身，成为一个世故的人。世上有多少缺乏勇气，但又为自己辩解的人啊。

但约翰却全心投入，为公主变得勇敢，借一切机会向公主表明心迹。当然，公主果然是高傲的，约翰受到了拒绝。杰克作为好友，时常会来劝导，煞有介事地说，你这是一种幼稚甚至疯狂的行为，放弃了吧，做人要脚踏实地，别老想着吃天鹅肉。

可约翰没有听从，把杰克的话当成杂音。他是个勇敢的恋人，愿意为了真情而冒险，虽然受挫，但精神抖擞，心胸开阔。终于，他的真心让公主感动，于是产生了美好的爱情。

这是一个很常见的童话故事，有圆满的结尾。其实，就算结尾不圆满，公主嫁给了邻国的王子，但内心里肯定会感激约翰。而约翰虽然失败，但在热烈的追求中释放了能量，可以无怨无悔，思想依然达观，而不像杰克那样畏缩厌世。

因为，用心去做，就不会一无所获！

其实，对于我们的人生目标，也要这样勇敢，竭尽全力以后，成功当然开心，不成功也没有遗憾了。这样的人生，才是有价值的。

这则故事也可以用在人生目标的执行上。

选定了自己的人生目标之后，也许会有人表示反对。他们或下定论："你这是不可能成功的！"或者朝你大吼："你发疯了吗？"但是，一个有主见的人，应该克服别人"杂音"的影响。

因为你是与众不同的，潜能、兴趣、个性、价值观，都是你独有的，你的人生道路也应是独特的。别人的意见，只是他们的见解，并不一定适合于你。你的人生，应该由自己做主。

坚持自我，这说来简单，其实也很难。但正因为难，幸福的人才那么少。我有一个朋友，大学里开始，就是个会折腾的人，学的是园林设计，悟性颇高。但觉得辛苦，当时挣钱又少，毕业后一段时间就跳了槽，下海去了公司，东敲敲，西打打，曾从事许多行业，干过的职务很多，都是这山看到那山高。从大学毕业开始，一晃十多年过去，他仍然不知道自己想做哪行。干过那么多行业，那么多职业，没有一个是他精通的。他成了一个随波逐流者。而他的同学们坚持做园林，渐渐有了成绩，只有他在原地踏步。他幡然悔悟，在朋友帮助下回到本行，但最有创意的年纪已经过去，直到现在还只是个普通的设计人员，听从一帮小年轻的指挥。

通过这样一正一反两个故事，我想说明的道理，就是希望你们全力以赴，追求自己的理想，以巨大的热忱照亮生命的旅程，成为最好的自己，收获幸福的人生。杰里·波拉斯在《成功长青》一书中，曾经这样写道：

我们不能武断地建议你任何一条道路，没有人能够告诉你应该承担什么样的风险，但是我们坚持认为，你必须选择一条你热爱的道路，不论结果好坏。因为只有这样，你才会表现出坚如磐石的意志，来充分释放自己的潜能，在你的大胆征途上一路披荆斩棘，迎接胜利的曙光。

你们既然拥有了自己的人生目标，希望热爱它，就像坠入爱河一样，在孜孜不倦的追求中，成为幸福的人。

到了这里，第九堂课全部结束了。谢谢大家的聆听。人生的道路漫长而曲折，需要我们认真设计，用心走好。

在此，我赠送大家一首诗：

临歧莫叹行路难，男儿胸中自云天。

人生百年犹过客，敢不骋情学少年。

希望大家面临歧路时，不要哀叹，不要忘记壮志豪情，一生都保留少年时的锐气，牢记塞缪尔的忠告："青春不是年华，而是心境。青春气贯长虹，勇锐盖过怯弱，进取压倒苟安。"

经过精密的设计，让我们都能经"赢"一个幸福的人生。谢谢大家。

大家都听得沉醉，尤其是陈高照，听着杨略爸爸的精彩讲座，心中激动不已。

听到最后的诗，楚当当忽然说："男儿胸中自云天。可我们是女生啊，就不算在内啦。杨叔叔重男轻女哦。"

杨略爸爸笑了，说："真是巾帼不让须眉啊。是我欠考虑了。那就删去几个字。"

他稍稍思考了一会儿，重新念道："莫叹行路难，胸中自云天。人生如过客，骋情学少年。"

更干净利落，大家都由衷地叫好。楚当当也满意了，莞尔一笑。

杨略看看好友们，又看了看窗外，却发现在自己沉浸于讲座中时，天色已渐渐转暗。不一会儿，白天已如黑夜一样，一道粗大的闪电直扎下来，继而惊雷碾过长空，风怒卷而来，大雨倾盆而下。

天地在摇撼，而房间这样安稳，像是某种隐喻。他们还是学生，纵然高考艰辛,竞争惨烈,但生活依然单纯。还有家长老师可以依靠,有同学可以诉说心中的郁苦。

那么,以后呢?当我渐渐长大,独自上路,该用什么抵挡风雨呢?该怎样成就恢弘的事业呢?自己又会有怎样的未来?

他陷入沉思,等朋友们都散去,他独自来到房间,写下了一首诗:

或者明天就有雷雨骤至,泥水飞溅
或者我还能平静地
一路走去,一路桃花开放
眼中移换着灰色的山峦,空空

生活,一个伟大而粗砺的命题
世人用时间的砂布日日磨洗
心中空余一堆锈弃的名词
动词、形容词已相继洗去

最后圆滑地滚向墓地
而总有人始终棱角张扬地,拒绝死去
尖利的骨架划伤时代的咽喉
他们的呐喊,让圆石泪流满地

而今,谁的手还在迷茫
谁已经拔剑而起,高声歌唱

修改了几遍,大体得意了,就缓缓默念。心里想,多少人被生活磨灭了个性,千人一面,随波逐流。但自己却要拔剑而起,高声歌唱。就像爸爸说的,要永远保持少年人的锐气。

第十章

　　第一种人只有欲望，就像独轮车，把握不定方向，而且极易摔倒。第二种人是自行车，有两个轮子，一个是欲望，一个是理想。有了方向，也很努力，但一停就会翻倒。还有的人是三轮车，或四轮车，除了欲望和理想，还有良好的心态。他们要行则行，要停即停，从容不迫。

　　暑假将尽的一天，杨略忽然接到一个电话。班长单昀向他宣布了一件事情，顿时让他欢腾不已。单昀说，高中二年级的生物课，最后一次是生物实习，以前会去海边，或是高山，但近年来因为课业压力太大，学生安全又责任如山，所以实习渐渐就取消了，最多是去公园认认植物。

　　"经过郭启老师的努力，再三声明实习的好处，如今校长终于答应了。告诉你，我们可以去翡翠岛进行野外考察！时间就在下周末，8 月 20 号上午出发，8 月 25 号下午回来。欧阳老师和郭启老师全程陪同。"

　　"太棒了！"杨略都跳了起来。放下电话，还是一阵欢腾。

　　杨略向来喜欢郭启，这个细长的人儿，40 余岁，戴厚厚的眼镜，眼睛细小，鼻翼下有两道深深的褶纹，嘴唇突出如喙，自然被曾泉起了个外号，叫做"秃鹫"。然而人是极有激情的，而且和蔼可亲，又能把生物课上得生动至极。

　　如今，杨略更喜欢他了。

　　金红色的朝阳，淡蓝色的天空，银白色的细沙，蓝盈盈的海水，色彩明快清丽，仿佛一曲清婉和谐的提琴曲，熨帖着人的心情。远处是无垠的海面，海鸥展开洁白的翅膀，掠过褐色的船帆和礁岩。海浪，一个接着一个。白花花的浪卷儿滚滚而来，顷刻间爬上海滩……

　　坐在开往翡翠岛的客车上，杨略勾勒着即将出现于眼前的画面，在笔记本上写着一些文字，心中孕育已久的兴奋开始喷薄。他生于内陆，离海甚远，所以不曾亲临海边，心里早已无比向往。如今天遂人愿，怎不让人心旷神怡。

　　同学们都在车上，身边是背包、遮阳帽、沙滩鞋、沙滩裤，十分齐备，竟都是度假的行头。而心情呢，自然早已是行云一般自由轻快了，总恨车子开得不够快。要是更快一些，他们都要学《无极》了，腰间系条绳子，飘飘然翱翔于半空，做一只悠然的风筝。

欧阳子方和郭启同行。陈高照虽已是五班的人，但野外考察因为安排得早，他的编制依然是六班的，这也正合他本人的心意。可能是读了理科，渐渐找到了感觉，心情愉悦了些，陈高照和同学们也是有说有笑，与常人无异了。起初同学们心里对他还存一些芥蒂，但很快就消泯于无迹。车上有卡拉OK，班上的歌霸们都唱了，自不免都是时下的流行歌曲，一曲终了，掌声口哨声响成一片，好一番热闹景象。

忽然有人呐喊一声："我们有请曾泉，传说中的歌——神——！"

车里顿时炸开了锅，拍椅子的拍椅子，鼓掌的鼓掌，尖叫的尖叫。司机和几个老师正在奇怪，这曾泉是何许人物，怎么会有这种明星效应呢？

说来也是有趣，这曾泉虽大小算个才子，写得一手怪异文章，却没有好嗓子，五音不全不说，还毫无自知之明，一心以为自己的歌声与孙楠相差不大。他唯一能唱全的一首，却从第一句开始走调，到最后一句都没有找回来。同学们一有机会，就要逗他唱，等他开唱了，就一个个笑得前仰后合。不过曾泉性格极好，而且很有韧性，所以别人一再嘲笑，他却风雨不动安如山。

这一回，他受了吹捧，又要卖弄一番了。站在过道上，拿着话筒，随着序曲先做了几个可爱的动作，左摇右摆如鸭子，挤眉弄眼如猴子，轻松自然，倒也有些明星做派。等屏幕上显示了歌词，他终于张开了嘴，于是乎，大家期待的效果就出现了。

原本是流水般的曲调，他硬是塞了许多石头，让水流走得弯弯扭扭，有时几乎拧成了一段段麻花，仿佛一只只小手，将同学们的心儿挠得痒痒的，于是又笑倒一片。一个个又是唯恐世界不乱的，纷纷叫嚷着：

"好！"

"再来一个！"

有顽皮的同学用废报纸团了一团，做成扫把状，却号称是鲜花，上前去要献给他。"曾泉，额爱尼！"这曾泉竟也接过了，微笑颔首，还作势要与歌迷拥抱,倒把那同学恶心得做出呕吐状。同学们又是乐不可支,东倒西歪,连最沉默的楚当当,也笑得直喊肚子疼。

末了,又请陈高照唱。理由一大堆,回到原来班级,又变帅了,自然要有所表示。他虽是百般推托,但碍不住情面,到底还是唱了,是一首《水手》,多年前的老歌。

苦涩的沙吹痛脸庞的感觉,像父亲的责骂母亲的哭泣永远难忘记。年少的我,喜欢一个人在海边,卷起裤管光着脚丫踩在沙滩上……

歌词正迎合了此行的目的地,又透着一种沧桑与坚决,自然让杨略等人想到他的身世。高照的嗓音虽不像郑智化那样沙哑,却自有一种沉郁幽婉之气,眉宇间又有一股沧桑之意。虽同是少年,却因为经历的不凡,遭遇了困苦磨难,他的思想已比其他人成熟许多。

一旁的欧阳老师听了他的歌声,心中暗自叹息:这样的少年老成,不知是好事还是坏事。往好里说,自然是更懂事,将苦难当作一种磨砺的机会,有助日后奋进成才。往不好里说,少年时在贫困中挣扎,缺少了富足与温馨,很容易产生心理饥渴,甚至变得敏感而偏执。可是有什么办法呢?以后的路,毕竟只有他自己走了。

他说风雨中这点痛算什么,擦干泪不要问为什么。

已到了高潮部分,高照唱得动情,一遍遍重复,也不再拘谨,似乎在歌声编织的空间里,他找到了自我,所以舒展自如,全心投入。音乐的魔力,就是直抵内心,将隐秘的渴望与回忆都激发出来。

同学们也听得入迷,打着节拍,跟着轻轻哼唱,迥异于先前热闹的场景。

如此一来,旅途过得欢快,路程似乎也缩短了些。沿高速公路一直往东,开了两三个小时,还继续往东,眼前不时出现一角海洋,却是一晃而过,蓝幽幽的,宛如惊鸿一瞥,更是撩拨人心。道路又回环了一阵,到了一个码头。同学们都下了车,坐上轮船,都不安分,纷纷挤到船边,要去看看大海。结果眼前之景却让这些兴冲冲的少男少女们大失所望,只见海水淡灰混浊,拍打着渡轮,漂着白沫也漂着各类杂物,稍远处虽也涌着碎浪,但色泽都不健康,哪里是梦想中的蓝海呢?

"不会吧,这么脏兮兮的,我还想着到海里游泳呢。"说话的是葛怡,女孩子都爱干净,见了此景,早皱了眉头。

曾泉要逗她开心,说:"游泳? 好啊。下去小龙女,出来白晶晶。"

葛怡一时没弄明白,曾泉早已嬉皮笑脸了,她才恍然大悟。这白晶晶,在周星驰的《大话西游》里乃是白骨精。

杨略在一旁说:"据说这次去的翡翠岛,是没开发过的,没什么人烟,应该不至于这么脏吧。"

葛怡说:"说来也挺好笑的。一个地方只要没人,就肯定干净。那我们人类算是什么呢? "

曾泉说:"地球的癌症啊,这还用说? 你看看,人类一到哪里,哪里就遭殃。掠夺性开发,把能源耗尽。生物界里能这么做的,除了癌细胞,也就剩下病毒和人类了。现在我们不是在宇宙中寻找与地球环境相似的星球吗? 干吗用? 不就是觉得地球糟蹋得差不多了,要转移场地了。其实人类习性不改,到哪儿也一样,照样是破坏者。"

陈高照不服气,说:"那也未必,你看我家那边,人也不少,环境就还不错。"

曾泉说:"那是因为你们那儿……经济不富裕,"生生地把"穷"字咽下,"所以就保持农业社会了。要是也想致富,走工业化道路,也造些工厂,什么砖瓦厂啊,纺织厂啊,林林总总全修建起来,保证不出几年,空气是呛人的,溪水是漆黑的。"

"按你这么说,环境和发展是不能两全的了? 我看不一定。"

"说白了就是两条,要么就要钱,使劲开发,管他死活;要么就要命,保持生态,在一亩三分地春种秋收,混个温饱。可你想想,现在谁愿意贫穷啊？一个个眼睛都掉到钱窟窿眼里去了。管他环境好坏，挣到钱才是正经。最多等以后富裕了，有了闲钱，要享受高品质生活了，再掏出钱来治理环境。不是说不管是黑猫白猫，逮到老鼠就是好猫吗？现在发展才是硬道理！国家三令五申要可持续发展，环保局也声称要严厉打击污染源，可又有多少成效呢？"

曾泉滔滔不绝，发了一通的牢骚，似乎大有道理，也算心怀天下。但在陈高照听来，却觉得此人华而不实，有言无行，脑子是聪明的，看问题是清晰的，批判现实是尖锐的，可偏偏只是停留于此，能破不能立，不是个实干主义者。当然，毕竟他只是高二学生，能有这种洞察力，也是难能可贵，更多的学生只是浑浑噩噩，整天迷恋一些韩日明星，看吴宗宪之流主持的综艺节目。

陈高照说："有的东西没了还能补救，可环境却不是，一旦破坏了，没个三五十年，绝对恢复不过来。"

曾泉看着他，说："这谁不知道？你想想看，谁愿意住在污染区啊？可事情就是这么怪。谁都不愿发生的事情，偏偏在发生，而且愈演愈烈。你有什么办法？"

陈高照似乎要辩解，嘴唇动了几下，但什么也没说。目光炯炯，直直地看着前方的海水，心里似被一种力量激奋着，却也翻涌动荡着，埋藏着巨大的不安。像是一只误入房间的蜜蜂，看见了室外盛开的鲜花，兴奋不已，可身子却撞向玻璃，不知如何是好，只顾嗡嗡地挣扎，被光明与鲜艳撩拨得心乱如麻。

渡轮缓缓向前，又过了十几分钟，已是正午，大伙都有些饿了，便吃起干粮。离岸渐远，海风浩荡，海水终于蓝了起来。天气晴和，抬头一鳞一鳞的白云，在空中细致地排开。有时聚成了团，中间镂出一块蓝天，仿佛一泓蓝湖。有时又如轻纱一般，被风吹得将散未散。海水也是蓝色，衬得飞翔的海鸥分外雪亮。

海天相接的地方，隐隐出现了一痕岛屿。从黑灰色变成褐色，渐渐又变成翠绿。然后岛上的山脉也清晰可见。只见一座高峰突起，草木丰茂，青翠动人，除了海滩礁石，竟无二色，镶嵌于海面上，实在无愧于"翡翠"二字。

他们登上了岛屿，才发现面积十分宽广。着陆处是海湾上的一个码头，礁石累累，旁边是小渔村，高低错落，建满了楼房，都贴了瓷砖，与外地无异。他们一路行走，看到村民都在织网，略有些小店，除了日用杂货，还摆着一些贝壳海星之类，让同学们不住赞叹，流连不前。

终于走到山脚，在一幢楼房下停住，门前挂着"夏令营基地"字样，自然是他们下榻之所。老师早已安排妥当，宾馆工作人员也接待过不少学生。于是一切十分顺利，同学们一个个冲进去，各自认准了房间，将行李随处一扔，换了沙滩鞋。到楼下听完服务员的介绍，明白了小岛布局，便奔向海滩而去。欧阳老师自然童心盎然，与郭启跟在后头颠颠地跑。

海滩就在大山背后，他们沿一条土路，才绕了半周，一道金黄的沙滩扑入眼帘。同学们早已欢呼出来，远远看见沙滩上有许多黑乎乎的小东西四处乱爬，一时又都不见了。正在奇怪，欧阳老师说："这是螃蟹，正在日光浴呢，被你们给打扰了，钻到洞里去了。"

同学们被逗得咯咯直笑，觉得那螃蟹真是可爱至极，但此时已然顾不上了，只顾欢叫着迎向大海奔去。已是 8 月，气温暖和，赤裸的脚丫踩在海绵似的细沙上，感觉水咯吱咯吱地冒上来，十分舒服。海水一波波涌上来，在沙滩上留下一道道印迹，也将许多只脚丫冲得痒痒的。

杨略竭力保持平静，为的是好好欣赏这向往已久的大海。环目四顾，左右都是山峦，连绵起伏，呈两翼斜斜地伸入海中。岩石将倒影投到海面上，礁岩是赭色的，底部因海水长期浸泡，变得黑黝黝的了，有的还缀着青翠的海菜。蓝色的波涛滚滚而来，拍击着岩石，四散成洁白的碎玉，发出激昂雄壮的响声，令人血脉贲张。远处，又有几个更小的岛屿浮在海面上，岸边停着几只蝶翅般的小船。

看着眼前一片纯净的蔚蓝色，杨略想到中途渡轮上看到的海水，竟有恍若隔世之感。他忽然发现陈高照也站在一旁，没有早早奔上前去，与他一样朝四处细细观赏，便相视一笑。

"真没想到,这是一片没开发过的沙滩。"陈高照微笑着说。

"而且是正常使用中的海滩。"杨略指了指远处,有渔民赤裸着上身,将一条小船拖上岸来。又有渔民在礁石下收着渔网。

陈高照点点头,因为他也担心这个小岛早成了旅游胜地,沙滩被踩出无数纷乱的脚印,还肿起一个个圆帐篷。

"这才是原生态的海滩,人与自然和谐相处。"一个声音在身后响起,二人回头,却是欧阳老师,身边是郭启,"你们两个还愣着干什么? 赶紧去玩啊。到了明天要认识海洋生物,可就没这么逍遥了。"

"走吧! 响应老师的号召。"杨略大喊一声,四人走到沙滩上,却见上面密密麻麻地布满了小洞。

郭启说:"这是招潮蟹的巢穴。你们瞧我的。"说毕,从高处取了一捧干沙过来,弯下腰身,将干沙仔细地注入洞中,将洞填满,而后拿手去刨。只见干沙色泽银白,在褐色的湿沙中十分醒目,倒成了指路的向导。旁边一些同学觉得有趣,都聚拢来观看。

挖不多时,一只螃蟹破土而出,慌里慌张地在沙地里乱爬,举着一只大螯,一只小螯,耀武扬威,吓得女生大呼小叫。杨略小时候常住农村,在小溪中嬉闹,捉鱼捉蟹,不在话下,早练就一身本领,只见他伸出两根手指,捏住螃蟹的背腹,它便再张牙舞爪,也全无用武之地了。

而其余同学玩闹得更是厉害。杨略忽然听见曾泉大呼小叫,循声看去,才发现他被几个同学按在地上,拿沙子往他身上堆,只露一个脑袋,大嘴还喊个不休,却也不再挣扎,算是半推半就了。那几个兴致未尽,又玩起沙雕,给曾泉塑上强壮的胸肌,枣糕般的腹肌,连大腿胳膊,也是强壮之极。还有同学拿了相机,呱唧呱唧使劲拍,笑得眼泪直流。

很快就是夕阳西下,影子都拉得很长,海面耀着金光。毕竟是在海边,晚风还有些寒冷。同学们都结伴回去,一路唧唧喳喳,好不热闹。餐厅里已是灯火通明,一桌桌的盘盘碟碟,全是海产,各类鱼,各种贝,大多是不认识的。于是郭启一一讲解:"这是长竹蛏,这是密鳞牡蛎,这是青蛤,都是软体动物,和田螺一样。这是小黄鱼,那个像蝙蝠的叫鳐鱼……什么?

连这个都不认识？你再仔细看看，这叫乌贼，也叫墨鱼，"他用筷子做教鞭，指指点点，竟上起课来，"这是躯干，像个布袋子，是不是？身体外的这一圈是它的鳍。这长长的是腕，腕上一个个小的是吸盘，这是口，这后面是肛……这就用不着说了，正吃饭呢。"

同学们都会意，咯咯笑了起来。

欧阳老师在一旁逗趣："同学们，第一次认海洋生物，竟然在饭桌上，这真是滑天下之大稽啊。"

喧闹了一通，各自饱餐一顿，旅途劳顿，下午又疯玩了一阵，都疲惫了，才过7点，就躺在床上，在海涛的摇撼中安然入睡。杨略迷迷糊糊地想：生命源于海洋，自然对海涛声十分亲切，如今来到海边，涛声是最好的安眠曲了。还没想完，已沉入睡乡，连梦也不曾做一个。

次日起来，大家吃了早饭，郭启交代了当日任务，上午去沙滩和礁岩，下午去滩涂，收集各类生物，等晚上再汇总讲解。

于是就向礁石出发了，10人一组，各由班干部带领，据说还要比赛，看哪组收集的标本多。

杨略和葛怡、陈高照还有曾泉分在一组，都背了包，拿着小铲子，走在礁石之间，放亮了眼睛，沟沟坎坎地寻找。这对杨略和陈高照来说不在话下，小时候在溪流里抓螃蟹，哪次不是翻着石头，挖着洞穴寻找的。谁知这种顽童时的本事，现在却派上了用场。不多时，标本袋里已收集了不少。自然有沙滩上的招潮蟹，还有水蚤，身子鼓囊囊的，半透明状。在潮水线内，踩一个脚印，水退下后积了水洼，定睛去看，里面就跳跃着许多水蚤。

还有藤壶，密集成群，附着在岩礁上，都是圆锥状的，像一个个小火山，外罩褶皱的甲壳，据说甲壳内也有节肢动物的形状，不时会探出蔓足来捕食，但不经敲碎，是看不出来的。

正议论间，忽听葛怡尖叫一声，往后便闪。杨略赶忙向前，却见一片礁石上密密麻麻地爬着甲虫，让人看了心里发毛。壮着胆子，仔细一看，此物棕色椭圆，生着有许多小脚，十分畏人，被葛怡一叫，也慌了手脚，惶惶地要钻到缝隙里去,动作十分快捷。

"这是什么东西啊?"杨略翻开一本《海洋动物志》。这是他临行前特意买的,全是彩页,贴满了照片。

"这是海蟑螂。"陈高照淡淡地说,似乎是老相识。杨略有些不信,按名称翻到那页,果然在照片上看到了这种甲虫。

陈高照一径说下去:"海蟑螂,棕褐色,长圆形。第一触角很小,第二触角较长。我国沿海各地常见,成群结队,栖息潮间带的岩石间,行动迅速。水陆两栖,以陆栖为主。"

杨略诧异地盯着陈高照,又参照了书本,说:"真神了呀,你怎么知道的?"

"你这本书我之前在图书馆看过。"

葛怡惊讶地问:"看过?怎么能记得这么清楚呢?"

"我不知道啊,反正印象特别深刻,经常翻翻,也没刻意去记,一看到活物,脑子里就自然浮现出这些文字。"

几个人又惊叹了一番。曾泉说:"书到此生读已迟。估计你上辈子就是一条鱼,老在这一带晃悠,所以这些动物你都记得。"

陈高照倒不好意思了,笑着挠头。

杨略说:"我爸爸曾说过,从小在农村长大的小孩,能将无数动植物的形象收藏在心,日后重见了,会特别亲切。你是不是也有这种感觉?"

杨略脑海中出现了几个月前去陈高照家时沿途看见的美丽景色。

陈高照说:"是的。小时候随处都是野草野花,也不知道名称。现在上生物课,我去图书馆借书,忽然看到一本杂草志,随手一翻,图上都是以前见过的植物,还都有名字。比如商陆,名字多奇怪。可我一看,原来就是它啊,长着一串串紫色的果实,小时候常去摘来染色。还有灯心草,多好听啊,一看图,我家路边就有,一大丛一大丛,我们叫它野葱,叶子像松针,连牛都不吃,只是中间会绽开一团小花,摘下来绕在手指上,就是个戒指……"

陈高照说着,极目望去,只见瓦蓝瓦蓝的天,瓦蓝瓦蓝的水,真是天远

意,却不知说什么好。楚当当看着陈高照,也是一脸惊异,似乎发现了个全新的人,而以前一直忽略了。

葛怡开心地道:"太好了,我们都找到方向了。高照,前几天还为你担心呢,现在好了,你就从事生物学。当当,你家里人虽然一直反对你画画,不过自从那件事后,现在好像也给你自由了,到了高三,可以上艺术班,以后考美院。再过若干年,办个人画展,所有爱好艺术的都来观赏,多好啊。"

杨略插嘴说:"还有你,从事教育学,多了不起。"

葛怡说:"可我还是有点担心,你说我的兴趣,是冲动兴趣,还是潜能兴趣呢? 还是杨略好,这么喜欢写作,还写过小说,有了实践证明,这样人生规划就更清晰了。可以把眼前的风土人情,都写到笔下去。所以即便我们在闲聊,或许你也大有收益,对吧? 这就是有目标的好处,做什么都不会浪费时间了。"

陈高照说:"你说的这个,我听杨略爸爸说过,叫做'矢量法则',有了明确目标,日常生活也会为实现目标提供帮助!"

楚当当想了想,也认同了。她在海边,在山上,在街市,所见之物,都可化为笔下风景。

说着说着,大家都激动起来。月亮越升越高了,在海上留下一条蜿蜒的光路,波动不停。不知是谁唱了歌,众人都跟着哼,都有些陶醉。感觉身上有些发冷,一摸,原来是着了夜露。于是起身回去。

洗漱完毕,杨略躺在床上,拆开了一封信,这是自己临出门前,爸爸塞到自己手上的。自然是人生的第十堂课的内容。

第十课 我们怎样承受挫折——心态篇

杨略:

见字如面。

你去海边实习,我很高兴。看看大海的辽阔无垠,对于培养胸襟是很有好处的。当然,你的行程也打破了我原来的课程安排,所以这次只能利用函授了。以书信方式,结束我们人生课的最后一堂,在我看来非常有意义,因为这是我们的老传统了。

之前的课程中,我一直在谈成功,似乎有些急功近利,今天我们来谈谈更高的境界。在生活中,我们必须承担失败。如何承担,这是一个非常重要的问题。因为现在自杀率很高,似乎大家的心理承受能力都在下降。

前些天有读者写信来,是一位高中生,要探讨一下如何看待"输赢"。这是很古老的话题了,若是老生常谈,说什么成王败寇,或是胜不骄败不馁,那都很容易,但肯定不会有什么效果。因为现在的青少年想问题都很深刻,不是随便糊弄得了的。

我琢磨再三,回信说:

人可以分为三种,分别以一种车来作比喻。第一种人只有欲望,就像独轮车,把握不定方向,而且极易摔倒。他们没有个性,往往随波逐流,似乎在追寻什么,却并非自己真实所需,甚至仅仅是为了炫耀而奔波劳苦,到头来一无所获。

第二种人是自行车,有两个轮子,一个是欲望,一个是理想。有了方向,也很努力,终于事业有成,为人所景仰。这是我们心目中的成功人士。可是他却停不下来。一停就会翻倒。有不少工作狂,一到周末就觉空虚,惶惶不可终日。而一旦遭遇挫折,就极易自暴自弃,一蹶不振。

还有的人是三轮车,除了欲望之轮和理想之轮,还添加了良好的心态。所以他们要行则行,要停即停,从容不迫。比如邓小平的三起三落,比如诸葛亮的高卧隆中。他们虽不遇时,却并不着急,诸葛亮还写下"非澹泊无以明志,非宁静无以致远"。这是让人佩服的。

再如孔子,他十五学道,三十而立,到了五十岁时,已经有了一整套治国方略,而后他奔波于列国,希望得到重用,造福黎民百姓。但他一直没有得到机会,在荒野上奔走了十四年,累坏了身体,但矢志不移。

他说:"为而无所求。"去做了,就行了,谋事在人,成事在天。所以他自称五十而知天命。在这个过程中，他的人生得以升华，充满了意义。

当然，我也知道这样讲是不够的。我们的原则是，知其然，更要知其所以然，才算功德圆满。所以我今天借此机会，仔细分析一下良好的心态如何培养。

一、有大胸怀

所谓有大胸怀，即苏轼所谓的"天下有大勇者，猝然临之而不惊，无故加之而不怒，此其所挟持者甚大，而其志甚远也"。因为有远大志向，胸襟开阔，所以能忍得小忿而成大谋。因为他看着远方，自然不会在意脚下的坎坷。

这当中最典型的例子，当然是苏轼自己。毫无疑问，他是千古以来最可爱的中国人。每个中国人想到他，都会由衷地微笑，心里温畅无比。为什么苏轼会有如此魅力，且来看他的一首词《定风波》：

莫听穿林打叶声，何妨吟啸且徐行。竹杖芒鞋轻胜马，谁怕？一蓑烟雨任平生。料峭春风吹酒醒，微冷，山头斜照却相迎。回首向来萧瑟处，归去，也无风雨也无晴。

分析这首词之前，让我们看看写作背景。

当时，苏轼写了一首咏桧的诗，里面有两句说："根到九泉无曲处，此心唯有蛰龙知。"这两句话很苍凉。我们知道，苏东坡是一个忠义奋发的人，20多岁就高中进士，写过许多有见地的策论，满腔的济世之情。

知识点链接：

苏轼，号东坡，生活在才俊辈出的宋代，在诗、文、词、书、画等方面均取得了登峰造极的成就，是中国历史上少有的文学和艺术天才。但其仕途不顺，屡遭贬谪。曾写自嘲诗："心似已灰之木，身如不系之舟。问汝平生功业，黄州惠州儋州。"后面三个地名，就是他曾被贬谪的地方。幸而其性格豪放乐观，故能百折不挠。

比如他参加科考时，就写了《进策》25篇，包括《策略》《策别》《策断》三部分，忧国忧民，识见深远，深受皇帝重视。可是他的命运不好，先后两次正要被皇帝重用，却因父母去世，只好回家守孝，错过了最佳时期。后来一直被排挤在外，自然郁郁不得志。

传说桧木的树和根都是直的，所以他看到桧木，心里感慨，便以此自喻，表示刚直不阿。可是他似乎忘记了，龙是天子的象征。天子是飞龙在天，而他却说"此心唯有蛰龙知"，蛰龙是什么？不是篡逆之徒吗？许多宵小之徒原本就嫉恨他，如今得了证据，如获至宝，立即群起攻击，说他图谋不轨，有狼子野心，并大兴文字狱，将他逮捕归案，扬言要将他处死。这就是有名的"乌台诗案"。

还好皇帝没有治他死罪，只将他贬谪到黄州。黄州在当时是荒蛮之地，苏轼日子非常困苦，甚至穷困到自己开垦荒地。幸好他性情超逸，放下大学士的架子，亲自犁地耕作，还乐陶陶地给这块土地取名"东坡"。多好的名字。山坡向东，自然阳光和煦，草木丰茂，恰如他的为人。苏轼从此自称"东坡居士"。

而这首《定风波》，就是写于此时。

了解了这些后，我们更能品出这首词的韵味。

"莫听穿林打叶声，何妨吟啸且徐行。"词中的萧瑟风雨，既是大自然的风雨，也是人生的风雨。去过森林的人都知道，穿林打叶，其声如雷，定力稍差的人不免惊惶狼狈。而苏轼却淡然一笑：莫听！管它声势逼人，既然躲不开，不妨款步高歌。"竹杖芒鞋轻胜马，谁怕？一蓑烟雨任平生。"一条竹杖、一双草鞋，却是轻快胜马。"平生"二字，说明他已经在写人生的波折坎坷了。

"料峭春风吹酒醒，微冷，山头斜照却相迎。"终于雨过天霁，忽然一抬头，却见前方日光西斜，一抹暖色迎面而来，让人心胸一阔。

"回首向来萧瑟处，归去，也无风雨也无晴。"蓦然回首，风雨萧瑟之处已过。回家途中，既无风雨，也无晴空，这自然又是一个隐喻，说明他已超然于宠辱之外。

以上说明他有胸怀。因为一个人的遭遇，有时并非自己所能自主。但是，遭遇到事情之后的反应是可以自主的。苏东坡既有经世致用的儒家思想，又有道家佛家的超然旷达，两者融合为一。

所以他不得志时能留下有用之身，一有机会，就准备兼济天下，为国为民效力。其实他即便仕途艰难，却一直不忘黎民，他在杭州修苏堤，又把盐民的疾苦上书朝廷。在徐州时，恰逢洪水滔天，他就亲身率领军民筑堤防水，又想了个妙法，先修木堤，再填泥土，才保住了一州百姓。

只可惜，他没有机会一展抱负，只留下数卷诗文。但他依然度过了完满的一生。我们也认为，他的人生是极为成功的。

二、在逆境中坚持

一个农民来到智者面前，向他诉说生活的困境，抱怨世事艰难，不知该如何应付。

智者并不说话，只是往三只锅里倒入一些水，放在旺火上烧。不久水烧开了。他往一只锅里放些胡萝卜，第二只锅里放下鸡蛋，最后一只锅里放入干茶叶，继续用旺火煮，一句话也没有说。

农民觉得很奇怪，不耐烦地等待着，纳闷他在做什么！

大约一刻钟后，智者把火闭了，把胡萝卜捞出来放入一个碗内，把鸡蛋捞出来放入另一个碗内，然后又把茶水倒进一个杯子里。他转过身问农民："告诉我，你看见什么了？"

"胡萝卜、鸡蛋、茶。"

"摸摸胡萝卜。"

农民摸了摸："变软了。"

"剥开鸡蛋，看看里面。"

农民把壳剥掉后，看到里面的蛋清蛋黄都凝固了。

智者说："最后，你喝一口茶吧。感觉怎么样？"

农民啜饮了一口，满口芳香。

智者说："虽然这个世界有时会显得残酷无情，像这锅滚开的水，所有的人进去都备受煎熬与考验。在生活中，有些人愤世嫉俗、怨天尤人，总说世界是悲惨的，人心是险恶的，世界是没前途的。这些硬邦邦的人就是被开水煮硬的鸡蛋。而胡萝卜呢,开始很挺拔,煮久了就变成了胡萝卜泥。这就像被生活煮软的人会处处妥协,做老好人,一切都随着他人的意愿。你要问他的本心在哪里? 其实已经被水化掉了。在第三锅水里,茶叶煮得越久就越舒展,越丰盈滋润,并把这锅开水都变成了沁人心脾的香茶。如果人生如茶,当我们跟残酷的世界相遇,煎熬就变成一种成全。你呢,我的朋友,你是像胡萝卜一样,看似强硬,但在逆境中畏缩软弱? 还是像鸡蛋一样,外壳看似从前,内心却变得强硬无情? 或者,你是茶叶,改变了给它带来痛苦的开水,并在高温中散发出最佳的香味呢? "

是啊,面对逆境和波折,我们是胡萝卜,鸡蛋,还是茶呢?

三、善于审美

其实我们看到茶叶,想到的并非滚水煎熬,而是它在水中舒展腰身的美态,是扑鼻清新的香味,以及许多优雅的诗句。而这种审美能力是滋养心灵、抵抗逆境的最好办法。因为,用冷酷的心来对待逆境,最后就成了故事中的鸡蛋,就算克服了逆境,但内心已坚硬冷漠。只有用优美的心来包容,才能最终改变世界,又不丧失自己善良柔软的本性。

依然以苏轼为例。他晚年被贬到海南,老眼昏花,看不清东西。这本是毁灭性的打击,他却写下了几行漂亮的诗句:

"浮空眼缬散云霞,无数心花发桃李。"

"缬"原意是有花纹的丝织品,在这里是昏花的样子。意思是说,举目望去,什么东西都看不清楚,好像天空里散开了云霞。这肯定是心花绽放了,像桃李一样美丽,盛开到了眼前。这是多么美的想象,这是多么高的修养。

他是如何达到这种境界的呢? 在《前赤壁赋》中,他透露了这样的信息:

天地之间,物各有主。苟非吾之所有,虽一毫而莫取。惟江上之清风,与山间之明月,耳得之而为声,目遇之而成色。取之无禁,用之不竭。是造物者之无尽藏也,而吾与子之所共适。

世间万事，各有其主。不是我的，丝毫也不去拿。只有眼前之景，江上清风，山间明月，是以令人心醉神迷。而且自然之景无穷无尽，可以尽情欣赏。此刻，他已与自然融为一体，以物观物，于是风和日丽可以游，狂风暴雨可以游；七月流火可以游，天寒地冻可以游；身居庙堂可以游，人在江湖可以游。这样的人，当然是自得其乐，百折不挠。

所以，他的心空灵逍遥，朝气蓬勃，这是一种生命的大境界，也就是"审美的境界"。

我们再来看美国总统西奥多·罗斯福的一封信：

亲爱的艾塞尔：

今天又下雨了，这地方特别爱下雨，而且一下就势如滂沱。那天夜里我把行军吊床挂在帐篷里睡觉。到了午夜时分，突然狂风大作，把帐篷和吊床一起刮飞了。暴雨倾泻下来，地上水流成河，四下一片白茫，烂泥足有膝盖深。当我挣扎着走近邻近帐篷时，浑身上下沾满泥水，活像一个泥靶子。我裹了一条毯子，然后继续睡觉。

有趣的是，一条小蜥蜴跑到我的帐篷里。它又可爱又温驯，像个小蛤蟆似的蹦来蹦去，还时不时地吐吐舌头。这儿的鸽子比麻雀还要小，杜鹃的个头却有乌鸦那么大。

最爱你的
西奥多·罗斯福

这是西奥多·罗斯福外出旅行时给孩子的信。即便遭遇暴雨狂风，强壮的总统却不曾抱怨，而是兴致盎然地观察起蜥蜴和鸽子来。这是多么美好的心态。

> **知识点链接：**
>
> 西奥多·罗斯福，美国军事家、政治家，第26任总统。在任期内，主要对美国的贡献是资源保护政策，他保护了许多国有森林、矿产、石油等资源，因此受到人民爱戴。他在对外方面，实行过著名的大棒政策，对弱国态度十分粗鲁。在日俄战争中，他因调停战争而获得1906年的诺贝尔和平奖。

如果我们有这样的眼睛,俯下腰身去亲近世界,但觉眼前之景,无一不好。我常常吟一首杨万里的诗,题目是《小雨》:

雨来细细复疏疏,纵不能多不肯无。
似妒诗人山入眼,千峰故隔一帘珠。

一场小雨平淡无奇,但在诗人眼里,却那么富有人情味。小雨看到山峰进入诗人眼睛,它都心生妒忌了,所以在诗人和山之间隔上一层珠帘,活脱脱是一个小孩的举动,娇憨可喜。

有时我走在山林中,草木青翠欲滴,忽然想到两句诗:"山中原无雨,空翠湿人衣。"心里顿时畅快无比。在公园里看池塘静好,荷叶田田,就想到莫奈的印象画,于是荷花、菖蒲、芦苇,都是灵气十足的。我可以静静坐上半天,看它们迎风摇曳。有时坐公交车,拥挤喧闹,不免也烦躁,但仔细看每个人的外表神态,猜测每个人的故事,顿觉趣味盎然。

所以,无论身在何处,境遇如何,每个人都应该有诗人的胸怀和想象力。有此审美能力,无论身处何境,都能保持一个平稳的心态。有了这样的修为,才能做大学问,成大事业。

祝你实习愉快。

你的大朋友　倪甫清
8月22日

看完了信,杨略心中充满美感,身体很累,但心中有股温暖缠绵之意,听着微微的涛声,看着窗户漏进来的月光,有了一种冲动,想将海上夜景写下来。于是开了灯,在日记本上又写了段抒情的文字:

大海沉睡了,呼吸声带动波浪起伏,涛声和谐而温馨。我们明天就要走了,我是向你告别的,大海。

一轮新月升起来了,它时而宁静地行进,时而在皑皑的白雪般的云朵上栖息。云层蔓延开来,成为洁白的烟雾,轻盈柔和。月光在海面上铺洒开来,蜿蜒曲折,像一缕弯弯曲曲的丝线,牵系着我的心。

"我怕也是海的儿子啊/连泪水也是涩涩的了。"

孔孚的诗句在脑海中缓缓地浮起。是的,在清静的空气之中,眼前是浩渺的大海,澎湃的涛声。在海滩盘桓徜徉,使人静思默想,心境平和;或者自由自在地嬉戏,如同幼时在母亲膝下无拘无束地玩闹。在这一刻,童心便在胸中活泼地跳跃了。

沙滩上我们筑起的沙丘已被海浪轻轻地抚平,但我们的笑声还在海涛的呢喃中传送。螃蟹在洞中酣眠,海螺正在悄悄上岸。明天,会有谁来到这儿呢?

再见了,大海。

写到妙处,情不自禁地念起来。忽然听到旁边床上的陈高照说道:"写得真好啊,很细腻,很唯美,让我身临其境,又似乎比我刚才看到的夜景更美。这就是文字的魅力! "

"呵呵,我也是听从了你的建议,努力! 以前总觉得,'作家'一词,离我太远,几乎是图腾一般。其实,就像你说的,'这个人,为什么不能是我呢? '说得太好了。"

"对,'这个人'舍我其谁? "

那边的曾泉被吵醒了,翻了个身,迷迷糊糊地说:"什么是我不是我的,半夜三更发神经。睡吧! "

二人相视一笑,都是热血沸腾。

次日清晨,天色微明,闹钟未响,杨略却听到窗下有人说话,竭力挣脱睡意,凝神去听。

"好冷啊。你……你说能看到日……出吗? "是高恒的声音,还是哈欠连天的。

"当然能,海上日出,听说过没见过吧? "这自然是陶坷坷,"还有好多贝壳呢，晚上被海浪打上来的，现在没人捡。"

高恒憨憨地说："真的？那……那太好了！我早就想捡贝壳了，昨天找了半天也没有。"

"小声点，人家还睡觉呢。吵醒了可要和你抢贝壳的。"

杨略听得笑出声来，悄然起床，对窗外那两个身影轻声说："你们等等我。"叫起了陈高照，穿了衣服，轻轻开门出去，出了宾馆，一路小跑，追上那两人，还埋怨道："你们去看日出，这么好的事也不叫上我。"

陶坷坷笑着说："你不是还睡着嘛。既然来了，那就走吧。我看好了，昨天我们去玩过的那片沙滩就正对东方，肯定能看到日出。"

"那还等什么，赶紧去啊。"

四人沿着昨天走过的小路，很快来到海滩，却见那里黑压压一片，早已站了十几个人，还有人支着相机架，准备拍摄。这些人看到杨略等人，都打招呼："你们也来啦。"

"来了来了。"也无心询问，只顾朝东方看。

凌晨的海风十分寒冷，十几个人挤在一起，跺着脚，勉强抵御寒冷。正在此时，在天水相接的地方，忽然跳出一线桃红色，继而是绯红色，最后成了火红，在海面上平平地铺着，而后渐渐扩展、扩展。舞台布置得差不多了，太阳渐渐探出头来，看清了海天的淡灰色，这才威武地升腾起来。立刻，东方的天空像起了大火，赤红一片，大海也燃起了火焰。同学们的脸上，也被染得火红。

自然之景如此神奇绚丽，怎不令人心旷神怡？这些少年人的心里，都油然而生幸福之感，感到世界的绚丽，生活的美好。而杨略的耳中又回响起那句话："年轻人，你是初升的太阳，充满着希望。你是要去高远的天空中放射光芒，给人间以无限的温暖；还是仅仅在地平线上悠游，不思进取，浪费时光？"

下部预告

《你在为谁读书 3：自控力成就杰出青少年》

　　杨略在经过科学的人生规划，拥有属于自己的人生目标后，却遇到了新的问题：做事三分钟热度，习惯性拖延，时间安排杂乱无章，学习效率不高。面对高考的重压，他陷入了极大的恐慌。父亲及时告诉他：要取得好成绩，实现自我价值，必须具备强大的自控力。

　　那么，自控力怎么培养呢？父亲结合心理学、行为学的最新成果，用了十堂课告诉他，自控力培养包括选择阶段和执行阶段。选择阶段，包括人生规划和自我期许。人生规划，决定目标的指向；自我期许，决定目标的高度。

　　有了高度和方向，就要进入执行阶段。为了有效执行，首先要具备积极的人生态度：克服拖延、发掘价值、刻意练习、压力管理、专注热忱。这是执行的内在动力。同时利用有效的方法，目标科学分解、时间管理法则、吸引力法则、承诺一致原理、劳逸结合规律，结合心理特点，给执行以外在的牵引力。

　　杨略深受启发，逐一认真修炼，提升了自控力，不仅取得了成绩的进步，而且养成了受益一生的进取心态和良好习惯。

你在为谁读书 2

青少年人生规划（珍藏版）

余闲 著

图书在版编目（CIP）数据

你在为谁读书 2：青少年人生规划：珍藏版 / 余闲著. —修订本.
—武汉：长江少年儿童出版社，2013.8
ISBN 978−7−5353−8982−4

Ⅰ.①你… Ⅱ.①余… Ⅲ.①个人—修养—青年读物②个人
—修养—少年读物 Ⅳ.①B825-49

中国版本图书馆 CIP 数据核字(2013)第 119239 号

出版发行：**长江出版传媒**
长江少年儿童出版社
出 品 人：何 龙

社　　　址：武汉市雄楚大街 268 号出版文化城 C 座 13 楼	邮政编码：430070
业务电话：（027）87679174 （027）87679786	电子邮件：cjcpg_cp@163.com
网　　　址：http://www.cjcpg.com	

承印厂：中印南方印刷有限公司	经销：新华书店湖北发行所
规格：680 毫米 × 980 毫米	开本：16 开
字数：246 千字	印张：17.75
印次：2013 年 8 月第 1 版，2022 年 2 月第 13 次印刷	印数：130 001-135 000
书号：ISBN 978−7−5353−8982−4	定价：35.00 元